板料成形 CAE 设计及应用

——基于 DYNAFORM

（第 3 版）

王秀凤　杨春雷　编著

北京航空航天大学出版社

内 容 简 介

本书以板料成形过程的有限元分析软件 DYNAFORM V5.7.3 为平台，通过对软件基本功能的介绍，结合作者多年从事教学及应用的丰富经验，配以由浅入深的应用实例，对 DYNAFORM 软件的模型建立、网格划分、前处理、计算求解及后处理等过程做了详尽的介绍，以引导读者快速掌握应用 CAE 分析软件解决工程实际问题的技能。本书可作为大专院校板料成形专业的教材，也可作为从事 CAE 设计的工程技术人员学习的参考图书。

本书配套提供 7 个实例的模型原文件(＊.igs 格式)、结果的视频文件(＊.avi 格式)和分析中操作过程的视频文件(＊.avi 格式)可以起到很好的辅助自学作用，可到出版社网站的下载中心进行下载。

图书在版编目(CIP)数据

板料成形 CAE 设计及应用 ：基于 DYNAFORM / 王秀凤，杨春雷编著. -- 3 版. -- 北京 ：北京航空航天大学出版社，2016.6

ISBN 978-7-5124-2111-0

Ⅰ. ①板… Ⅱ. ①王… ②杨… Ⅲ. ①板材冲压—成型—计算机辅助分析—应用软件—高等学校—教材 Ⅳ. ①TG386.41-39

中国版本图书馆 CIP 数据核字(2016)第 091349 号

板料成形 CAE 设计及应用

——基于 DYNAFORM(第 3 版)

王秀凤　杨春雷　编著

责任编辑　胡　敏

＊

北京航空航天大学出版社出版发行

北京市海淀区学院路 37 号(邮编 100191)　http://www.buaapress.com.cn

发行部电话：(010)82317024　传真：(010)82328026

读者信箱：bhpress@263.net　邮购电话：(010)82316936

涿州市新华印刷有限公司印装　各地书店经销

＊

开本：710×1 000　1/16　印张：16.25　字数：346 千字

2016 年 6 月第 3 版　2020 年 8 月第 2 次印刷　印数：4 001～6 000 册

ISBN 978-7-5124-2111-0　定价：45.00 元

第 3 版前言

本书自 2010 年 6 月再版以来，继续受到广大读者的关注。根据市场的需求，结合目前 DYNAFORM 软件应用的发展现状及趋势，编著者对本书再次进行全面修订，使用 DYNAFORM V5.7.3 对全书计算实例进行了重新分析，更新了全章节的内容及配套的模型源文件（*.igs 格式）和结果的视频文件（*.avi 格式，无声），增加了分析中操作过程的视频文件（*.avi 格式，无声），更有助于初学者自学。

全书由王秀凤和杨春雷修订，在修订的过程中参考了相关教材及资料，对本书的编写起了重要作用，在此谨对这些参考文献的作者表示衷心感谢。对于书中疏漏或不当之处，望读者批评指正。

编著者

2016 年 2 月

第 2 版前言

本书自 2008 年 1 月出版以来，受到了许多专家、教师、工程师和学生的关注。期间本书编著者收到一些读者来信，就模拟技术和书中的内容进行探讨，并提出了许多宝贵的意见。在此，本书编著者对曾经提出意见，以及为本书修订再版贡献力量的读者和专家表示衷心的感谢！

借再版之机，编著者再次全面检查了初版全书的内容，对当时编写及出版中的疏漏之处逐一进行了核实、修正和补充。此外，结合目前 DYNAFORM 软件应用的发展现状及趋势，对书中的内容进行了增补和修改，特别增加了较为复杂的算例，使读者能够通过本书的学习获得更多的实用技能。修订的主要工作总结为以下几点：

1. 改正了所有编著者、读者及编辑已发现的失误和不当之处。

2. 改用新版本的 DYNAFORM 软件进行分析，更新原书中的第 1 章、第 2 章、第 4 章、第 5 章、第 6 章、第 7 章的内容。

3. 用一个新算例替换原书第 3 章的算例。

4. 增加两个新算例。

5. 更新配套使用的模型文件和结果的视频文件。

本书共分 9 章，第 1 章由王秀凤、郎利辉编著，第 2、3、5 章由王秀凤、李飞舟编著，第 4 章由王积元、王秀凤编著，第 6 章由郎利辉、王秀凤编著，第 7 章由陈立峰、王秀凤编著，第 8 章由王秀凤编著，第 9 章由李飞舟编著。全书由王秀凤、王积元统稿，参与该书工作的还有谷国超、刘家雨、胡东、安冬洋、张树桐、周君、魏为。许多作者编写的教材及资料对本书的编写起了重要的参考作用，在此对这些作者表示衷心感谢。

对于书中存在的疏漏或不当之处，望读者批评指正。

编著者

2010 年 6 月

前　言

DYNAFORM软件是由美国ETA公司和LSTC公司联合开发的用于板料成形模拟的专用软件包，可方便地求解板料成形工艺及模具设计涉及的复杂问题，是目前该领域中应用最为广泛的CAE软件之一。它可以预测板料成形过程中的破裂、起皱、减薄和回弹，评估板料的成形性能，为板料成形工艺及模具设计提供帮助，可以显著减少模具设计时间及试模周期，从而提高产品品质和市场竞争力。

CAE软件从20世纪60年代初在工程上开始使用到今天，已经历了40多年的发展历史，其理论和算法都经历了从蓬勃发展到日趋成熟的过程，现已成为在航空、航天、机械和土木结构等众多领域中的产品结构设计时必不可少的数值计算工具。随着计算机技术的不断发展，CAE系统的功能和计算精度也随之有了很大提高。计算时可采用CAD技术来建立几何模型，通过前处理完成分析数据的输入，求解得到的计算结果可以通过CAD技术生成形象的图形输出，如生成位移、应力、应变分布的等值线图、彩色云图，以及随机械载荷变化的动态显示图等。这些结果可以有效地用于产品质量分析，为工程应用提供实用的依据。目前，DYNAFORM软件已在世界各大汽车、航空、钢铁公司以及众多的大学和科研单位得到了广泛的应用；自进入中国以来，DYNAFORM软件已在长安汽车、南京汽车、上海宝钢、中国一汽、上海汇众汽车公司和洛阳一拖等知名企业得到了成功应用。

本书通过对DYNAFORM软件基本功能的介绍，结合编著者多年从事教学及应用的丰富经验，从5个典型的应用实例出发，由浅入深地对DYNAFORM软件的前处理、计算求解及后处理等过程做了详尽的阐述，以引导读者快速掌握应用CAE软件解决工程实际问题的技能。本书可作为大专院校板料成形专业的参考教材，也可作为从事CAE设计的工程技术人员学习的辅助教材。

本书共分7章，第1章由王秀凤、郎利辉编著，第2章由谷国超、王秀凤编著，第3章由刘家雨、王秀凤编著，第4章和第5章由胡东、王秀凤编著，第6章由安冬洋、张树桐、郎利辉编著，第7章由王秀凤编著。全书由王秀凤统稿，参与该书工作的还有周君、魏为。

文后参考文献中所列教材及资料对本书的编写起了重要的参考作用，在此谨向它们的编著者表示衷心感谢。对于书中的疏漏或不当之处，望读者批评指正。

为了让读者通过学习书中的内容快速掌握DYNAFORM软件的基本用法，特将书中的5个实例的模型文件(*.igs格式)和结果的视频文件(*.avi格式)上传到北京航空航天大学出版社网站上(网址为www.buaapress.com.cn)，读者可以到“下载专区”进行下载。

编著者

2007年10月

目　录

第 1 章　初识 DYNAFORM 软件

1.1　DYNAFORM 软件简介

DYNAFORM 软件是美国 ETA 公司和 LSTC 公司联合开发的用于板料成形数值模拟的专用软件，是 LS-DYNA 求解器与 ETA/FEMB 前后处理器的完美组合，是当今流行的板料成形与模具设计的 CAE 工具之一。在其前处理器(preprocessor)上可以完成产品仿真模型的生成和输入文件的准备工作。求解器(LS-DYNA)采用的是世界上最著名的以通用显式动力为主、隐式为辅的有限元分析程序，能够真实模拟板料成形中各种复杂问题。后处理器(postprocessor)通过 CAD 技术生成形象的图形输出，能够直观地、动态地显示各种分析结果。DYNAFORM 软件的应用环境如图 1.1 所示。

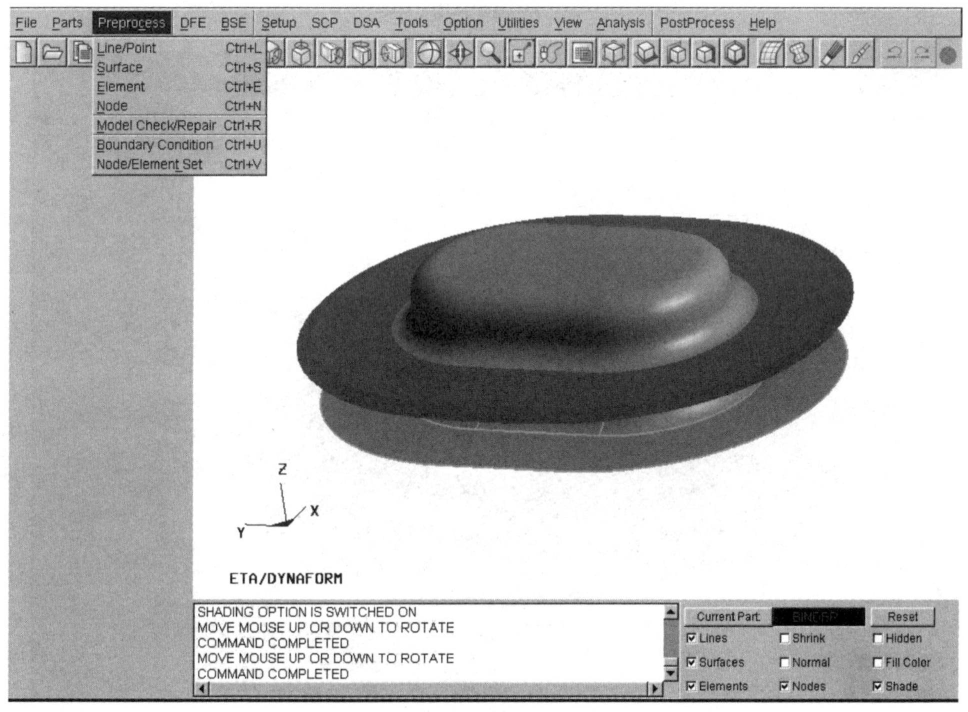

(a) 前处理环境

图 1.1　DYNAFORM 软件的应用环境

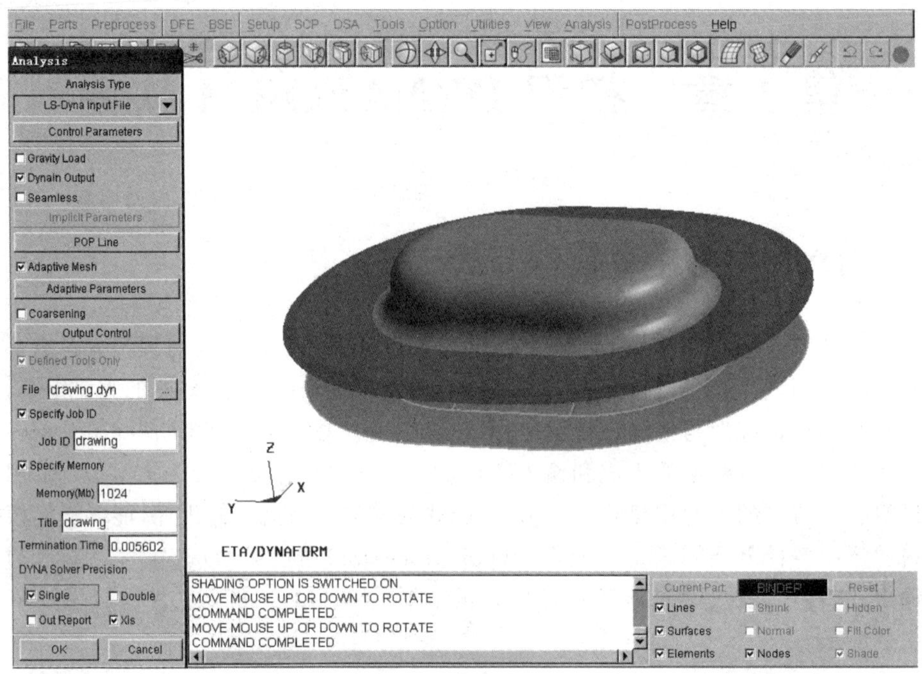

(b) 求解环境

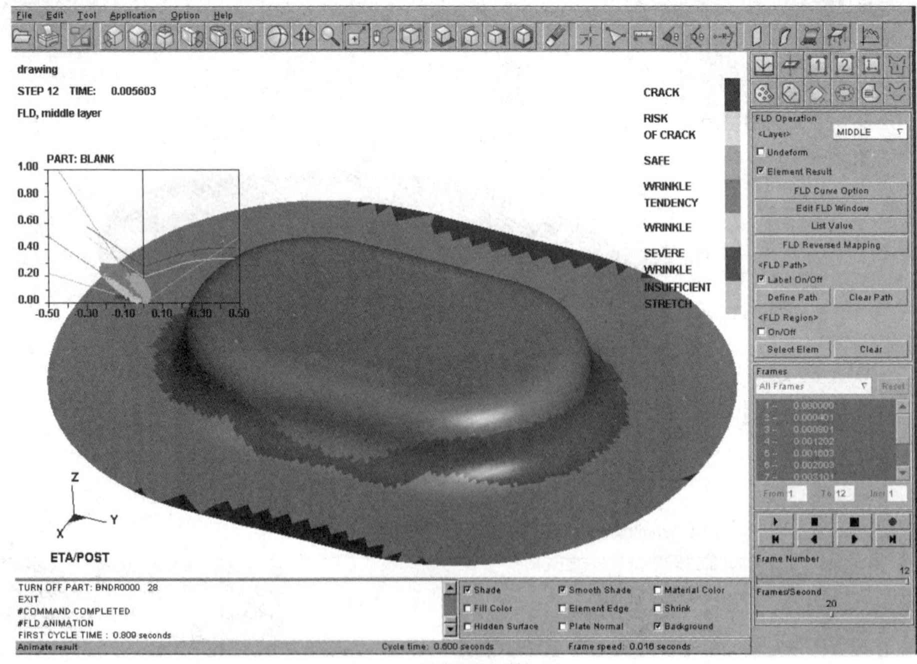

(c) 后处理环境

图 1.1 DYNAFORM 软件的应用环境(续)

该软件包括板料成形分析所需的与CAD软件的接口，丰富高效的单元类型，领先的接触和交界处理技术，以及百余种材料模型。其主要功能包括分析预压边、拉延、整形、弯曲、翻边和切边等板料成形过程中的不同工序，也可以进行多工步成形的分析。通过用户已定义好的成形工艺及模具形状来预测减薄拉裂、起皱和回弹等成形状态；同时对成形力、压边力、拉延筋和模具磨损等各种工艺问题进行分析，以便优化工艺和模具设计。

该软件的核心技术包括动力显式积分算法、板壳有限元理论、材料的本构关系和屈服准则、接触判断算法和网格细化自适应技术、多工步成形模拟技术、CAD/CAM软件和CAE软件之间的数据转换技术、建立有限元模型的若干技巧以及板料成形模拟的一般过程。作为专业化的数值模拟分析软件，该软件在使用时对用户的工程背景及理论知识要求并不高，因为它不但具有界面友好和方便操作的特点，而且还包括大量的智能化自动工具，可以帮助模具设计人员方便地求解各类板料成形问题，从而显著减少模具开发的设计时间及试模周期。

1.2　DYNAFORM软件设计思想

DYNAFORM软件主要由两部分组成：DYNAFORM前、后处理器和LS-DYNA有限元求解器。其主要特色表现为：

- 完备的前、后处理功能，实现无文本编辑操作，所有操作在同一界面下进行，集成了操作环境，无须数据转换。
- 求解器采用业界著名、功能最强的LS-DYNA软件，是动态非线性显示分析技术的创始者和领导者，可以解决最复杂的金属成形问题。
- 工艺化的分析过程囊括影响工艺的60多个因素，以DFE(模面设计模块)为代表的多种工艺分析模块有良好的工艺界面，易学易用。
- 固化了丰富的实际工程经验。

其设计思想主要体现在：

- 提供了良好的与CAD软件IGES、VDA、DXF、UG和CATIA等文件的接口，以及与NASTRAN、IDEAS、MOLDFLOW等CAE软件的专用接口，还有方便的几何模型修补功能。
- AutoSetup功能的设置能够帮助用户快速地完成模型分析，大大提高了前处理的效率。
- 模具网格自动划分与自动修补功能强大，网格自适应细分可以在不显著增加计算时间的前提下提高计算精度，用最少数量的单元最大限度地逼近模具型面；允许三角形和四边形网格混合划分，并可方便地进行网格修剪。
- BSE(板料尺寸计算)模块采用一步法求解器，可以方便地将工件展开，从而得到合理的毛坯尺寸。

- 与 LS-DYNA 相对应的方便易用的流水线式的模拟参数定义，包括自动接触描述、压边力预测、模具描述、边界条件定义以及模具和工件自动定位等功能。
- 可以用设定速度、加速度、力和压力等多种方式进行工具运动的精确定义，而且通过模具动作预览，用户在提交分析之前可以检查所定义的工具动作是否正确。
- DFE 模块中包含了一系列基于曲面的自动工具，如冲裁填补功能、冲压方向调整功能以及压料面与工艺面补充生成功能等，这些工具可以帮助模具设计工程师根据制件的几何形状直接进行模具设计。
- 用等效拉延筋代替实际的拉延筋，从而实现了拉延筋定义的简化，大大节省了计算时间，并可以使用户很方便地在有限元模型上修改拉延筋的尺寸及布置方式。
- 通过成形极限图动态显示各单元的成形情况，如起皱及破裂等，通过三维动态等值线或云图显示应力及应变、工件厚度变化和成形过程等，允许用户对工件的横截面进行剖分，可生成 JPG、AVI 和 MPEG 等图形图像文件，用于分析成形和回弹结果。

通过 DYNAFORM 软件进行数值模拟的价值体现在以下几个方面：

- 缩短模具开发周期。在模具加工之前，通过预测设计和成形问题，可以将试模时间压缩到最短，几个小时的模拟工作可以节省现场数百小时的时间。
- 降低成本。模拟工作缩短了制品的开发周期，提高了制品的设计质量，不仅可以预测造成极大成本浪费的设计缺陷，还可以节省昂贵的资源，如时间、人力和材料等。
- 增加了设计的可靠度。模拟工作可以让设计者评估模具设计的合理性，从而节省了利用试模评估带来的极高成本。模拟工作允许用户试验更经济的设计方案，可以在连续模中减少工位，尝试替代材料；对缺乏经验的设计者来说，可以捕捉潜在的设计缺陷；对有经验的设计师来说可以尝试更具风险性的、更复杂的零件，为非传统的模具设计提供了更大的自由度。而在这之前，这些开发工作都要花费几个月的时间。

1.3 DYNAFORM 软件在板料成形过程中的分析流程

在应用 DYNAFORM 软件分析板料成形过程时主要包括三个基本部分，即建立计算模型、求解和分析计算结果，其流程如图 1.2 所示。

具体应用步骤表述如下：

① 直接在 DYNAFORM 的前处理器中建立模型，或在 CAD 软件（如 UG、CAT-

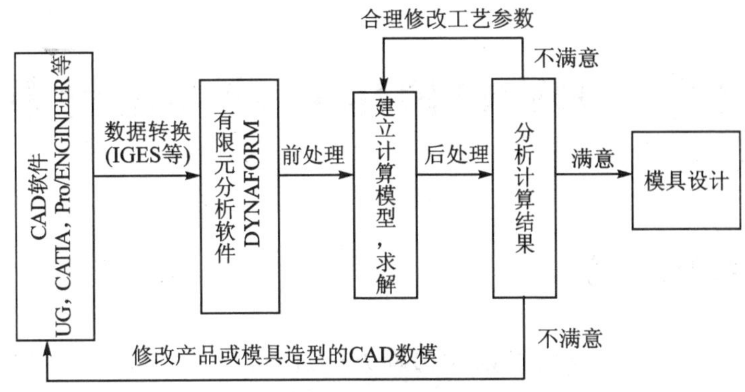

图 1.2　板料成形过程分析的流程

IA 和 Pro/ENGINEER 等）中根据拟定或初定的成形方案，建立板料、对应的凸模和凹模的型面模型以及压边圈等模具零件的面模型，然后存为 IGES、STL 或 DXF 等文件格式，将上述模型数据导入 DYNAFORM 系统。

② 利用 DYNAFORM 软件提供的网格划分工具对板料、凸模、凹模、压边圈进行网格划分，检查并修正网格缺陷（包括单元法矢量、网格边界、负角、重叠节点和单元等）。

③ 定义板料、凸模、凹模和压边圈的属性，以及相应的工艺参数（包括接触类型、摩擦系数、运动速度和压边力曲线等）。

④ 调整板料、凸模、凹模和压边圈之间的相互位置，观察凸模和凹模之间的相对运动，以确保模具动作的正确性。

⑤ 设置好分析的计算参数，然后启动 LS-DYNA 求解。

⑥ 将求解结果读入 DYNAFORM 后处理器中，以云图、等值线和动画等形式显示数值模拟结果。

⑦ 分析模拟结果，通过反映出的变化规律找到问题的所在。重新定义工具的形状、运动曲线，进一步修改毛坯尺寸、变化压边力的大小，调整工具移动速度和位移等，重新运算直至得到满意的结果。

第 2 章　DYNAFORM 软件设计基础

2.1　模型的建立

曲面模型的建立可以通过以下两种方式进行，一种是在 CAD 软件（如 UG、CATIA 及 Pro/ENGINEER 等）中建立模型，然后存为后缀为 IGES、STL 或 DXF 等格式的文件，导入 DYNAFORM 系统；另一种是直接在 DYNAFORM 的前处理器中建立模型。实际应用时常采用第一种方式建立模型，这是因为虽然第二种方式使用较简单，但软件本身造型功能不够强大，因而应用受限制。

2.1.1　直接导入模型

在 DYNAFORM 中，直接将后缀为 IGES、STL 或 DXF 等 CAD 文件格式的数据读入 DYNAFORM 系统中，可以选择 File（文件）→Import（导入）菜单项，弹出如图 2.1 所示的对话框。

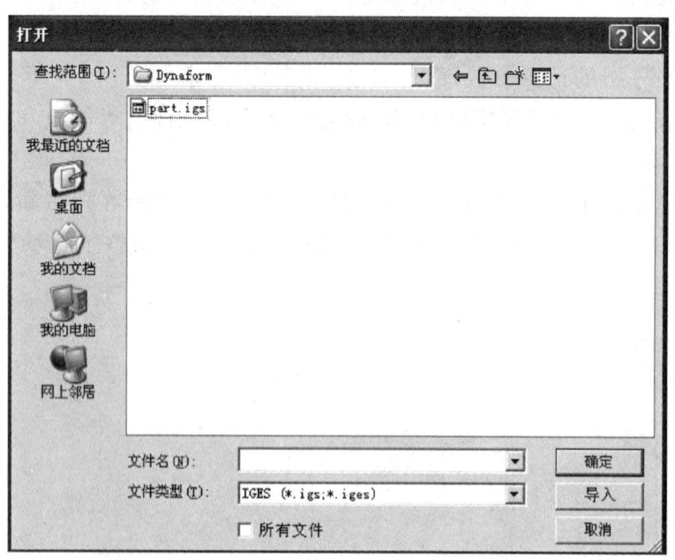

图 2.1　选择导入的文件对话框

DYNAFORM 能够读取的文件类型如表 2.1 所列。

表 2.1　DYNAFORM 能够读取的文件类型

序　号	DYNAFORM 能够读取的文件类型	序　号	DYNAFORM 能够读取的文件类型
1	LS-DYNA (*.dyn, *.mod, *.k)	8	VDA (*.vda, *.vdas)
2	Abaqus (*.inp)	9	DYNAIN file(dynain*, *.din)
3	NASTRAN (*.nas, *.dat)	10	CATIA V4/V5 (*.model, *.CATPart)
4	Stereo lithograph (*.stl)	11	Pro/ENGINEER (*.prt, *.asm)
5	AutoCAD (*.dxf)	12	STEP (*.stp, * step)
6	Line Data (*.lin)	13	Unigraphics (*.prt)
7	Igcs (*.igs, *.iges)	14	dynain file

2.1.2　创建模型

利用 Preprocess(前处理)菜单中的选项,依据点/线或面,从空的数据库中创建几何模型。

1. Line/Point(线/点)工具栏

选择 Preprocess→Line/Point 菜单项,弹出如图 2.2 所示的工具栏。

(1) Line(创建线)工具按钮

在 DYNAFORM 软件中,可以利用已经存在的节点或点创建线,也可以通过坐标创建点,然后通过点创建线。

选择 Parts→Create 菜单项创建零件层,弹出如图 2.3 所示的 Create Part(创建零件层)对话框,将要绘制线的零件层设置为当前层。

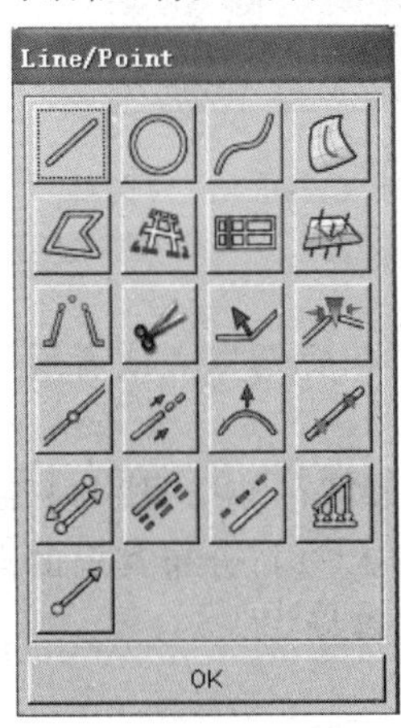

图 2.2　Line/Point 工具栏

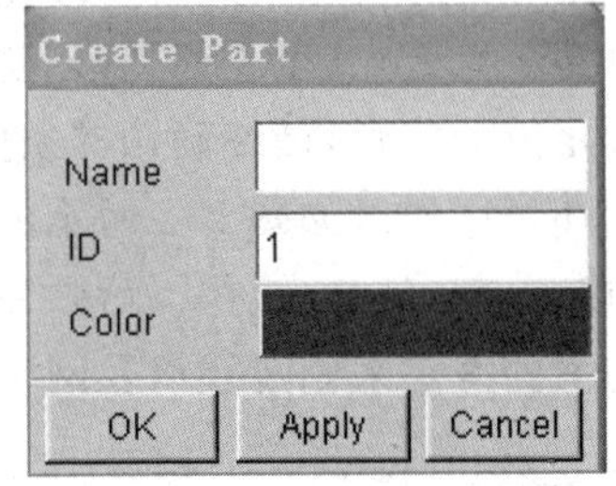

图 2.3　Create Part 对话框

单击 Line/Point 工具栏上的 Creat 工具按钮，弹出如图 2.4 所示的 Input Coordinate（输入坐标）对话框。可以选择已经存在的节点或点作为线上的一点来创建线，通过 Select by Cursor 选项区域中的不同选项选择点；或者通过输入坐标值直接创建点。如果对于所输入的点的位置参数不满意，可以单击 Reject（去除）按钮，以取消最后一个创建的点。创建点完成后，单击 Ok 按钮，完成线的定义。

(2) Arc(创建圆)工具按钮

圆的创建可以通过三种方法来实现。单击 Arc 工具按钮，弹出如图 2.5 所示的 Create Arc（创建圆）对话框。它包含三种创建圆的方法：Center and Radius（圆心和半径创建圆）、Tangent to 2 Lines（与两线相切创建圆）、Through 3 Points（不共线三点创建圆）。用户可以根据不同需要选择不同的方法来进行圆的创建。

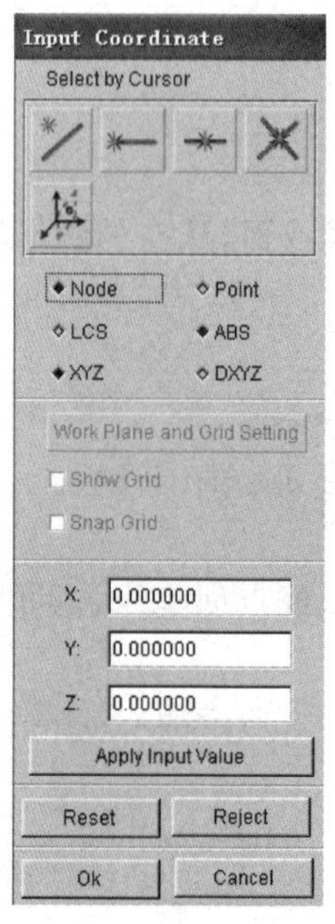

图 2.4　Input Coordinate 对话框

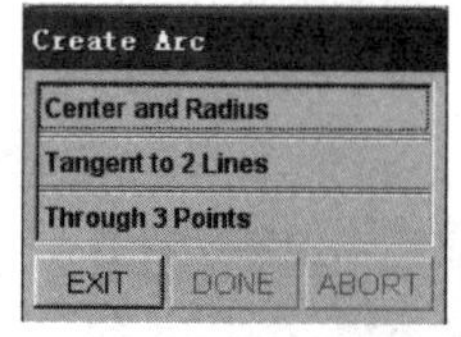

图 2.5　Create Arc 对话框

(3) Spline(创建样条曲线)工具按钮

通过多节点或点（至少三点）创建样条曲线，可通过鼠标选取点或者通过输入坐标值来确定点的位置，最终确认样条曲线的创建。

用户还可以通过如图 2.2 所示的其他选项进行点和线的删除，线的复制、修改、添加、连接、分割、延长、镜像、偏移、缩放、显示、颠倒方向、重新分布其上的点、投影，通过线与面的截点来创建线以及网格边界的拾取、桥接等操作。

2. Surface(面)

选择 Preprocess→Surface 菜单项，弹出如图 2.6 所示的工具栏。

(1) Create 2L(两线创建曲面)工具按钮

单击 Create 2L 工具按钮,弹出如图 2.7 所示的 Control Keys(线控制)对话框。单击 Line 选项,可以选择两条线,通过选定的两线创建曲面;单击 Reject Last 选项可撤销最后一次选择的线;单击 Line Segment 选项,选择几个线段后,通过单击 DONE 按钮,可将几个线段组合成一条线;单击 Points/Nodes 选项,可通过选择两点或节点确定一条线。

图 2.6　Surface 工具栏

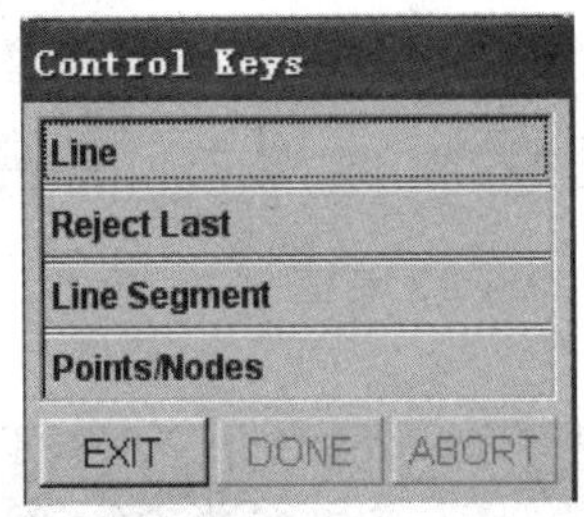

图 2.7　Control Keys 对话框

(2) Create 3L(三线创建曲面)工具按钮和 Create 4L(四线创建曲面)工具按钮

三线创建曲面和四线创建曲面的操作过程同两线创建曲面操作类似。

(3) Revolution(旋转曲面)工具按钮

单击 Revolution 工具按钮,弹出如图 2.8 所示的 Select Line(选择旋转轴)对话框。选择一条线作为旋转面的旋转轴,选定后所选线高亮显示,并弹出如图 2.9 所示

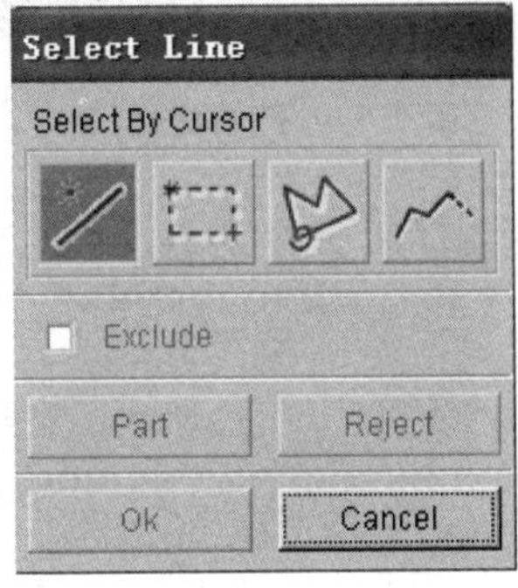

图 2.8　Select Line 对话框

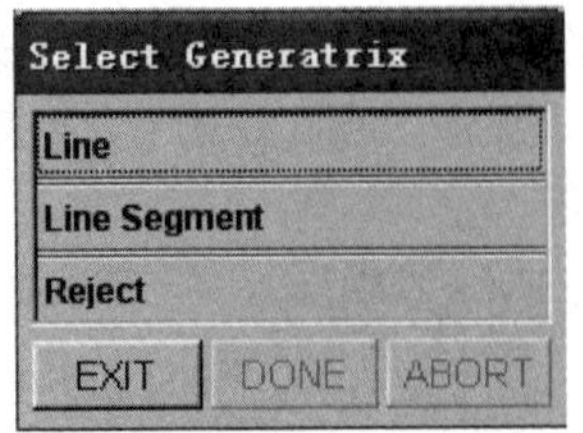

图 2.9　Select Generatrix 对话框

的 Select Generatrix(选择母线)对话框。旋转轴线与母线选择完毕后弹出 Angle(设定旋转角)对话框,要求设定起始角和终止角,如图 2.10 所示。设定好起始角和终止角参数,单击 Ok 按钮,完成旋转面的生成。

(4) Sweep(扫掠生成曲面)工具按钮

单击 Sweep 工具按钮,弹出如图 2.11 所示的 Sweep Type(扫掠方式)对话框。当单击 Normal Sweep 选项采用法向扫掠时,母线旋转指向方向线法向处;当单击 Rigid Sweep 选项采用严格扫掠时,母线不旋转。选择时弹出如图 2.12 所示的 Control Line(控制线)对话框,然后再选择母线和方向线,程序将自动生成曲面。图 2.13 和图 2.14 分别为同一方向线和母线通过不同扫掠方式得到的曲面。

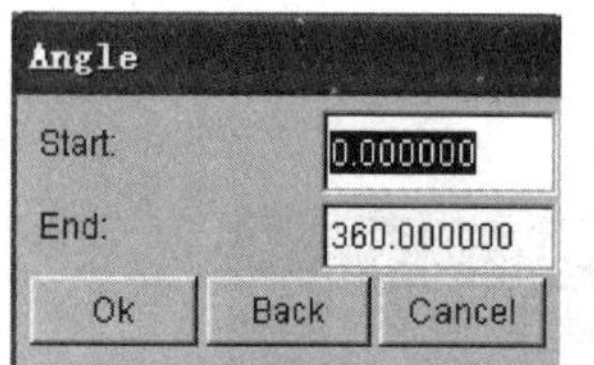

图 2.10　Angle 对话框

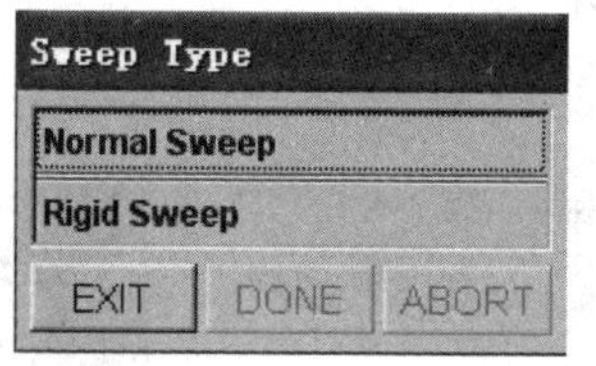

图 2.11　Sweep Type 对话框

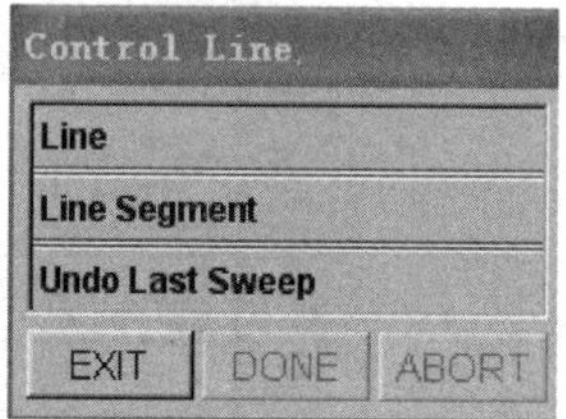

图 2.12　Control Line 对话框

图 2.13　法向扫掠

图 2.14　严格扫掠

用户还可以通过 Surface 工具栏中的其他功能进行曲面的显示、删除、变换、复制、镜像、缩放、分割、修剪、复原和组合等操作。

2.2　网格划分

网格划分是建立有限元模型的一个重要环节,要求考虑的问题较多,需要的工作量较大,所划分的网格形式对计算精度和计算规模将产生直接影响。一般来讲,网格

数量增加，计算精度会有所提高，但同时计算时间也会增加，所以在确定网格数量时应权衡两个因数综合考虑。注意，应在不同部位采用大小不同的网格进行划分，以适应计算数据的分布特点。

网格划分的方法有多种：二线网格划分、三线网格划分、四线网格划分以及曲面网格划分等。现对常用的划分网格方法进行介绍。选择 Preprocess→Element（单元）菜单项，弹出如图 2.15 所示的工具栏。

图 2.15　Element 工具栏

2.2.1　2 Line Mesh（二线网格划分）

单击 Element 工具栏中的 2 Line Mesh 工具按钮，弹出如图 2.16 所示的对话框，选择用来创建网格的两条线（可以直接从数据模型中得到或者由用户自己创建）。选择两条线时（如图 2.17 所示）出现如图 2.18 所示的 NO. OF ELEMENTS（单元数）对话框。

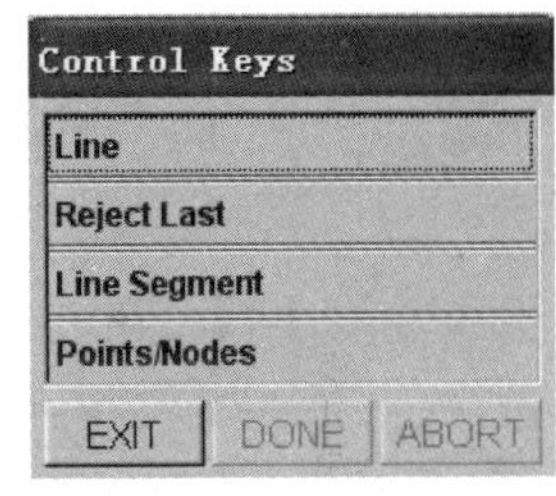

图 2.16　Control Keys 对话框

在对话框中 N1，N2，N3 和 N4 对应的文本框内分别输入整数。其中，N1 和 N2 处所填写的整数分别是沿线 1 和线 2 创建的单元数，N3 和 N4 中的整数是两个选定直线间两侧面创建的单元数。以上四个整数必须满足以下关系：N1＜2N3，N3＜2N1，N2＜2N4，并且 N4＜2N2。当 N3 和 N4 中的整数省略时，N1 代表沿线 1 和线 2 创建的单元数，N2 代表沿线 1 和线 2 两侧

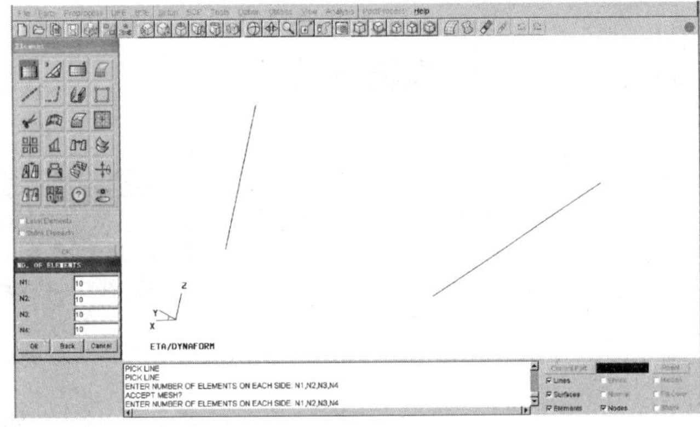

图 2.17　选取两条线 1，2

面创建的单元数。当 N1,N2,N3 和 N4 中的整数设置好后,单击 Ok 按钮,出现如图 2.19 所示的 Dynaform Question(问题)对话框。在该对话框中:单击 Yes 按钮表示接受网格并提示用户继续选择下一组线;单击 No 按钮表示拒绝网格,并提示用户重新选择下一组线;单击 ReMesh 按钮表示拒绝网格并为新的 N1,N2,N3 和 N4 做出提示。

单击 Yes 按钮,则两线划分网格完毕,结果如图 2.20 所示。

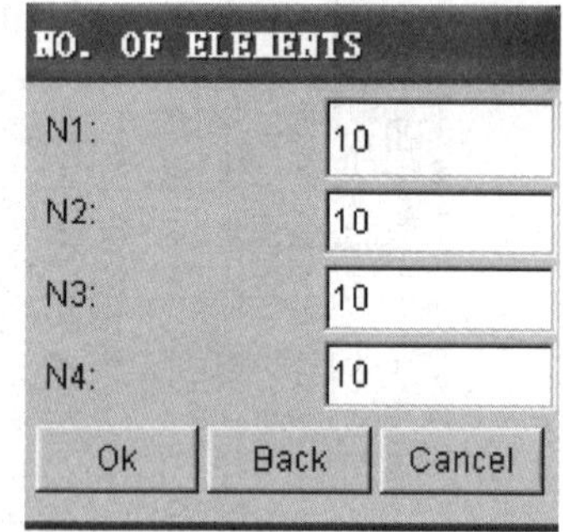

图 2.18　NO. OF ELEMENTS 对话框

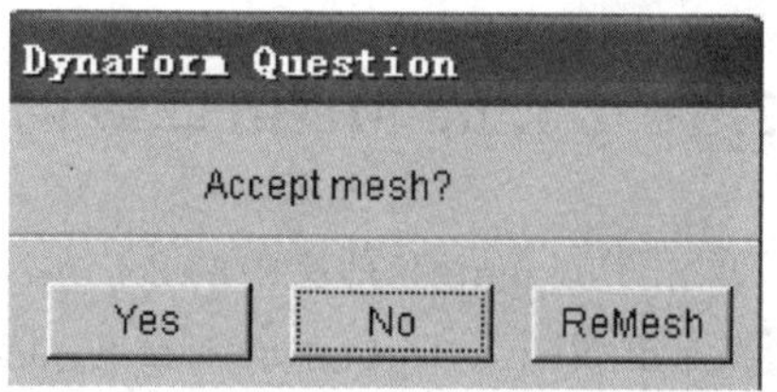

图 2.19　Dynaform Question 对话框

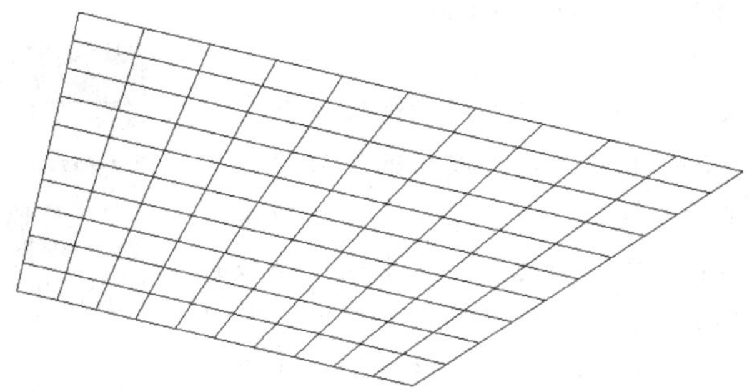

图 2.20　两线网格划分结果

2.2.2　3 Line Mesh(三线网格划分)

单击 Element 工具栏中的 3 Line Mesh 工具按钮,弹出如图 2.16 所示的 Control Keys 对话框,选择用来创建网格的三条线,其操作与二线网格划分类似。三条线被选定后,弹出 Select Option(选择)对话框,如图 2.21 所示。

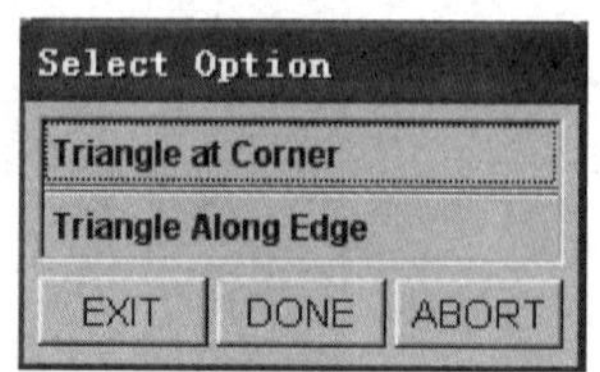

图 2.21　Select Option 对话框

单击 Triangle at Corner 选项,弹出如图 2.22 所示的对话框,N1,N2 和 N3 分别为沿三条所选择

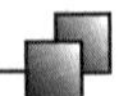

的线上要创建的单元数。设置好 N1,N2 和 N3 后,单击 Ok 按钮。按照以上操作划分单元格的结果如图 2.23 所示。

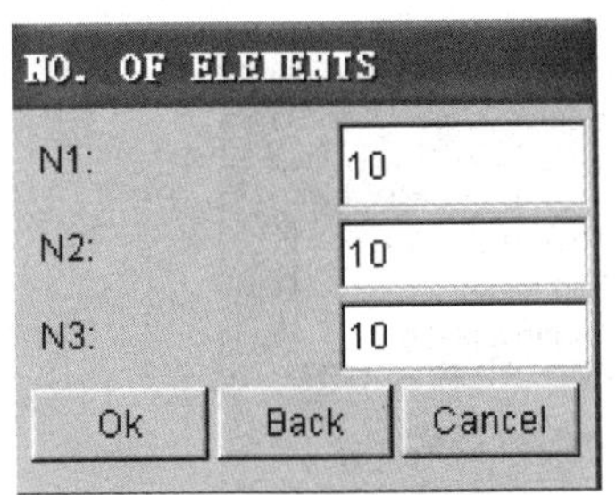

图 2.22　NO. OF ELEMENTS 对话框

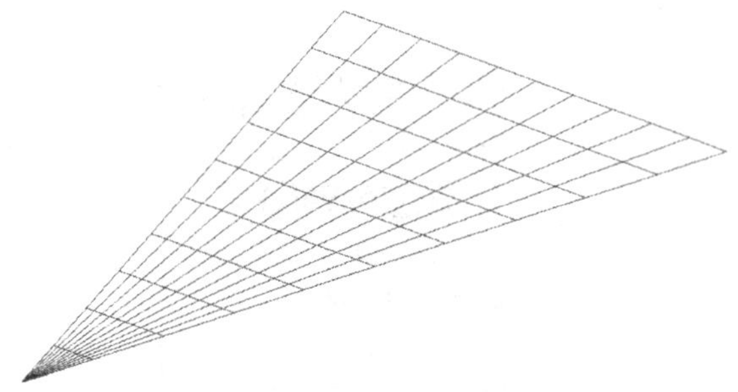

图 2.23　三线网格划分结果

2.2.3　4 Line Mesh(四线网格划分)

单击 Element 工具栏中的 4 Line Mesh 工具按钮,弹出如图 2.16 所示的 Control Keys 对话框,选择用来创建网格的四条线,其后续操作过程和两线网格划分操作类似。

2.2.4　Surface Mesh(曲面网格划分)

单击 Element 工具栏中的 Surface Mesh 工具按钮,弹出如图 2.24 所示的 Surface Mesh 对话框。根据所选择曲面的作用不同,在 Mesher(划分对象)选项区域的下拉列表框中选择不同选项,如图 2.25 所示。

利用此功能,用户可以在选定的曲面上创建网格。根据所选定曲面作用的不同,进行 Tool Mesh(工具网格划分,一般用于凸模、凹模和压边圈模型曲面),Part Mesh (工件网格划分)以及 Triangle Mesh (三角形网格划分)。由于此功能的网格是根据曲面数据自动生成的,因此使用起来快捷便利。

1. Tool Mesh(工具零件网格划分)

在 Mesher(划分对象)选项区域的下拉列表框中选择 Tool Mesh 选项,如图 2.24 所示。

选中 Connected 复选框,表示程序可以自动将间隙在误差允许范围内的相邻面上的网格连接起来形成一体;选中 UnConnected 复选框,相邻面上的网格则不能自动连接为一体。

选中 In Original Part 复选框,表示在原始工具零件层或者当前工具零件层创建单元,反之则不创建。

选中 Boundary Check 复选框,表示在拓扑结构构成后检验并显示模型的边界线,反之则不显示。

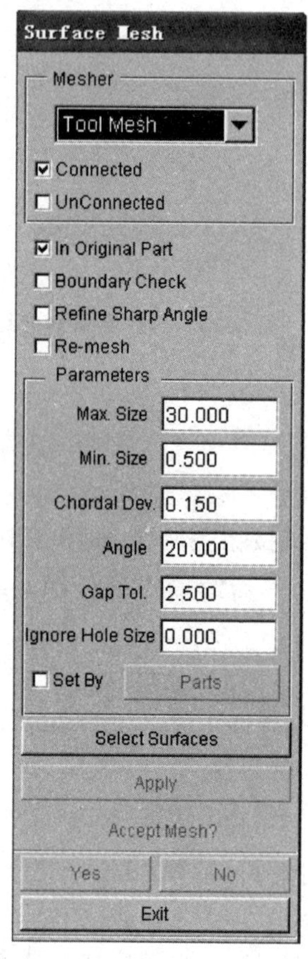

图 2.24　Surface Mesh 对话框

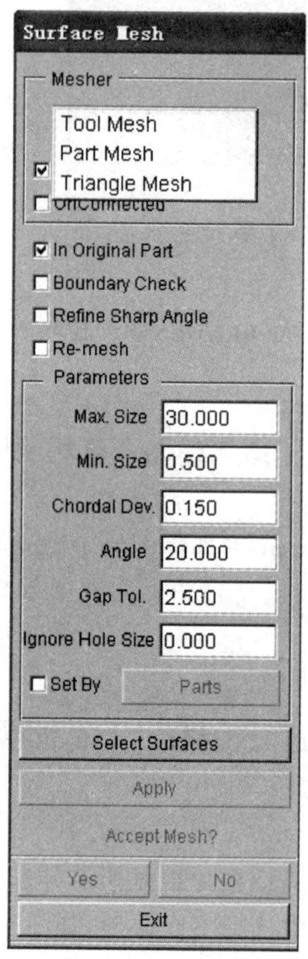

图 2.25　Mesher 类型选择

Parameters(参数)选项区域中的各个参数及其作用如下所述。

① Max. Size:控制最大尺寸。

② Min. Size:控制最小尺寸。

③ Chordal Dev. :控制沿曲线或者曲面曲率方向上网格单元的数量。

④ Angle:控制邻近单元特征线的方向。

⑤ Gap Tol. :控制相邻两曲面的间隙在误差范围之内,若相邻两曲面之间的间隙在所给尺寸内,则相邻两曲面网格连接为一体。

⑥ Ignore Hole Size:如果孔尺寸小于所给的值,则将孔忽略。

将以上所有选项参数设置好后,单击 Select Surfaces(选择曲面)按钮,弹出如图 2.26 所示的 Select Surfaces 对话框。单击该对话框中的 Part 按钮,弹出如图 2.27

所示的 Select Part(选择工具零件)对话框。单击要划分网格的工具零件名称,则被选中的工具零件高亮显示。单击图 2.26 中的 Displayed Surf(显示的曲面)按钮,显示的曲面都高亮显示,则说明所有显示工具零件被选中。单击 Ok 按钮,回到 Surface Mesh 对话框中,如图 2.28 所示。

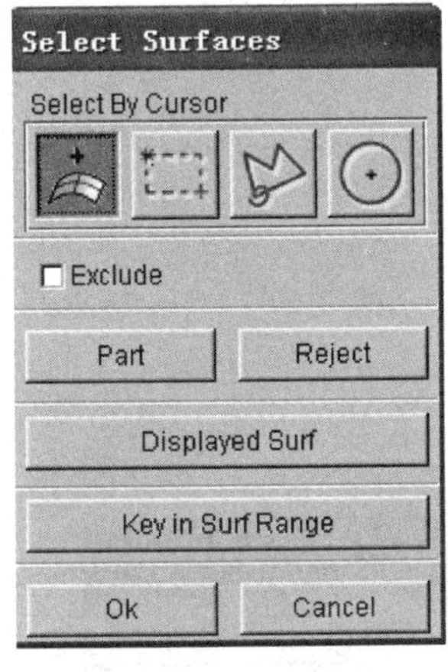

图 2.26　Select Surfaces 对话框

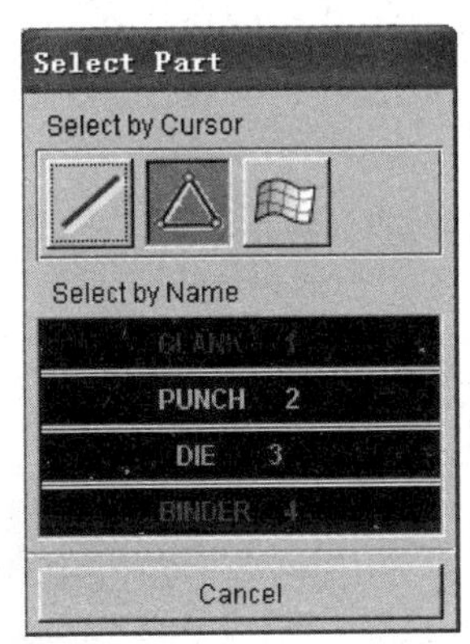

图 2.27　Select Part 对话框

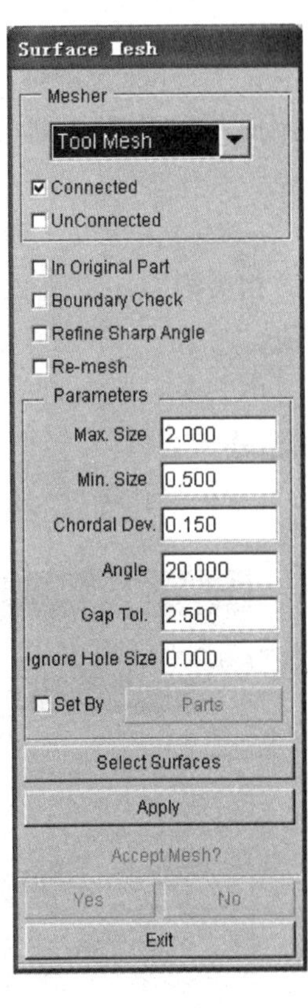

图 2.28　选择 Tool Mesh 选项

单击图 2.28 中的 Apply 按钮,开始对曲面边界网格化(如图 2.29 所示),然后创建网格(如图 2.30 所示)。

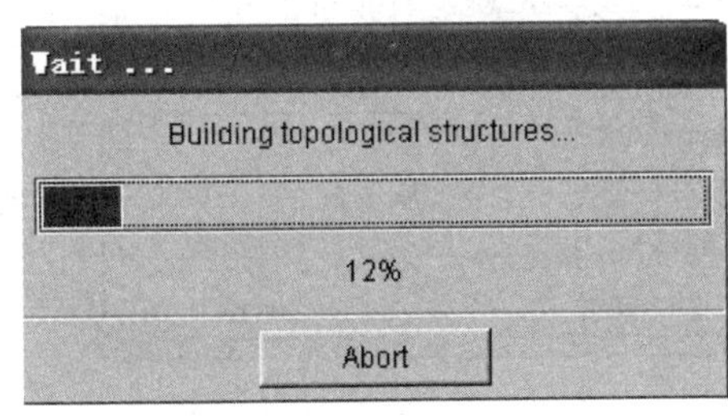

图 2.29　曲面边界网格化

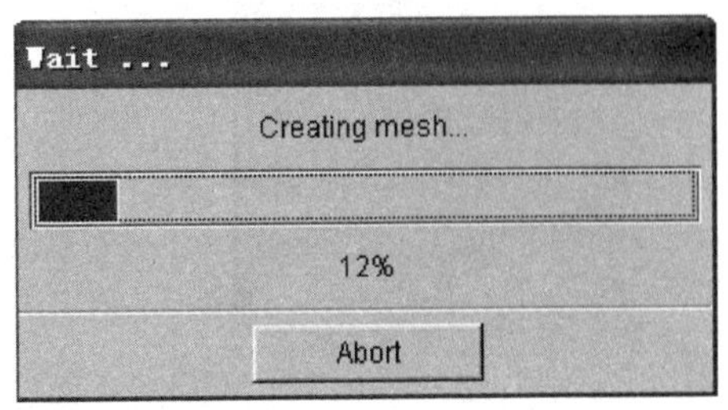

图 2.30　创建网格

网格生成后，曲面高亮显示，图2.28中Accept Mesh？选项区域被激活，其中单击Yes按钮表示接受创建的网格，单击No按钮则表示取消所创建的网格。

接受所创建的网格后，单击Exit按钮，退出Surface Mesh对话框。

2. Part Mesh(工件网格划分)

在Mesher选择区域的下拉列表框中选择Part Mesh选项，如图2.31所示。当采用此种单元网格划分类型时，是在一种新的拓扑网格划分方法下生成的网格单元。

In Original Part和Boundary Check复选框的功能介绍请参照Tool Mesh介绍中的相关内容。将图2.31中Parameters(参数)选项区域的各个参数设置为所需要的值。

单击Mesh Quality(网格质量)按钮，弹出如图2.32所示的Mesh Input Window(网格输入窗口)对话框，调整其中的参数可以控制网格质量，将其中所有参数设置完后，其后的操作与Tool Mesh中所介绍的操作类似。

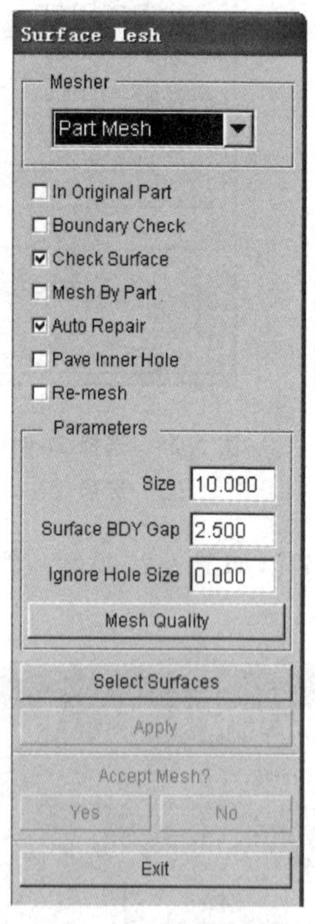

图2.31　选择Part Mesh选项

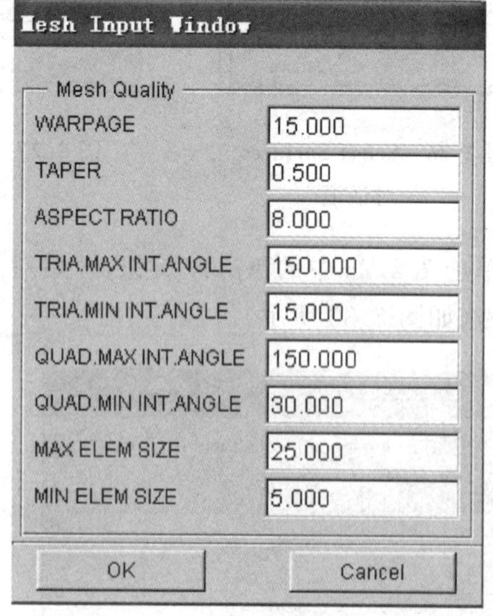

图2.32　Mesh Input Window对话框

3. Triangle Mesh(三角形网格划分)

在 Mesher 选项区域的下拉列表框中选择 Triangle Mesh 选项，如图 2.33 所示。划分时所得到的单元网格全部为三角形单元，其中只能设置单元网格的大小以及间隙公差。设置参数，其后的操作与 Tool Mesh 和 Part Mesh 中介绍的操作类似。

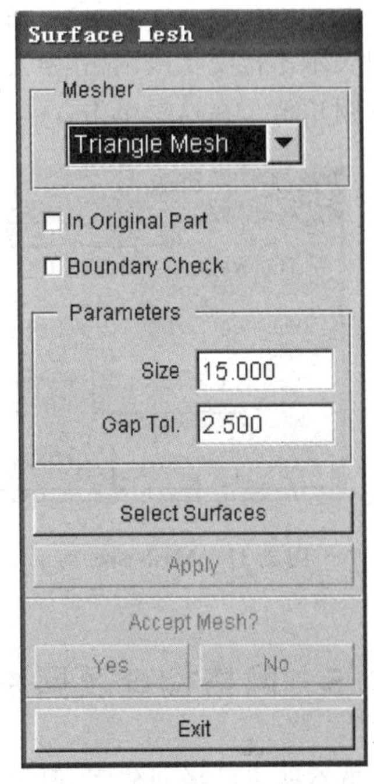

图 2.33　选择 Triangle Mesh 选项

4. 毛坯网格划分

毛坯网格划分后的质量与成形模拟结果有很大关系。毛坯网格划分的大致操作步骤如下所述。

① 选择 Tools→Blank Generator(毛坯生成)菜单项，弹出如图 2.34 所示的 Select Option(选择)对话框。

② 单击该对话框中的 Boundary Line(边界线)选项，弹出如图 2.35 所示的 Select Line(选择边界线)对话框，选取Select By Cursor 中列出的选择方式，依次选择毛坯的边界线。单击 Select Option 对话框中的 Surface(曲面)选项，弹出如图 2.36 所示的 Select Surfaces(选择曲面)对话框，光标放在要划分网格的曲面上，单击选中后毛坯会高亮显示。

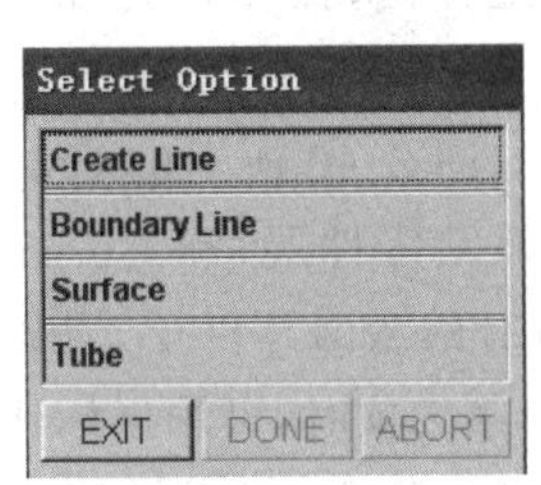

图 2.34　Select Option 对话框

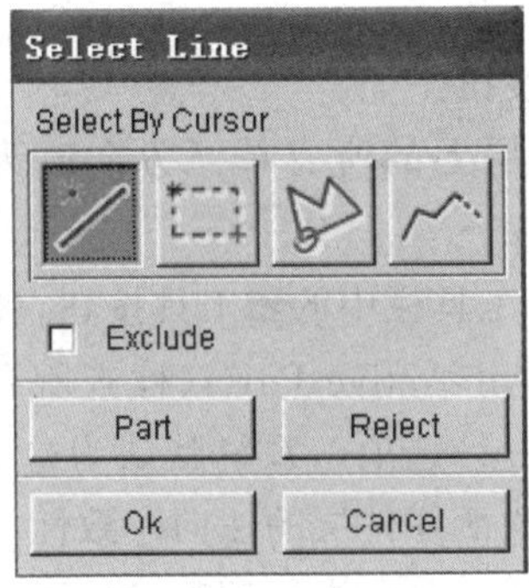

图 2.35　Select Line 对话框

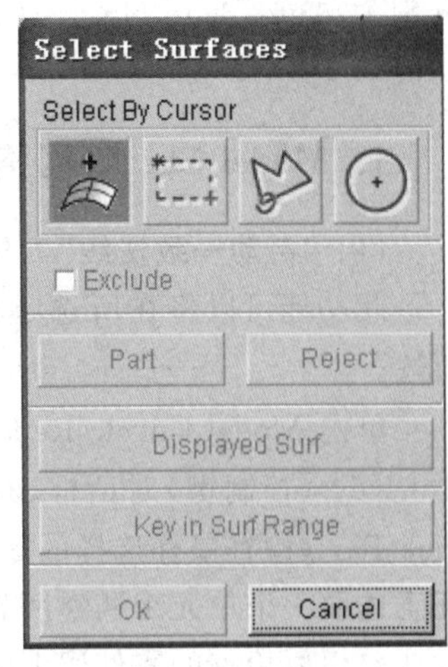

图 2.36　Select Surfaces 对话框

③ 完成选择后单击 OK 按钮，在弹出的 Mesh Size(网格尺寸)对话框中设置工具圆角，如图 2.37 所示。设置圆角大小，单击 OK 按钮，弹出如图 2.38 所示的 Dynaform Question(问题)对话框。其中，单击 Yes 按钮表示接受生成网格；单击 No 按钮表示不接受生成网格，重复以上操作进行网格划分；单击 ReMesh 按钮表示重新设置圆角值。在这里单击 Yes 按钮。

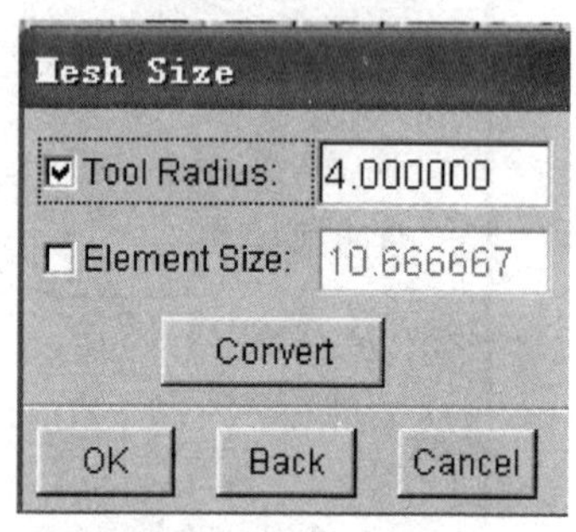

图 2.37　Mesh Size 对话框

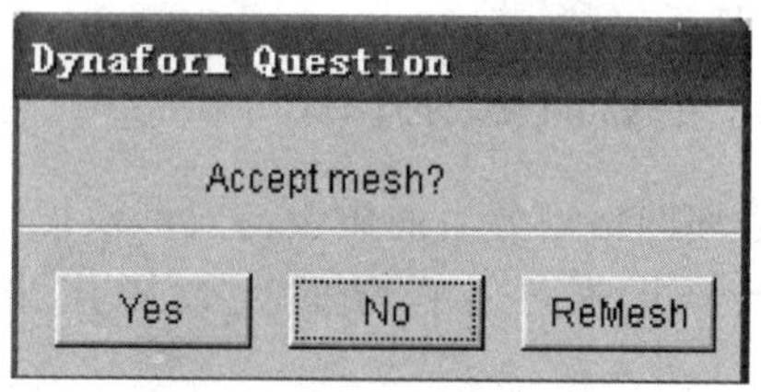

图 2.38　Dynaform Question 对话框

2.2.5　网格检查及网格修补

虽然网格已经划分完，但是所划分的网格中可能存在一些潜在的、会影响模拟结果的缺陷，因此需要对网格进行检查及修补。

选择 Preprocess→Model Check/Repair 菜单项，弹出如图 2.39 所示的 Model Check/Repair(模型检查/修补)工具栏。其中用于网格检查的两个功能比较重要，分别为 Auto Plate Normal(自动一致法线)功能和 Boundary Display(边界显示)功能。

1. Model Check(网格检查)

(1) "自动一致法线"工具按钮

此功能可以将在所选零件层上的所有单元方向改为指定方向，操作过程如下所述。

单击 Model Check/Repair 工具栏中的工具按钮，弹出如图 2.40 所示的 Control Keys(控制键)对话框，有 All Active Parts(检查所有的激活零件层)和 Cursor Pick Part(检查鼠标选择的零件层)选项。系统默认为检查所有的激活零件层，可以任意选取一个单元来调整所有激活零件层的法向一致性；选择第二项时，可用鼠标任意选取想要检查的零件层上的任一单元进行调整零件层的法向一致性。在进行调整单元法向一致性时，一般建议只选择一个零件层。

当任意选取准备检查的零件层上的任一单元时，屏幕将显示一个箭头表示选定

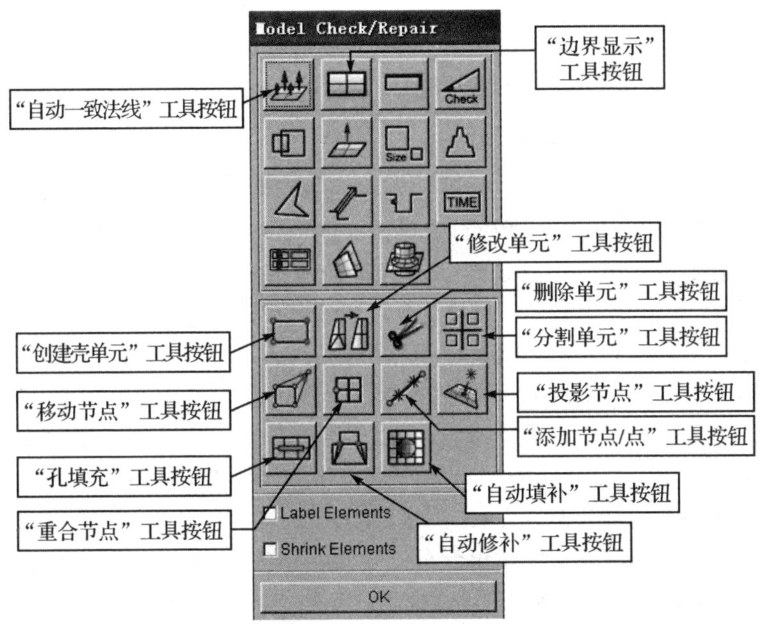

图 2.39 Model Check/Repair 工具栏

单元的法线方向，并弹出如图 2.41 所示的 Dynaform Question（问题）对话框。单击 Yes 按钮，表示所有选定单元的法线方向调整为与显示的法线方向一致；单击 No 按钮，表示所有选定单元的法线方向调整为与显示的法线方向的反方向一致。

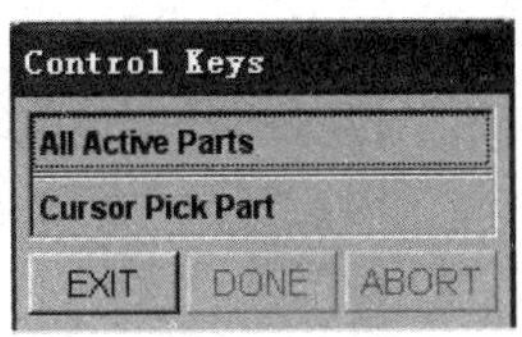

图 2.40 Control Keys 对话框

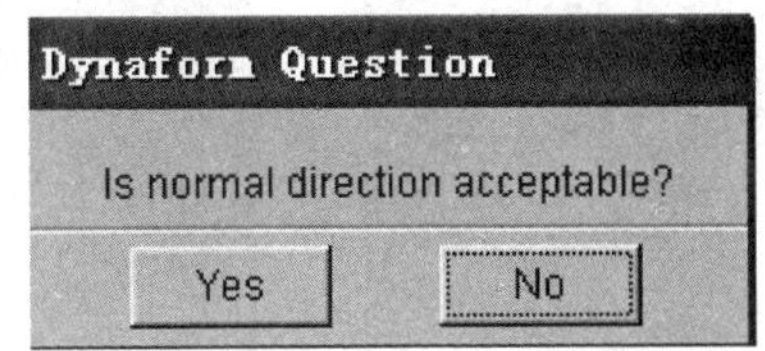

图 2.41 Dynaform Question 对话框

(2)"边界显示"工具按钮

此功能可以检验显示零件层的边界线，检查网格上的间隙和孔洞等缺陷单元，并且高亮显示边界用来修复网格缺陷。

单击 Model Check/Repair 工具栏中的"边界显示"工具按钮，如果边界线高亮显示，可以从屏幕的右下角的 Display Options（显示选项）选项区域中关闭所有的单元和节点，如图 2.42 所示，这样比较容易发现网格划分的缺陷。

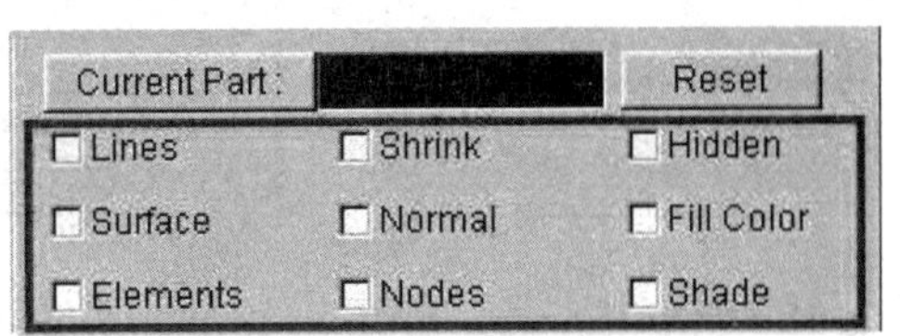

图 2.42 Display Options 选项区域

网格检查完毕，确认网格没有缺陷后，单击 Clear Highlight 工具按钮，关闭边界高亮显示。

2. Mesh Repair(网格修补)

(1) Create Shell(创建壳单元)工具按钮

此工具按钮可以用来在当前零件层创建四边形和三角形单元。

(2) Modify Element(修改单元)工具按钮

此工具按钮可以用来重新创建一个选定的单元并且与原单元具有同样的单元编号。

(3) Delete Element(删除单元)工具按钮

此工具按钮可以用来删除模型上的单元。单击此工具按钮,可弹出 Select Elements(选择单元)对话框,如图 2.43 所示。通过 Select By Cursor 选项区域中列出的选择单元方式,选定要删除的单元,单击 OK 按钮后,选定的单元被删除。

(4) Split Element(分割单元)工具按钮

此功能用来将壳单元或实体单元分割成多个单元。单击此按钮,弹出如图 2.44 所示的 Split elements(分割单元)对话框,在 Shell Split Option(单元分割选项)下拉列表框中选择不同的分割选项,如图 2.45 所示。

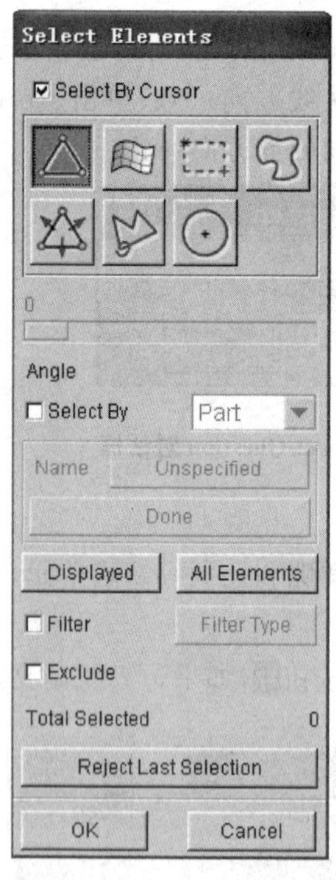

图 2.43 Select Elements 对话框

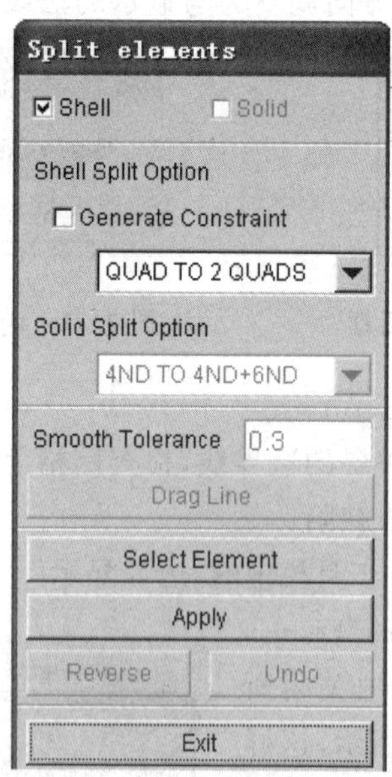

图 2.44 Split elements 对话框

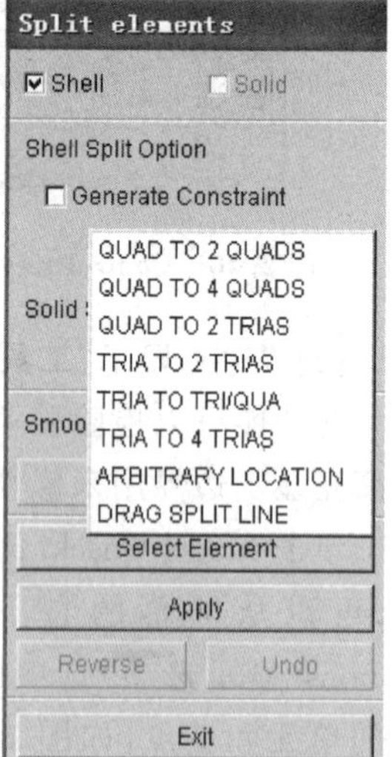

图 2.45 Split elements 对话框中的分割选项

① QUAD TO 2 QUADS 将一个四边形单元分割成两个四边形单元。

② QUAD TO 4 QUADS 将一个四边形单元分割成四个四边形单元。

③ QUAD TO 2 TRIAS 将一个四边形单元分割成两个三角形单元。

④ TRIA TO 2 TRIAS 将一个三角形单元分割成两个三角形单元。

⑤ TRIA TO TRI/QUA 将一个三角形单元分割成一个三角形单元和一个四边形单元。

⑥ TRIA TO 4 TRIAS 将一个三角形单元分割成四个三角形单元。

⑦ ARBITRARY LOCATION 选择一个单元，然后在单元的边界线上任意选择两个节点或点。

⑧ DRAG SPLIT LINE 将一个单元分割成几个单元，通过在 Smooth Tolerance 文本框中填写数值改变粗糙度公差，如图 2.46 所示。

(5) Move Node(移动节点)工具按钮

此功能可以将在显示区内的节点移动到任意位置。单击此按钮，弹出如图 2.47 所示的 Select Node(选择节点)对话框。单击 Select Node 选项，单击选择节点后弹出如图 2.48 所示的 Input Coordinate(输入坐标)对话框，在该对话框中输入选定节点要移动到的新位置坐标后，节点自动移动；也可以单击 Undo Last 选项，取消移动节点操作。

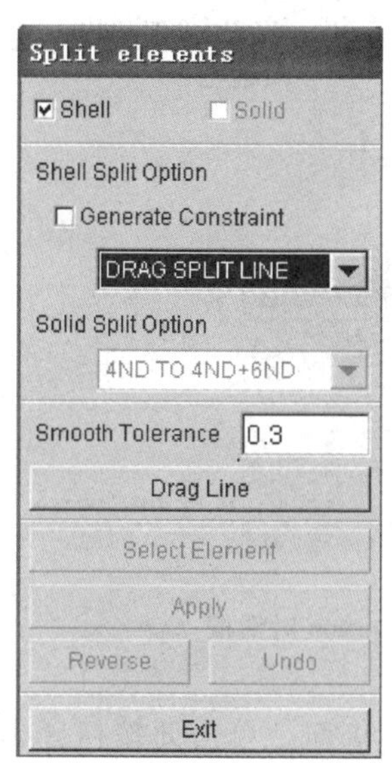

图 2.46　修改粗糙度公差

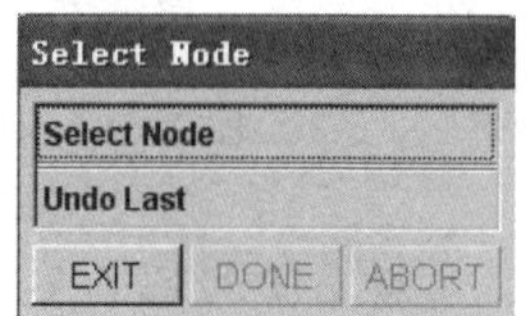

图 2.47　Select Node 对话框

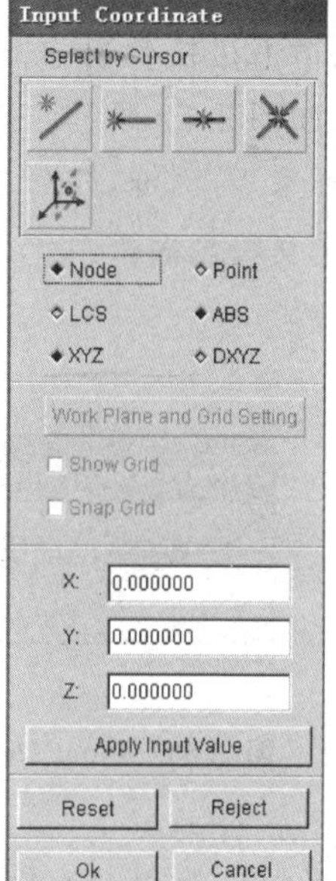

图 2.48　Input Coordinate 对话框

(6) Check Coincident Nodes(检查重合节点)工具按钮

此功能可以检查并合并划分网格中存在的重合节点，可以通过设置公差来实现。

(7) Nodes Between Pt/Nd (添加节点/点)工具按钮

此功能可以在两个已存在的节点或点之间，等距离地添加节点或点并作为自由节点显示。单击此按钮，弹出如图 2.49 所示的 Input Coordinate(添加节点/点)对话框。单击选择或者输入坐标值的方式，确定已存在的两节点或点，弹出如图 2.50 所示的 Input Quantity(输入节点/点数量)对话框，在 Quantity 文本框中输入整数，确定添加节点或点的数目。单击 Ok 按钮，完成添加节点或点，并高亮显示。

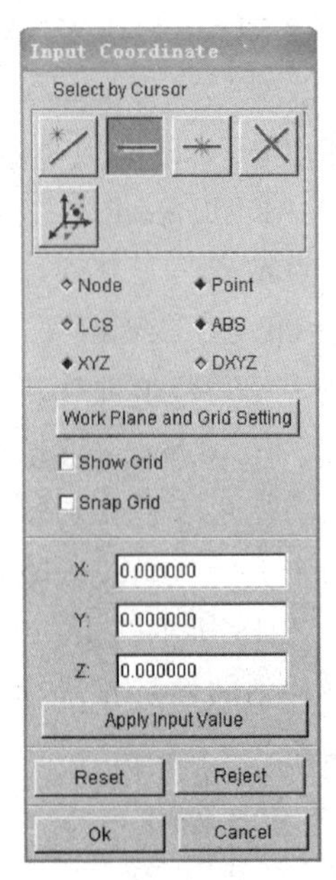

图 2.49 Input Coordinate 对话框

(8) Project Nodes(投影节点)工具按钮

此功能可以将一个节点或者一组节点投影到平面、曲面或单元上。单击此按钮，弹出如图 2.51所示的 Select Option(选项)对话框，其中选项的含义如下所述。

① On Mesh 选项。可将节点投影在有限元网格上，单击按钮弹出 Select Elements(选择单元)对话框，如图 2.52 所示。选择单元后，即弹出 LCS(创建坐标系)对话框，如图 2.53 所示，通过设定相应参数来定义投影向量。

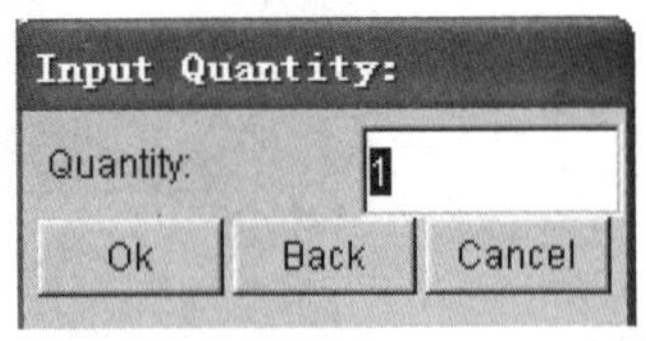

图 2.50 Input Quantity 对话框

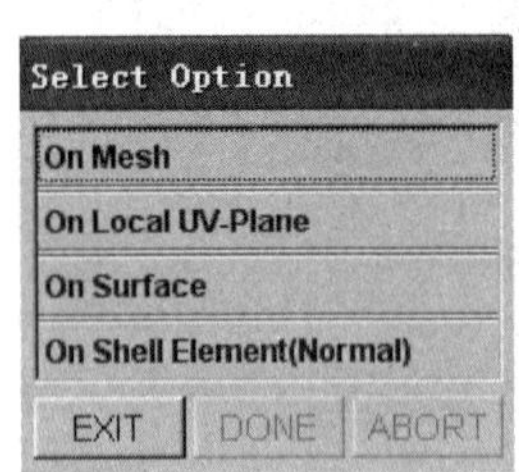

图 2.51 Select Option 对话框

② On Local UV-Plane 选项。可将节点投影在局部 UV 面。单击此按钮弹出“创建局部坐标系”对话框，创建新坐标系定义 UV 平面。创建完成后，确认所创建的平面，弹出如图 2.54 所示的 Dynaform Question(问题)对话框：单击 Yes 按钮表示选择节点；单击 No 按钮表示重新创建新的坐标系，然后选择节点。

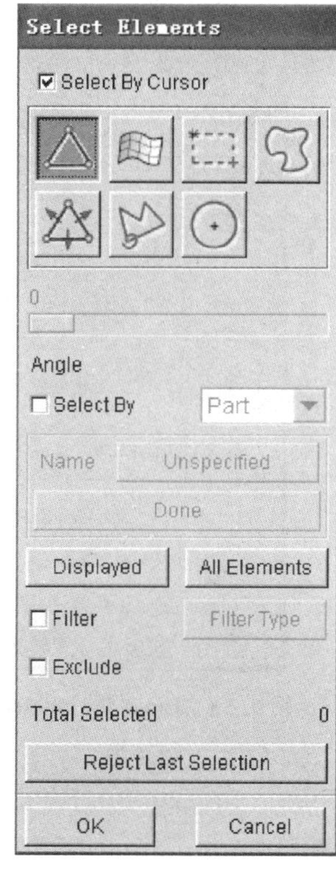

图 2.52 Select Elements 对话框

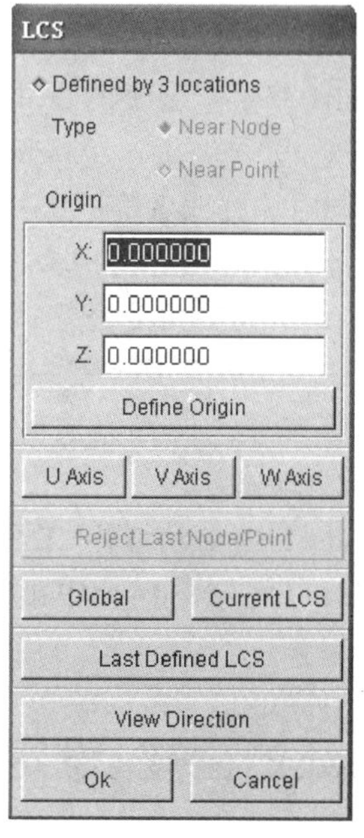

图 2.53 LCS 对话框

③ On Surface 选项。可将节点投影到面上，其操作同投影到有限元网格类似。

④ On Shell Element(Normal)选项。在打开的选择对话框中选择单元，确定后所选定的点沿着单元法线方向投影到选定的曲面。

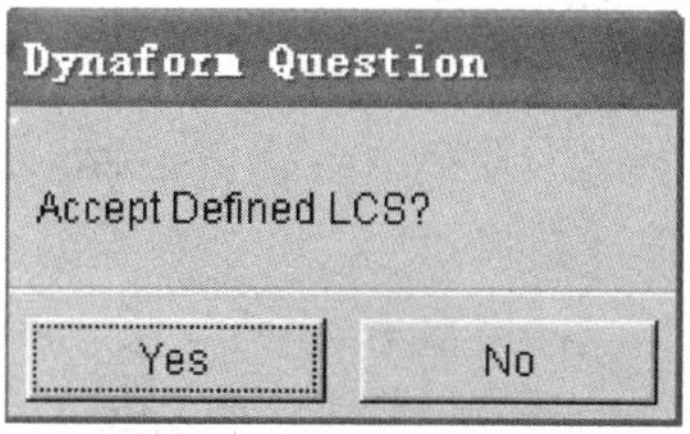

图 2.54 Dynaform Question 对话框

(9) Gap Repair(孔填充)工具按钮

此功能可以将网格划分中出现的孔洞或者导入模型中存在的孔进行填充。单击此按钮，弹出“选择单元”对话框，选择好需要填充的单元后单击“确定”按钮，程序将自动填充。

(10) Auto Repair(自动修补)工具按钮

此功能用来将邻近的节点进行合并来自动修补网格间存在的间隙。单击此按钮，弹出“选择单元”对话框，选择要修补的单元，单击“确定”按钮，又弹出如图 2.55 所示的 Input Parameters(输入修补参数)对话框。

在 Priority(优先)选项区域中,根据需要选择将四边形单元分割成四个三角形单元还是两个三角形单元,以及在修补时可以设置是优先考虑 Feature L(特征线)还是 Warpage(扭曲)。

在 Repair(修补)选项区域中,可以选择 Short Edge(短边)或 Sharp Angles(锐角),并且可以选择同时修补或者都不修补。

分别设置 DTOL(距离公差)、ATOL(角度公差)、CA_TOL(同轴角度公差)、W_TOL(翘曲公差)、F_TOL(平面度公差)及 GAP_TOL(间隙公差)等参数。设置完成后单击 OK 按钮,网格将被自动修复。

(11) Auto Fill(自动填补)工具按钮

此功能可以将网格划分中出现的孔洞自动填补。

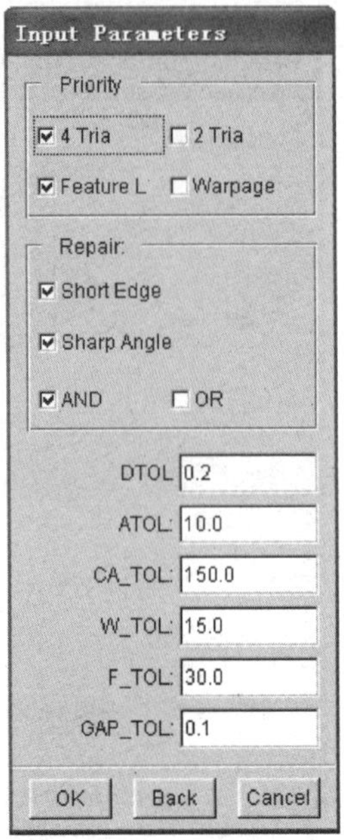

图 2.55 Input Parameters 对话框

2.3 毛坯的生成、设定及排样

2.3.1 毛坯的生成

毛坯的尺寸和形状对于成形过程的影响比较大,如果毛坯选择得不合理,可能会造成起皱、破裂等成形缺陷。利用 BSE(毛坯尺寸工程)下的命令选项,以及 Preparation(准备)、MSTEP(快速求解)、Development(改善)等选项,可以快速得到合理的毛坯尺寸及形状。

将工件模型导入 DYNAFORM 后,划分网格,然后选择 BSE→Preparation 菜单项,弹出如图 2.56 所示的 BSE Preparation(准备选择)工具栏,单击该工具栏中的工具按钮,弹出 Blank Size Estimate(估算毛坯尺寸)对话框,如图 2.57 所示。

图 2.57 中 Solver(求解器)包含以下两种:

① MSTEP 是基于有限元逆算法的快速成形求解器,可以对零件的数据进行快速计算,同时得到毛坯的初始状况。

② Conventional One Step Solver 是 DYNAFORM 以前所带的毛坯轮廓求解器。

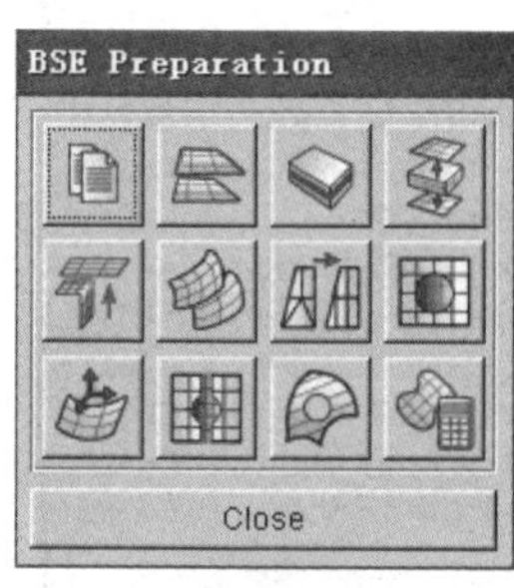

图 2.56　BSE Preparation 工具栏

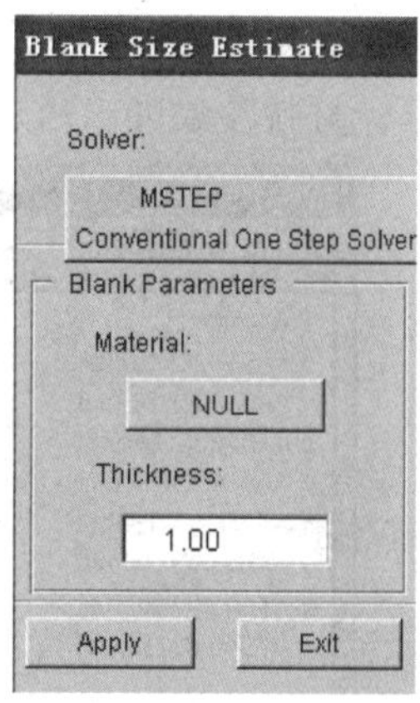

图 2.57　Blank Size Estimate 对话框

2.3.2　毛坯的设定

在图 2.57 Blank Parameters 选项区域中单击 NULL 按钮，弹出如图 2.58 所示的 Material（毛坯材料定义）对话框。

单击图 2.58 中的 New（新建）按钮，弹出如图 2.59 所示的 Material（材料模型参数表）对话框，可以直接创建和修改材料参数。

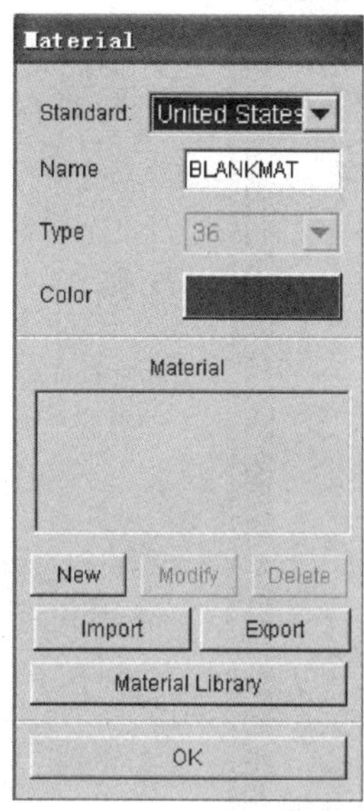

图 2.58　Material 对话框

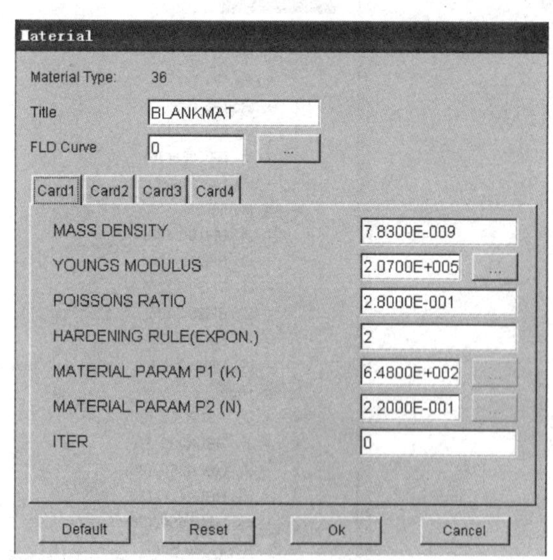

图 2.59　Material（材料模型参数表）对话框

单击图 2.58 中的 Import 按钮，弹出如图 2.60 所示的 Import Material(导入材料)对话框。材料参数可以通过直接导入获得。

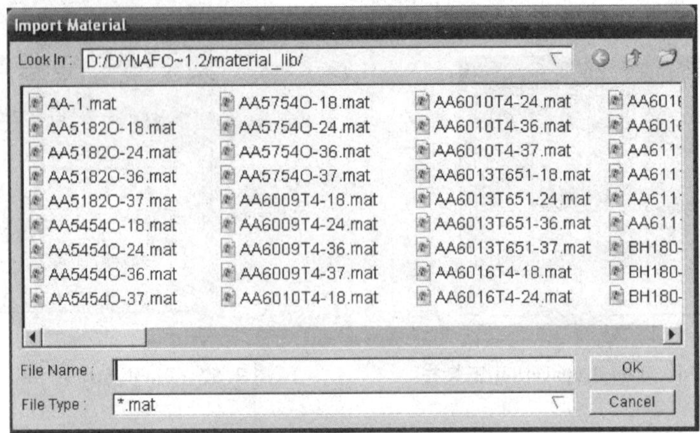

图 2.60　Import Material 对话框

单击图 2.58 中的 Material Library(材料库)按钮，弹出如图 2.61 所示的 Material Library 对话框。材料参数可以从软件自带的材料库里选择。

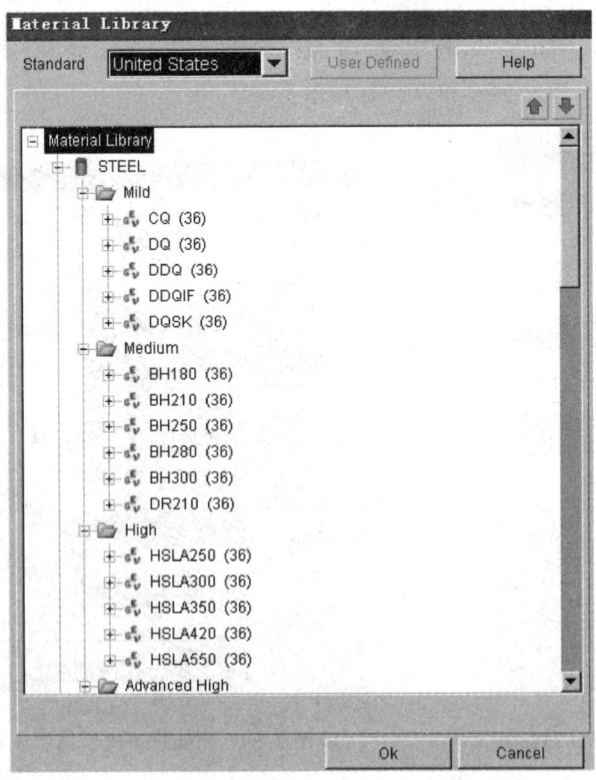

图 2.61　Material Library 对话框

在图 2.57 的 Thickness(厚度)文本框中输入毛坯材料厚度后,单击 Apply 按钮,程序开始计算,如图 2.62 所示。求解计算完成后,得到毛坯轮廓线。

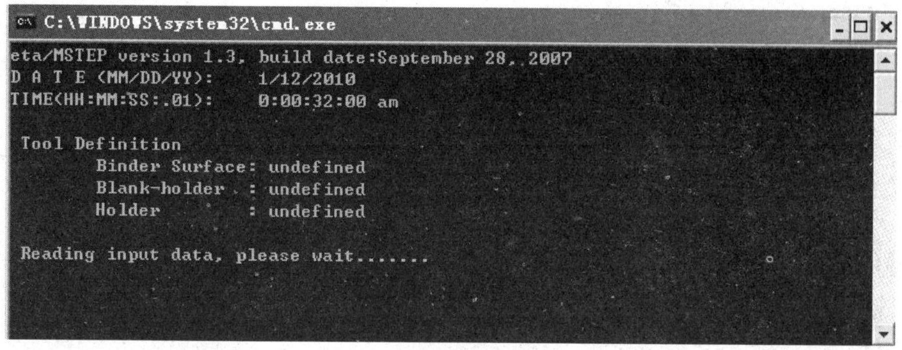

图 2.62 毛坯轮廓估算求解

2.3.3 毛坯的排样

选择 BSE→Development(改善)菜单项,弹出 BSE Development 工具栏,如图 2.63 所示。单击 BSE Development 工具栏中的工具按钮,弹出 Blank Nesting(毛坯排样)对话框,如图 2.64 所示。其中排样操作有单排、双排、对排、对称排以及混排五种主要类型,如图 2.65 所示。

图 2.63 BSE Development 工具栏

下面将对这五种主要排样类型的具体操作进行说明。

1. One up Nesting(单排)工具按钮

此排样类型可以在带料上进行单行排样。单击此按钮,在弹出的图 2.64 中单击 Blank Outline(Undefined)(轮廓)按钮,弹出 Select Line(选择线)对话框,如图 2.66 所示。在提供的选择线方式中选择一条封闭曲线定义板坯的轮廓。

选择完成后,图 2.64 中 Blank Outline 按钮后面 Undefined 字样自动消失,如图 2.67 所示,这表示毛坯轮廓线定义完成。

(1) Setup(设定)选项卡

在图 2.64 的 Setup(设定)选项卡中,可以进行参数定义以及材料属性定义。

① 在 Material 选项区域中可以定义材料的属性。定义完成后,材料厚度和密度会显示在其下的文本框中。

② 在 Parameters 选项区域中可以通过参数设置来控制排样过程中的搭边值大小和尺寸缩放余量:

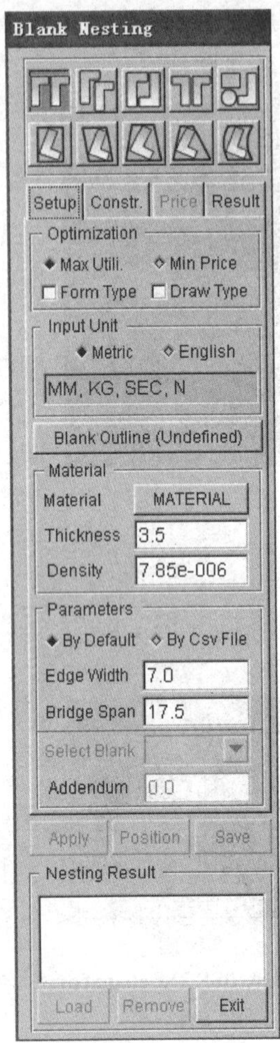

图 2.64 Blank Nesting 对话框

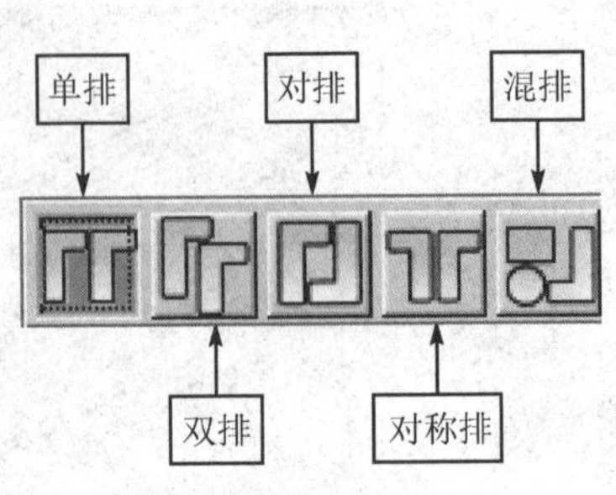

图 2.65 毛坯排样类型

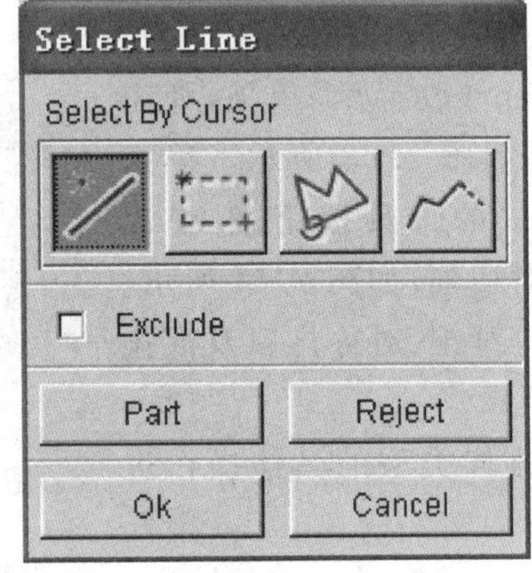

图 2.66 Select Line 对话框

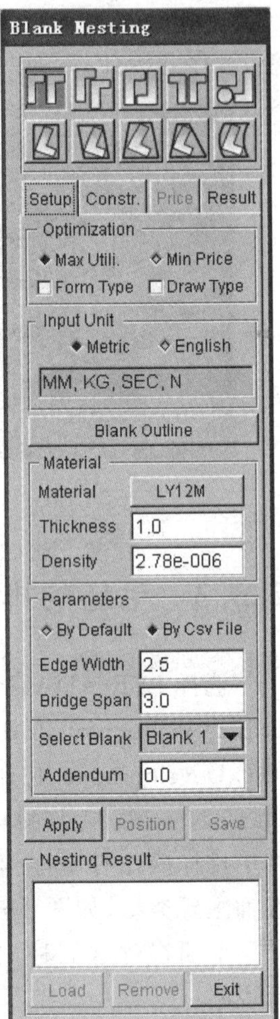

图 2.67 定义毛坯轮廓线

- Edge Width 定义工件与设置条料边缘间的搭边值大小。
- Bridge Span 定义工件与工件之间的大小。
- Addendum 定义工件的尺寸放大余量大小。

(2) Constraints(约束)选项卡

单击 Constraints(约束)标签,会显示如图 2.68 所示的 Constraints 选项卡,用来对毛坯排样进行约束控制,包括对条料的宽度约束以及工件在条料上的角度约束。

① 在 Coil Dimension 选项区域中,Length 用来约束条料的长度,可以通过选择输入角度和宽度的最小值和最大值来分别约束条料的角度和宽度。

② 在 Blank 选项区域中,可以通过输入角度、长度和宽度对工件进行约束并排样。

单击 Apply(执行)按钮,程序将自动计算出排样结果并在屏幕上显示出来,如图 2.69 所示。

(3) Price(价格)选项卡

单击 Price(价格)标签,在弹出的 Price 选项卡中输入板料种类、厚度后会显示估计的板料基本价格,如图 2.70所示。

(4) Result(结果)选项卡

Result(结果)选项卡如图 2.71 所示。程序将会提供出一系列可能满足约束条件的排样结果。单击其中任一结果,所选中的结果会高亮显示,并且对应的约束条件将在提示框中显示。单击 Output Nest Report(输出排样结果)按钮,可以生成包含排样结果信息的 html 格式文件。

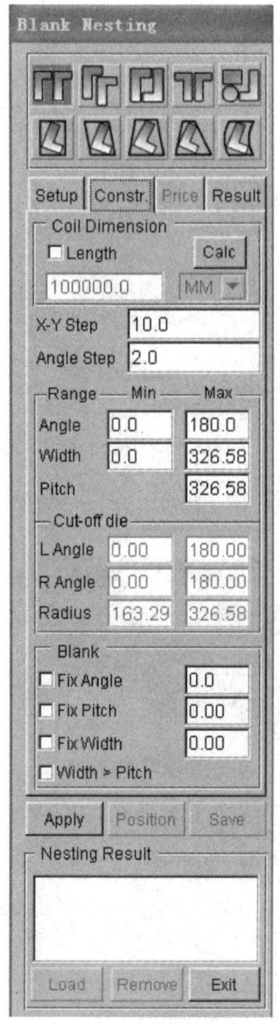

图 2.68　定义约束

2. Two-up Nesting(双排)工具按钮

该功能可以对零件进行双排排列,两排工件的方向保持相同,其搭边值及约束操作设置同单排操作类似。

3. Two-pair Nesting(对排)工具按钮

此排样类型可以将工件相对地按两行排列在条料上,其搭边值及约束设置操作同单排操作类似。在对排操作中,Position(定位)按钮处于可选状态,用来进行零件定位操作。单击 Position 按钮,弹出如图 2.72 所示的 Blank Position(定义操作)对话框。

定位操作可以进行自动调整。程序自动根据优化目标计算出对排时工件之间的间隙。定位操作还可以进行手动调整,通过平移或转动工件来调整工件排样位置。

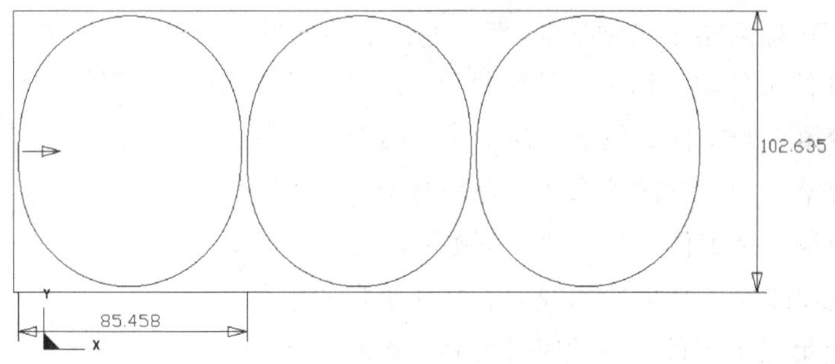

图 2.69　自动计算出的排样结果

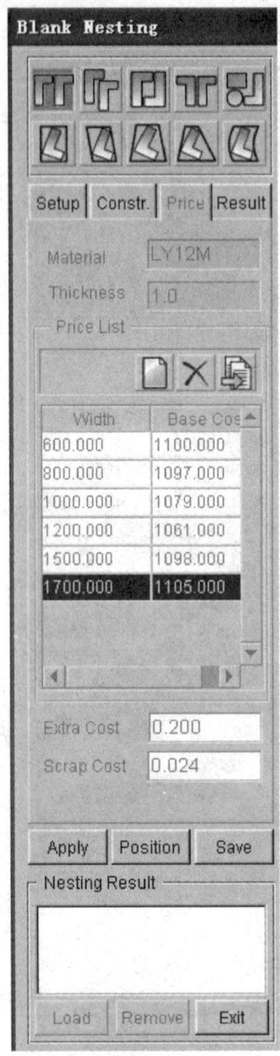

图 2.70　显示价格

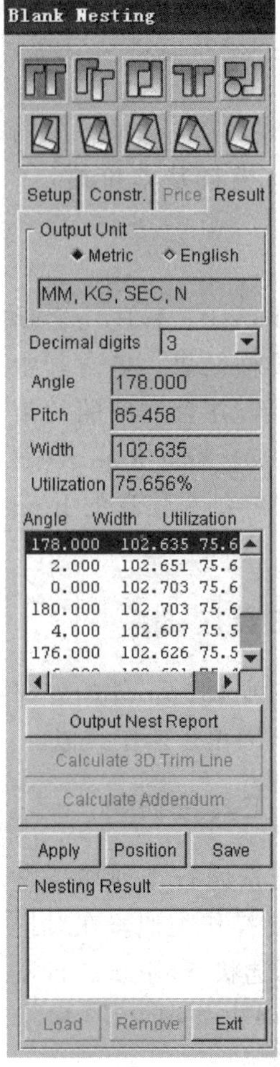

图 2.71　显示排样结果

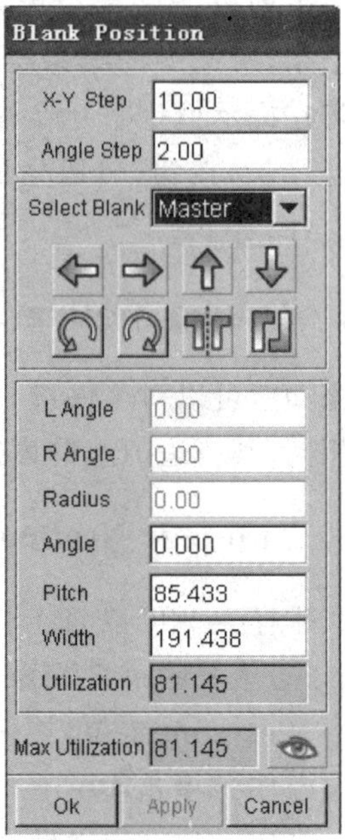

图 2.72　**Blank Position** 对话框

在 Select Blank 选项区域的下拉列表框中选择 Slave 选项，平移和转动按钮被激活，在文本框中输入给定的增量值，即可进行手动调整。当单击移动方向按钮或者旋转方向按钮时，工件就会以给定的增量值向着该方向移动或者旋转：

- 使第二个工件的轮廓线向上平移给定的增量。
- 使第二个工件的轮廓线向左平移给定的增量。
- 使第二个工件的轮廓线向下平移给定的增量。
- 使第二个工件的轮廓线向右平移给定的增量。
- 使第二个工件沿着顺时针旋转一个角度增量。
- 使第二个工件沿着逆时针旋转一个角度增量。

调整完成后，单击 Apply 按钮，得到调整后的排样结果，如图 2.73 所示。单击 Exit 按钮，退出“定位操作”对话框。

Result（结果）选项卡如图 2.74 所示。程序将会提供满足约束条件的排样结果。单击 Output Nest Report（输出排样结果）按钮，可以生成包含排样结果信息的 html 格式文件。

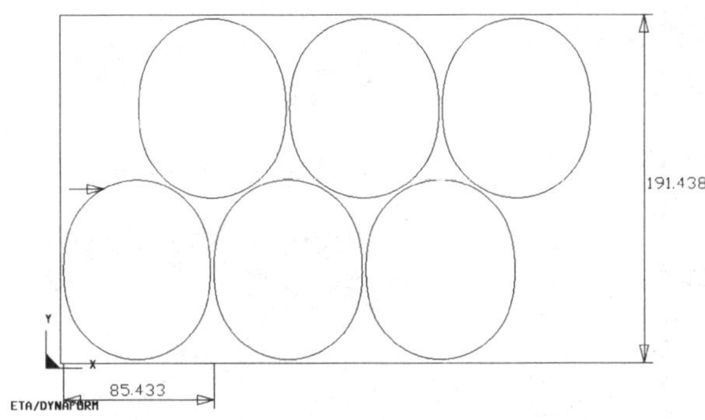

图 2.73　自动计算出的排样结果

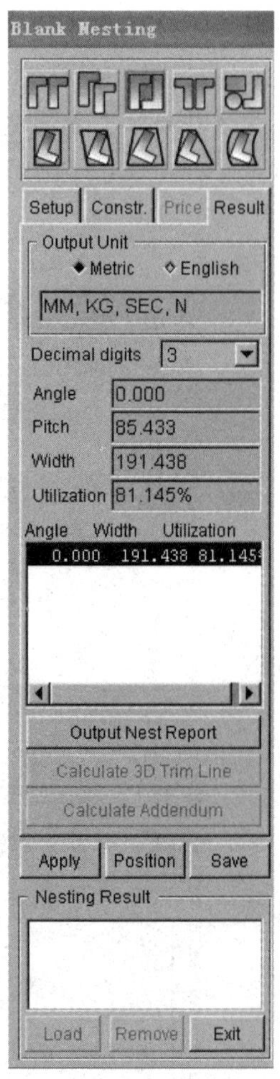

图 2.74　显示排样结果

4. Mirror Nesting（对称排）工具按钮

该功能可以对零件进行对称排列，其搭边值及约束操作设置与对排的类似。

5. Two different Nesting（混排）工具按钮

该功能可以对两种不同形状的零件进行两行混排排列，其搭边值及约束操作设置与单排和双排的类似。

2.4　工具零件的设定

选择 Tools→Define tools（定义工具）菜单项，弹出如图 2.75 所示的 Define Tools 对话框。

用户可以直接在图 2.75 中选中 Standard Tools（标准工具）复选项，在 Tool Name（工具名称）选项区域的下拉列表框中可选择 Punch（凸模）、Die（凹模）或 Binder（压边圈）选项，然后单击 Add 按钮添加要定义的工具零件。

用户也可以自己定义工具零件。具体操作为：选中图 2.75 中的 User Defined Tools（自定义工具）复选项，然后单击 New 按钮添加要定义的工具零件名称，弹出如图 2.76 所示的 NAME OF NEW TOOL（用户自定义工具零件名）对话框，在该对话框中输入工具零件名称，单击 Ok 按钮，完成自定义工具零件的创建。返回到图 2.75 所示的对话框中，单击 Add 按钮，弹出如图 2.77 所示的 Select Part(选择工具零件)对话框以选择工具零件。选择完成后，图 2.75 所示的 Define Tools 对话框的 Include Parts List(选中工具零件清单)列表里会显示所选择的工具零件。

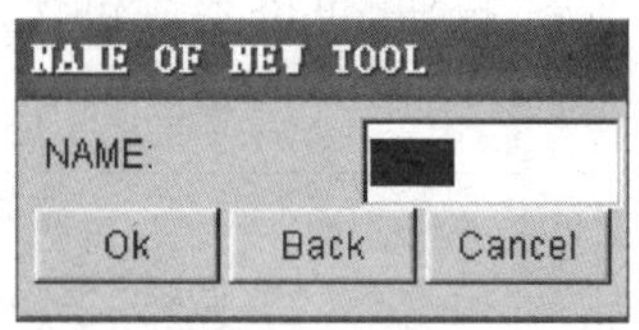

图 2.76　NAME OF NEW TOOL 对话框

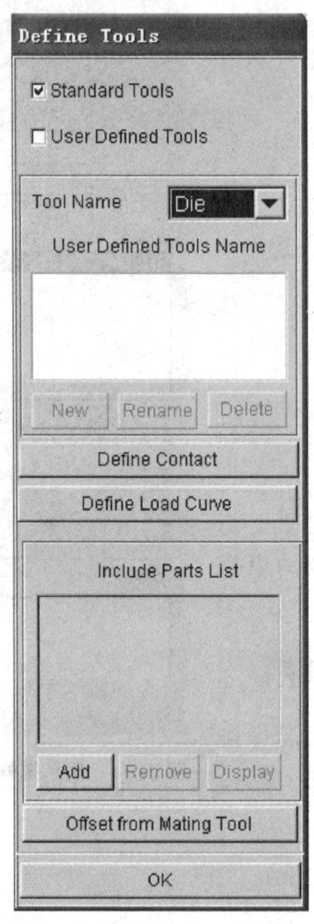

图 2.75　Define Tools 对话框

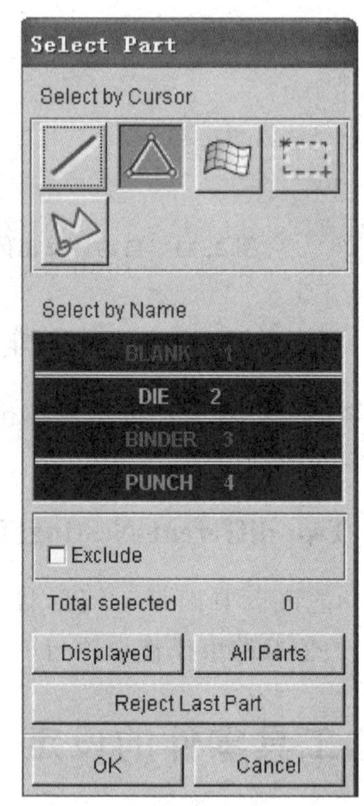

图 2.77　Select Part 对话框

用户可以在图 2.75 中单击 Offset from Mating Tool(由对应工具偏移)按钮，在弹出的 Mating Tool(对应工具零件)对话框(如图 2.78 所示)中完成从对应工具零件生成工具零件的功能。通过复制或偏移单元等操作，创建工具零件和添加工具零件到当前的工具定义中。

在图 2.78 中选中 Include In Current Part(包含在当前工具零件)复选项，则新复制的或偏移的单元将包含在当前的工具零件中，并且当前的工具零件被包含在当前的定义工具中；如果没有选中此复选项，则系统将自动创建一个新的零件并添加到

当前的定义工具中。选中 Normal Offset 复选项，则沿法向偏移单元。在 Thickness 文本框中可以输入偏移厚度。单击 Select Elements 按钮，选中要复制或偏移的单元后，单击 Apply 按钮，完成单元的复制或偏移。

选择 Tools→Position Tools（定位工具零件）→Move Tool 菜单项，弹出如图 2.79 所示的 Move Tools（移动工具零件）对话框。用户可以从该对话框的 Tools List（工具零件列表）中选择要移动的工具零件，并在 Distance 文本框中输入移动的距离后，单击 Apply 按钮，完成移动操作。

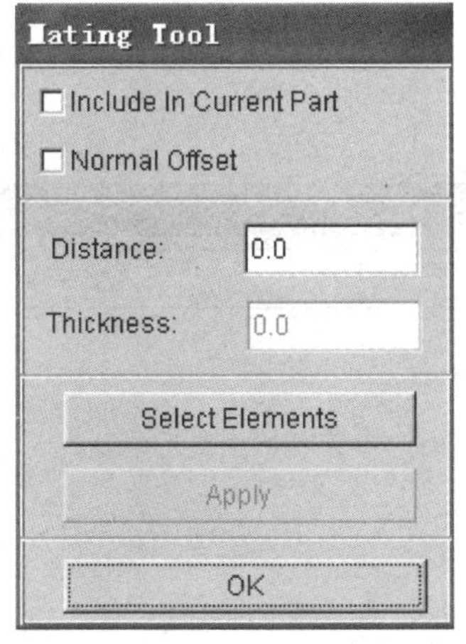

图 2.78　Mating Tool 对话框

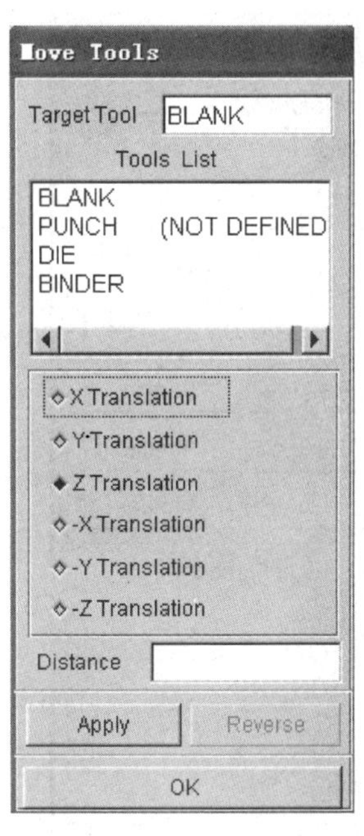

图 2.79　Move Tools 对话框

2.5　各种曲线的设定

2.5.1　定义加载曲线

各工具零件定义完成后，根据各工具零件的功能对其进行加载曲线的设定。用户可以单击图 2.75 中的 Define Load Curve（定义加载曲线）按钮，在弹出如图 2.80 所示的 Tool Load Curve（工具加载曲线）对话框中单击 Assign 按钮，选择要定义曲线的工具零件。

在图 2.80 中，可以选择 Motion（运动）或 Force（力）选项来定义曲线类型。用户通过定义运动曲线对工具零件进行速度或位移的控制，而定义力曲线可以实现定义工具零件上的力。如果一个工具零件既定义了运动曲线又定义了力曲线，那么运动曲线控制将覆盖力曲线控制,而如果运动曲线到达设定死点时间,那么力曲线控制将被激活。

在图2.80中,可以通过单击Read(读入)按钮,从弹出如图2.81所示的Open Curve File(读入曲线文件)对话框中直接读入一个外部加载曲线。

在图2.80中,单击Auto(自动)按钮,弹出如图2.82所示的Motion Curve(自动运动曲线)对话框。用户可以根据真实时间、速度和移动的距离来自定义速度、位移和力曲线。

图2.80 Tool Load Curve对话框

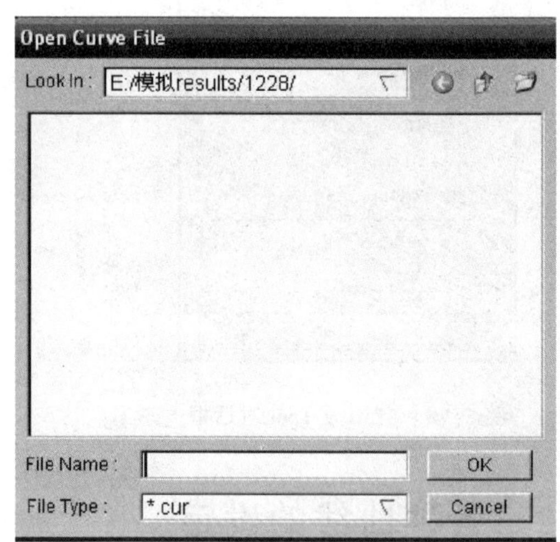

图2.81 Open Curve File对话框

在图2.82中,Curve Shape(曲线形状)下拉列表框有三种选项:Trapezoidal(梯形)表示简化的离散加载曲线,Sinusoidal(正弦曲线)表示光滑的离散加载曲线,Sin With Hold(受限正弦曲线)表示具有最大速度常数的光滑离散加载曲线。可以在Begin Time(开始时间)、Velocity(速度)以及Stroke Dist(距离)文本框中输入参数。如果在曲线中需要多个运动阶段,则可以在曲线超过一个运动阶段后当询问“Stop after Phase?”时单击No按钮,并输入下一运动阶段的类型和参数。如果当询问“Stop after this phase?”时单击Yes按钮,则运动曲线创建完成,并弹出Input Curve(显示运动曲线)对话框,如图2.83所示。

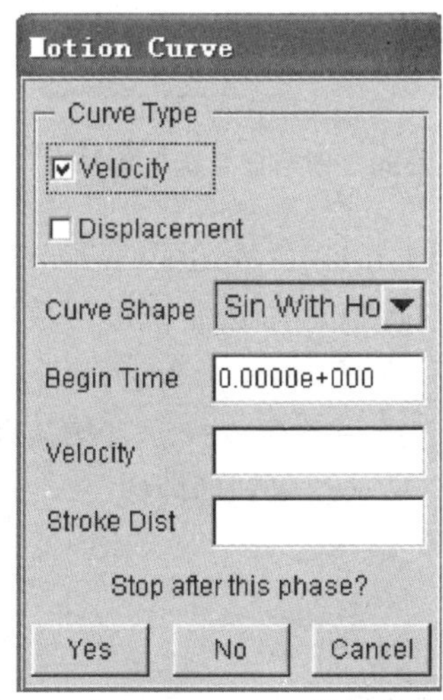

图 2.82　Motion Curve 对话框

图 2.83　Input Curve 对话框

图 2.83 中 Location(定位)选项区域有两个复选项,其中 Full Screen(全屏)表示所得到的曲线将在整个显示区域中显示,User Defined Location(用户定义位置)表示曲线将在用户指定的一个窗口范围显示。

图 2.83 中的 Clear(清除)功能,可以使用户通过图 2.84 所显示的选项从显示区域中清除一个或所有对象,其中:Curve Screen(曲线屏幕)选项表示清除显示区域中所有的对象;Model(模型)选项表示清除显示的模型;ETA Label(ETA 标签)选项表示清除显示屏左下角的标签;All(所有)选项表示清除显示区域中所有的对象。

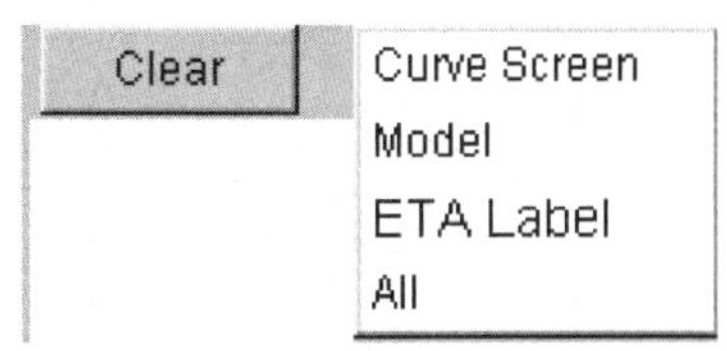

图 2.84　清除功能

图 2.83 中 Query(查询)功能,允许通过图 2.85 显示的选项来显示图形信息。其中:Point(点)选项表示选择曲线上的一点,其 X,Y 坐标将在提示窗口中显示;Curve(曲线)选项表示从列表或屏幕中显示一条曲线,该曲线的名称、曲线上点的数

目、X 和 Y 值的范围将会在提示窗口中显示；Graph(图形)选项表示从列表或屏幕中显示一个图形。

图 2.83 中 Option For(图形显示选项)功能，允许通过图 2.86 显示的选项对 Axis(坐标轴)、Curve(曲线)、Graph(图表)、Grid(栅格)和 Legend(图标)进行显示设置。

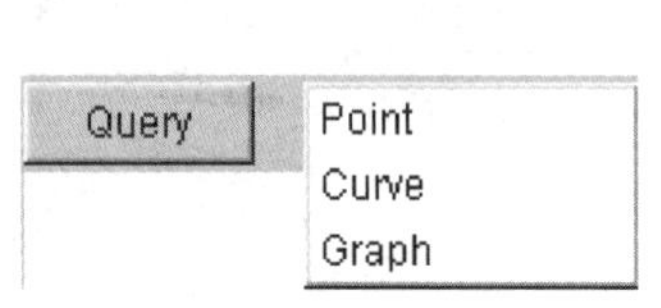

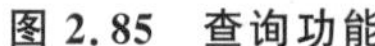
图 2.85　查询功能

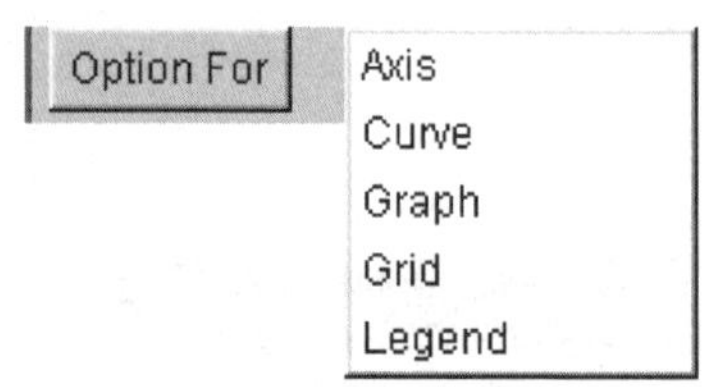

图 2.86　图形显示选项功能

单击图 2.83 中 Operation(操作)按钮，弹出如图 2.87 所示的 Curve Operation (曲线操作)工具栏。借助工具栏内的工具按钮，用户可以对所选曲线进行数学运算从而得到新的曲线。在单击其中任一工具按钮后，弹出如图 2.88 所示的 Select Curve(选择曲线)对话框。用户可以从名称列表中选择一条曲线或者直接从曲线显示窗口选择，选择完成后，单击 OK 按钮，则屏幕上会显示新得到的曲线。

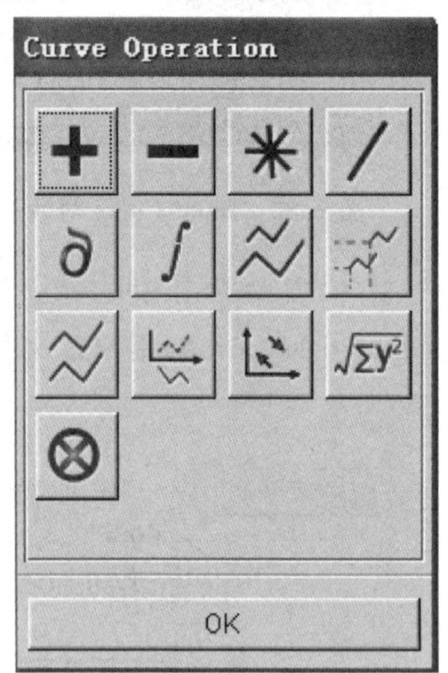

图 2.87　Curve Operation 工具栏

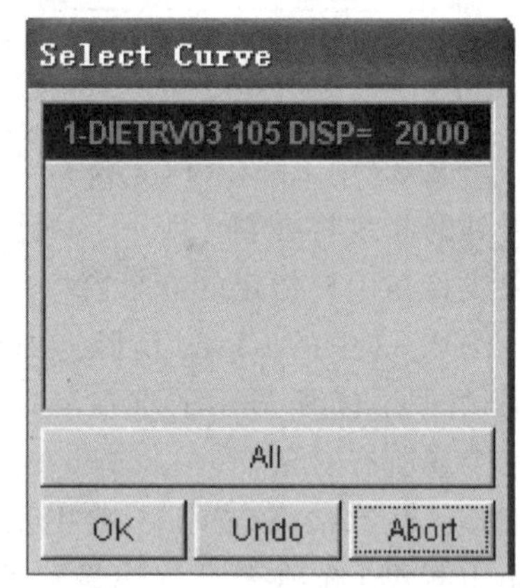

图 2.88　Select Curve 对话框

图 2.87 中各工具按钮的功能如下所述。

+：至少选择两条曲线，新得到的曲线所对应的 Y 值为所选曲线对应 Y 值之和。

−：创建一条曲线，新得到的曲线对应的 Y 值为两条所选曲线对应 Y 值之差。

*：创建一条曲线，新得到的曲线对应的 Y 值为两条所选曲线对应 Y 值之积。

:创建一条曲线,新得到的曲线对应的 Y 值为两条所选曲线对应 Y 值之商。

:创建一条曲线,其中 Y 值为所选曲线对时间的偏导数。

:创建一条曲线,其中 Y 值为所选曲线对时间的积分。

:通过 X,Y 方向的放大系数放大所选曲线。

:在 X,Y 方向移动所选曲线。

:在所选曲线的相同位置以不同颜色复制一条曲线。

:取消所选曲线在 Y 方向的值。

:将曲线上点的 X 值和 Y 值对调。

:创建一条曲线,此曲线通过所选曲线合成得到。

:创建一条曲线,其中横坐标来自第一条曲线,纵坐标来自第二条曲线。

2.5.2　曲线操作

选择 Utilities(公用)→Load Curve(加载曲线)菜单项,弹出如图 2.89 所示的 Load Curve 对话框。

① 单击图 2.89 中的 Create Load Curve(创建加载曲线)选项,弹出如图 2.90 所示的 Input Curve Values(加载曲线)对话框。可以在该对话框中输入曲线编号和名称(曲线编号和名称不能重复),然后单击 Add Point(添加点)按钮手动输入曲线数据。

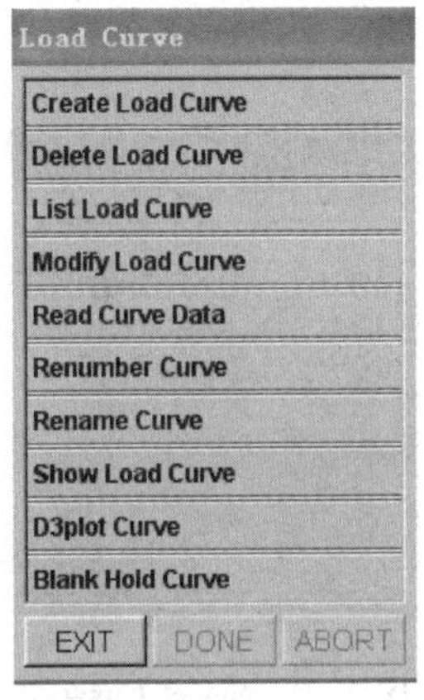

图 2.89　Load Curve 对话框

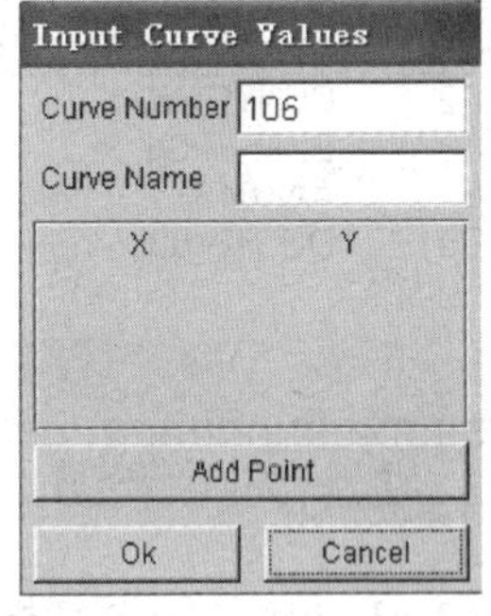

图 2.90　Input Curve Values 对话框

② 单击图 2.89 中的 Delete Load Curve(删除加载曲线)选项,弹出如图 2.91 所示的 Select Curve(选择加载曲线)对话框。选择要删除的加载曲线,单击 OK 按钮确认,会弹出如图 2.92 所示的 Dynaform Question(问题)对话框。在该对话框中单击 Yes 按钮删除所选曲线,单击 No 按钮取消删除所选曲线。

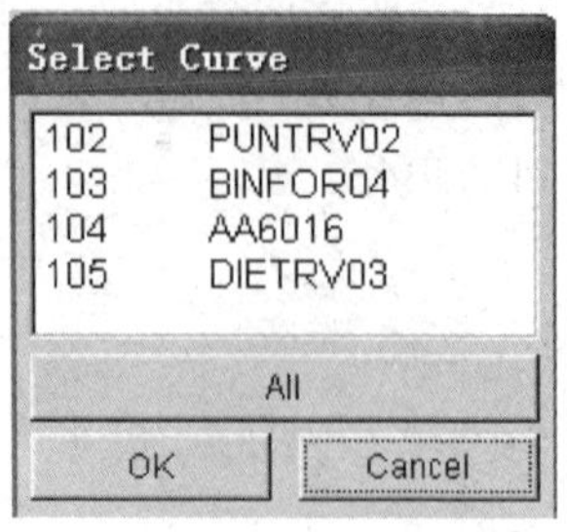

图 2.91 Select Curve 对话框

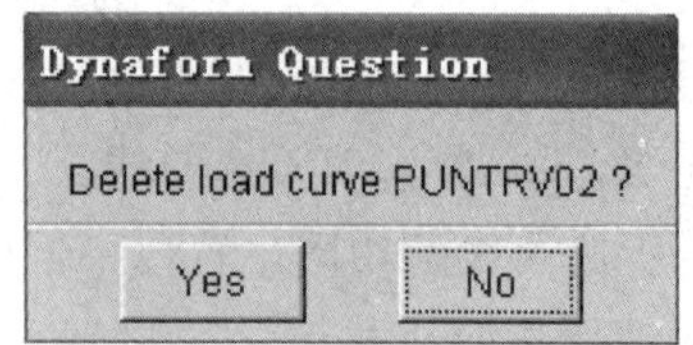

图 2.92 Dynaform Question 对话框

③ 单击图 2.89 中的 List Load Curve(列出所有加载曲线)选项，弹出如图 2.93 所示的 List Curve(列表曲线)对话框。该对话框中列出所有已存在的加载曲线，用户可以从中选择一条或多条加载曲线。

④ 单击图 2.89 中的 Modify Load Curve(修改加载曲线)选项，弹出图 2.94 所示的 Select Curve(修改加载曲线)对话框。用户可以从对话框的曲线列表中选择要修改的曲线，单击 OK 按钮确认，弹出如图 2.95 所示的 Select Option(点或曲线的选取)对话框。在加载曲线上进行添加点操作时，单击图 2.95 中的 Add Point(Mouse Pick)选项，可以通过单击鼠标拾取点，直接将点添加到加载线上。用户还可以通过输入 X，Y 值来添加点。单击图 2.95 中的 Add Point(Key in X，Y)选项，弹出如图 2.96 所示的对话框，输入加载点所在的坐标值后单击 Done 按钮确认。单击图 2.95 中的 Delete point(删除点)选项，弹出如图 2.97 所示的对话框，用鼠标单击拾取要删除的点，选择完成后单击 Done 按钮，则所选点被删除。

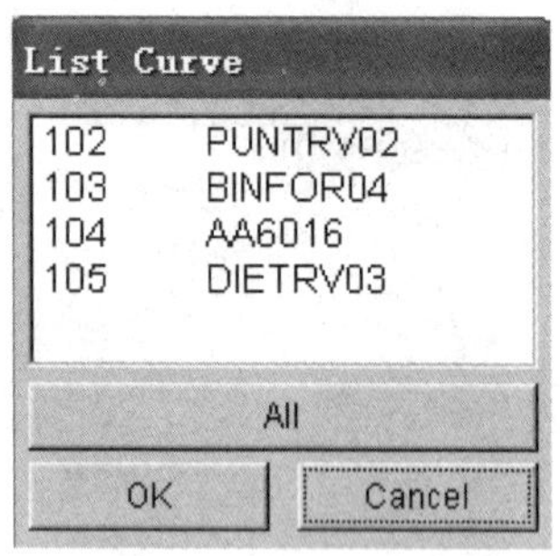

图 2.93 List Curve 对话框

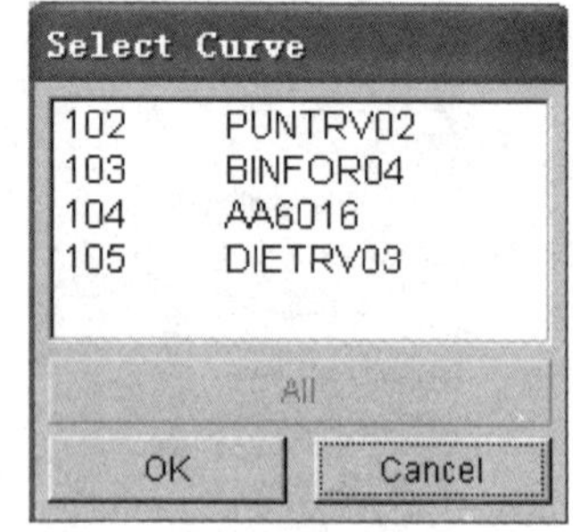

图 2.94 Select Curve 对话框

单击 Select Option 对话框中的 Modify Point(修改点)选项，弹出如图 2.98 所示的 Select Option(选择)对话框。

单击该对话框中的 Incremental XY(增量 XY)选项，弹出如图 2.99 所示的 Point Increment(输入增量值)对话框，在其中输入增量值，单击 Ok 按钮，然后在曲线屏幕中选择点进行移动。单击图 2.98 中的 Key in XY(输入 XY)选项，在加载曲

线上选择一点，则该点 X，Y 坐标将在对话框中显示，如图 2.100 所示。修改 X，Y 值，单击 Ok 按钮确认，则曲线上的点被移动到新建的位置。单击图 2.98 中的 Negate(反向)选项，则所选择的点将会翻转到关于 X 轴的对称位置。单击图 2.98 中的 Scale(缩放)选项，弹出如图 2.101 所示的 Point Scale(缩放修改点)对话框，输入 X，Y 坐标值的缩放系数，单击 Ok 按钮，然后选择点，则所选择的点将会移动到缩放后的位置。

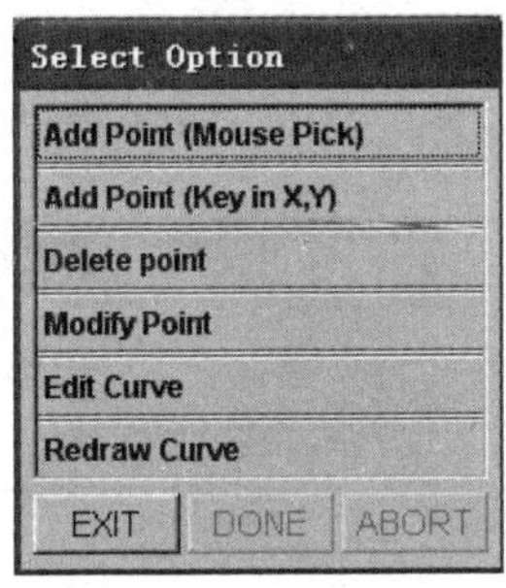

图 2.95 Select Option 对话框 1

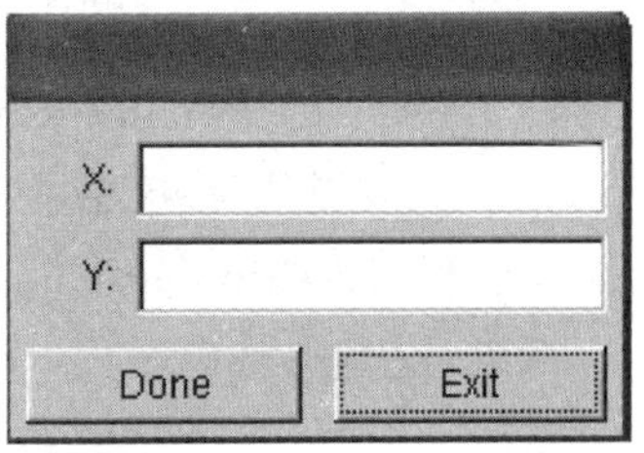

图 2.96 添加点的坐标值对话框

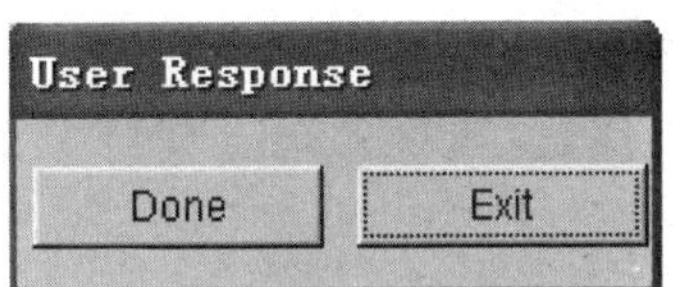

图 2.97 确认删除点对话框

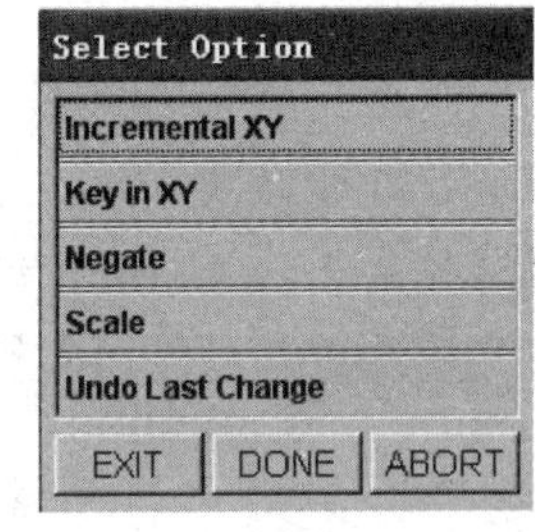

图 2.98 Select Option 对话框 2

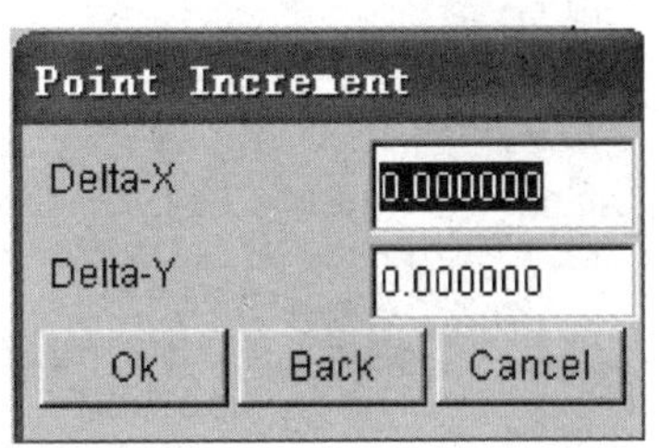

图 2.99 Point Increment 对话框

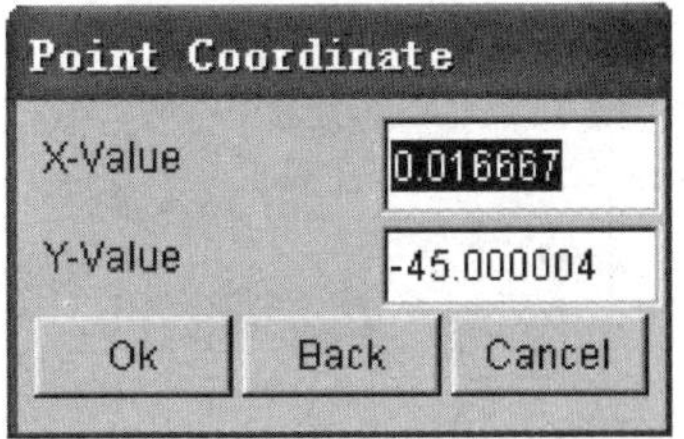

图 2.100 Point Coordinates(输入 XY 值修改点)对话框

⑤ 单击图 2.89 中的 Renumber Curve(重新编号加载曲线)选项，弹出如图 2.102 所示的 Select Curve(选择曲线)对话框。选中要重新编号的曲线，弹出如图 2.103 所示的 Renumber Load Curve(重新定义曲线编号)对话框，在对话框中输入新的编号。

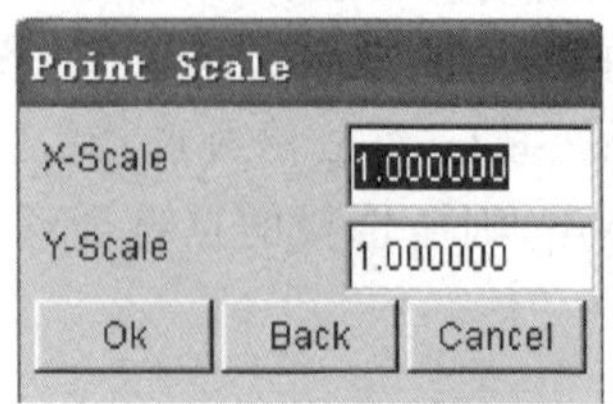

图 2.101　Point Scale 对话框

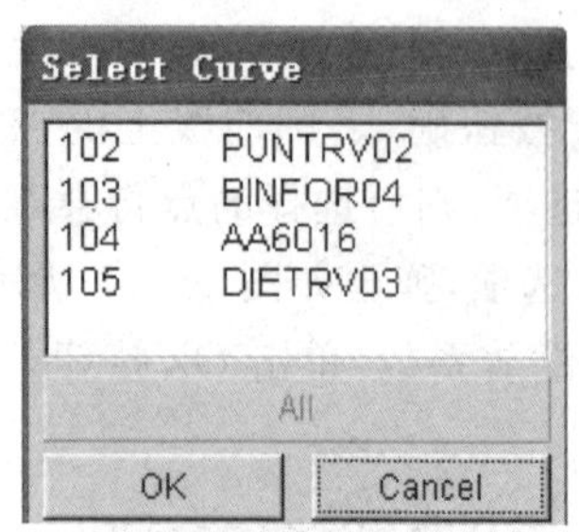

图 2.102　Select Curve 对话框

⑥ 单击图 2.89 中的 Rename Curve(重新命名曲线)选项。此功能能够单独更改加载曲线名称,其操作过程与 Renumber Curve(重新编号加载曲线)相似,这里不再赘述。

图 2.103　Renumber Curve 对话框

2.6　冲压方向的调整

在大多数的冲压模拟过程中,一般默认 Z 轴为冲压方向,但是有些零件的设计与 DYNAFORM 的设置不同,因此需要调整零件的冲压方向。选择 DFE→Preparation 菜单项,弹出如图 2.104 所示的 DFE Preparation(准备选项)对话框。单击其中的 Tipping(倾斜)标签,弹出如图 2.105 所示的 Tipping(冲压方向调整)选项卡。

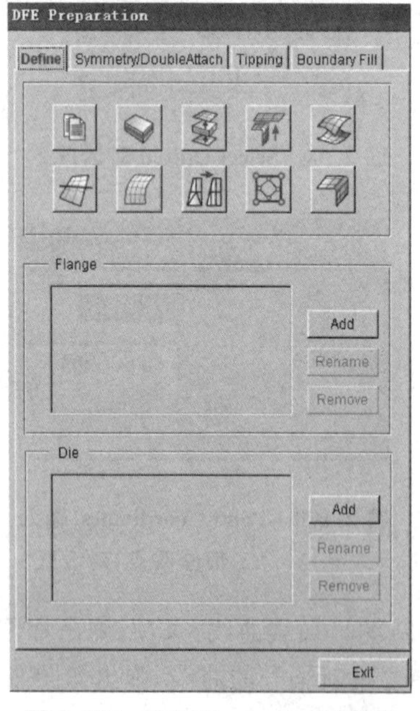

图 2.104　DFE Preparation 对话框

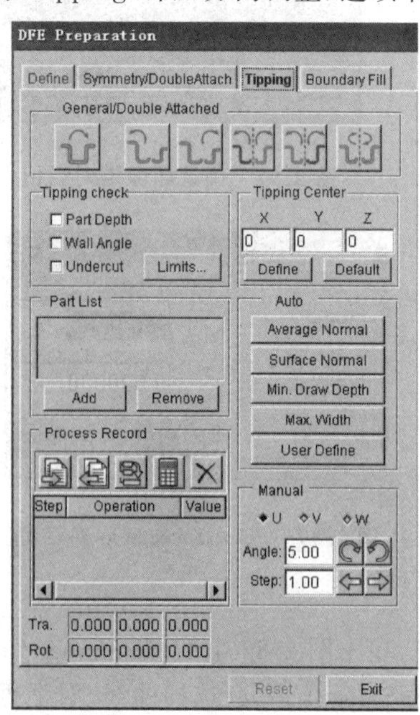

图 2.105　Tipping 选项卡

将零件添加到凹模对话框中，在 Tipping 选项卡（见图 2.105）中，Tipping Center 选项区域可以用来自定义冲压中心或者默认，默认表示冲压中心位于凹模的质心处。当选择自定义冲压中心时，弹出如图 2.106 所示的 Input Coordinate（选择冲压中心）对话框。在该对话框中可以单击节点或者直接采用输入坐标的方法来选择冲压中心点，单击 Ok 按钮确定。

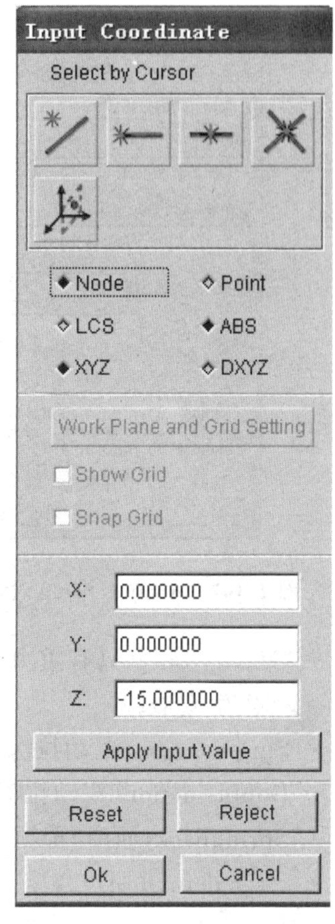

图 2.106 Input Coordinate 对话框

冲压方向调整好后，可以进行冲压方向的检查，判断调整后的结果是否合理。在 Tipping 选项卡的 Tipping Check 选项区域中：选中 Part Depth（拉深深度）复选项，在凹模上会显示出拉深深度等值线图，不同的拉深深度对应不同的颜色值，其中拉深深度值是根据毛坯和凸模第一个接触点估算得到的；选中 Undercut（冲压负角）复选项，凹模上会用不同颜色显示的云图来说明对应的每一个单元是否会存在冲压负角，其中红色表示此区域的单元存有冲压负角，蓝色表示边缘区域（拔模角度在 1°～3°之间），绿色表示合理区域（拔模角度大于 3°）。其中危险区域及边缘区域的角度范围可以自定义。

在图 2.105 中，可以单击 Auto（自动调整冲压方向）按钮，通过平均所有单元的法矢量使冲压负角和拉深深度最小，从而将工件自动旋转到合适的冲压位置。如果网格或者工件形状不规则，且自动调整效果不是最佳时，可以利用 Manual（手动调整）进一步调整冲压方向。凹模可以通过在对话框中输入参数，利用 UVW 轴方向进行旋转或者平移。

2.7 分析设置

选择 Tools→Analysis Setup（分析设置）菜单项，弹出如图 2.107 所示的 Analysis Setup（分析设置）对话框。

在图 2.107 中，Unit（单位系统）下拉列表框中包含有多套单位系统，如图 2.108 所示。默认单位为：mm（毫米），TON（吨），SEC（秒），N（牛顿）。

在图 2.107 中，Draw Type（拉深类型）下拉列表框包含有多种拉深类型，如图 2.109 所示。主要包括以下选项：

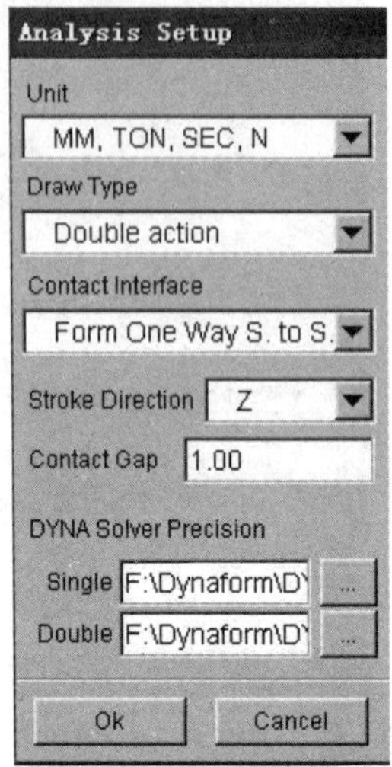

图 2.107 Analysis Setup 对话框

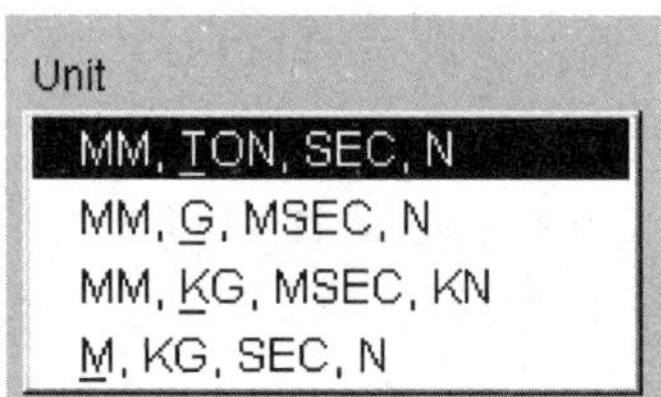

图 2.108 Unit 下拉列表框

- Gravity only(只有重力载荷)选项　表示不适用于凸、凹模,毛坯在重力作用下发生变形。
- Single action(单动拉深)选项　表示仅有一个模具动作的拉深变形。
- Double action(双动拉深)选项　表示凸、凹模可以一起动作的拉深变形。
- Springback(回弹)选项　需要读入 Dynain 文件进行回弹计算。
- User define(用户自定义)选项　允许用户自定义拉深类型。
- Superplastic(超塑成形)选项　主要用于钛合金成形的模拟。

在图 2.107 中,Contact Interface(接触面类型)下拉列表框提供了集中冲压模拟的几种接触面类型,如图 2.110 所示。默认的毛坯和所有工具的接触面类型为 Form One Way S. to S. 。

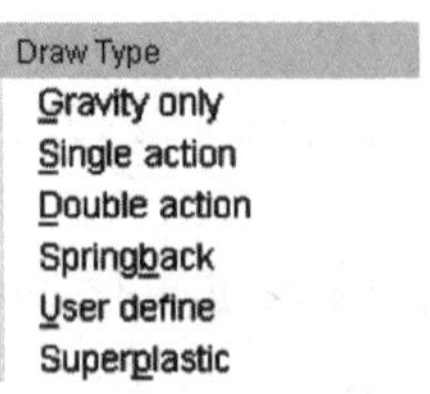

图 2.109 Draw Type 下拉列表框

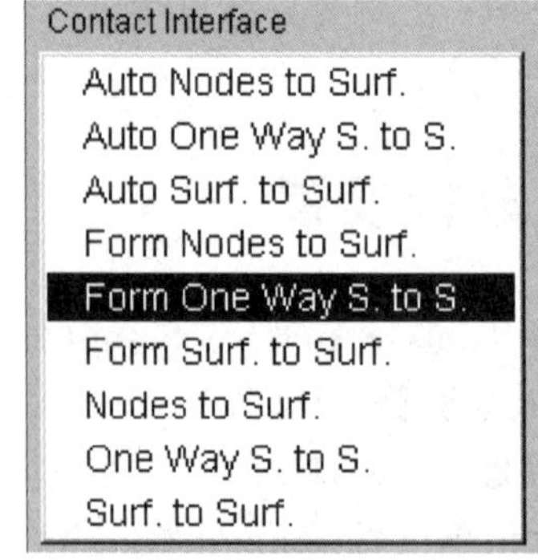

图 2.110 Contact Interface 下拉列表框

在图 2.107 中 Stroke Direction（冲压方向）下拉列表框提供了 X、Y、Z 三个方向。Contact Gap（接触间隙）表示在自动定位后工具和毛坯之间在冲压方向上的最小距离，如果定义了毛坯厚度，接触间隙则将被自动覆盖。DYNA Solver Precision（求解器位置）选项允许用户直接在选择求解器窗口定义 LS-DYNA 求解器的路径，单击该文本框右侧按钮，弹出如图 2.111 所示的求解器路径对话框。

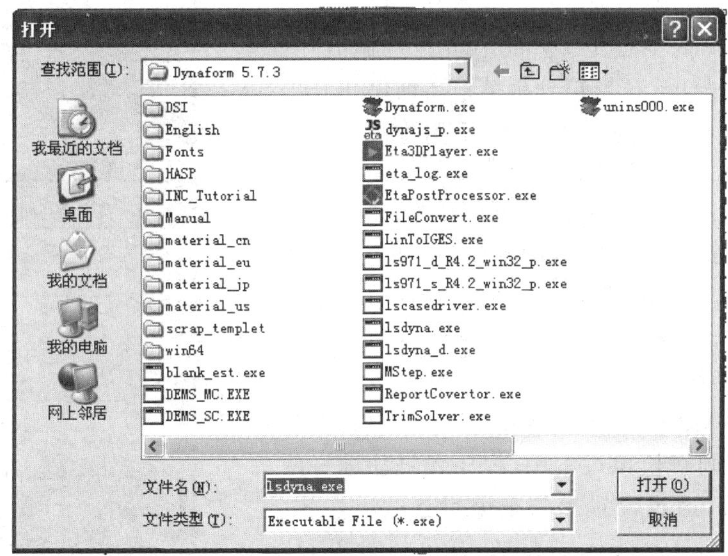

图 2.111　求解器路径对话框

2.8　计算求解

2.8.1　分　析

1. 模拟分析

选择 Analysis（分析）→LS-DYNA 菜单项，弹出如图 2.112 所示的 Analysis（LS-Dyna 输入文件分析）对话框，用来进行模拟参数的设定。

图 2.112 中的 Analysis Type（分析类型）下拉列表框中包含有 2 种类型：若选择 LS-Dyna Input File（LS-Dyna 输入文件）选项，则需要输出设置结果作为 LS-Dyna 计算的输入文件；若选择 Job Submitter 选项，则直接提交到 LS-Dyna 中进行计算。

单击图 2.112 中 Control Parameters（控制参数）按钮，弹出如图 2.113 所示的 DYNA3D CONTROL PARAMETERS（控制参数）对话框。输入参数后单击 OK 按

钮确定;还可以单击 Advanced(高级)按钮扩展对话框,显示高级控制参数选项。扩展后的对话框如图 2.114 所示。

图 2.112 中的 Gravity Load(重力加载)复选项是控制重力的开关,若选中该复选框则把相关的控制信息输入到平台中。

在图 2.112 中选中 Dynain Output(输出)复选项,则 LS-Dyna 在模拟分析结束之前创建一个 Dynain 文件,在 Dynain 文件中包含有变形毛坯的厚度变化和应力应变变化等结果信息。

图 2.112 中的 Seamless(无缝转接)复选项是切换 LS-Dyna 显示和隐式无缝计算的开关。若选中该复选项,则将在模拟冲压结束后自动激活隐式回弹分析,另外还可以进行回弹约束的设置并定义“隐式参数”。

在图 2.112 中选中 Adaptive Mesh(自适应参数)复选项,则在模拟过程中,程序将自动进行网格的再划分,通过设置参数来编辑自适应参数。单击 Adaptive Parameters 按钮,弹出如图 2.115 所示的 ADAPTIVE CONTROL PARAMETERS(自适应参数)对话框,单击 OK 按钮确认所设置参数。

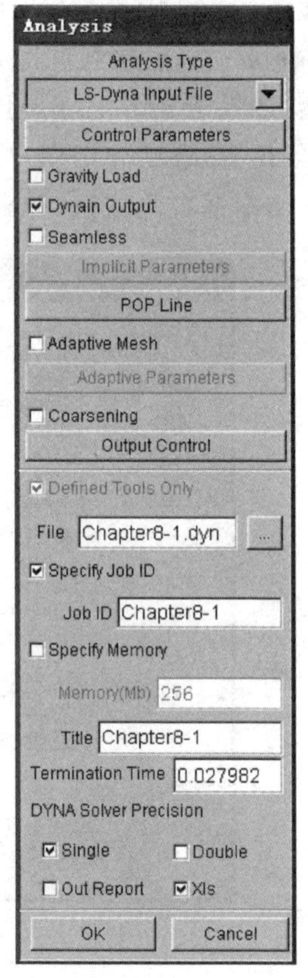

图 2.112 Analysis 对话框

DYNA3D CONTROL PARAMETERS
TERMINATION TIME(ENDTIM) 2.000000E-002
TIMESTEP (DT2MS) -1.200000E-006
PARALLEL (NCPU) 1
STATES IN D3PLOT (DPLTC) 15 Edit
OK Advanced Default Reset Cancel

图 2.113 DYNA3D CONTROL PARAMETERS 对话框

图 2.115 中,Advanced 按钮用于扩展对话框并显示高级参数选项,Default 按钮用于恢复所有值到原来的默认设置,Reset 按钮用于撤销最后一次定义的值并恢复前一次定义的值,Cancel 按钮用于取消对话框并恢复所有值到以前的设置。

选中图 2.112 的 Specify Memory(指定内存)复选项,可以为运行 LS-Dyna 分配

DYNA3D CONTROL PARAMETERS

TERMINATION TIME(ENDTIM)	2.7982E-002	
TIMESTEP (DT2MS)	-1.2000E-006	
PARALLEL (NCPU)	1	
STATES IN D3PLOT (DPLTC)	-101	Edit
HOURGLASS (IHQ)	4	
CONTACT (SLSFAC)	8.0000E-002	
CONTACT (ISLCHK)	2	
CONTACT (SHLTHK)	1	
CONTACT (PENOPT)	4	
CONTACT (THKCHG)	0	
CONTACT (XPENE)	4.0000E+000	
SHELL (ESORT)	1	
SHELL (THEORY)	2	
SHELL (BWC)	2	
SHELL (PROJ)	0	
OUTPUT (NPOPT)	1	
TERMINATION (ENDMAS)	0.0000E+000	
INTEGRATION (MAXINT)	5	
DATA COMPRESSION (DCOMP)	2	
OUTPUT TIMES (ENDTIM/DT)	100	
ACCURACY STRESS (OSU)	0	
ACCURACY NODE (INN)	1	

OK　Regular　Default　Reset　Cancel

图 2.114　DYNA3D CONTROL PARAMETERS(高级控制参数)对话框

ADAPTIVE CONTROL PARAMETERS

TIMES(ENDTIM/ADPFREQ)	100
DEGREES(ADPTOL)	5.000000E+000
LEVEL(MAXLVL)	3
ADAPT MESH(ADPENE)	1.000000E+000

OK　Advanced　Default　Reset　Cancel

图 2.115　ADAPTIVE CONTROL PARAMET (自适应参数)对话框

内存，默认为 256 MB。设定好分配的内存后，程序将自动设定计算内存为输入的内存大小并写入到关键字卡片中。

将以上步骤都定义完成后，单击图 2.112 中 OK 按钮，确定开始分析计算。

2. 回弹分析

选择 Setup(快速设置)→Spring Back(回弹)菜单项,弹出如图 2.116 所示的 Quick Setup/Spring Back(回弹分析)对话框。

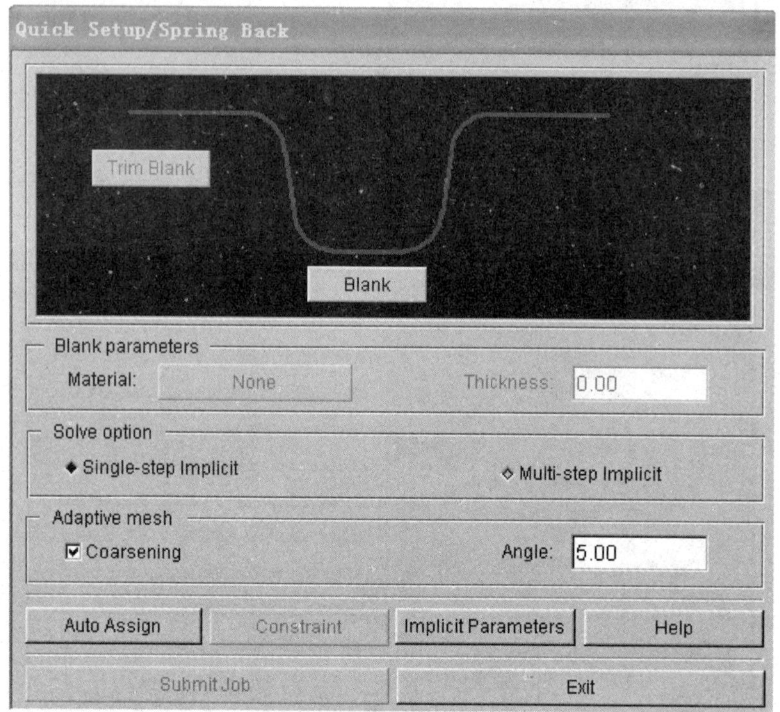

图 2.116　Quick Setup/Spring Back 对话框

回弹分析的步骤如下所述。

① 单击图 2.116 中的 Blank 按钮,弹出 Define Blank(定义毛坯)对话框,如图 2.117 所示,然后从中单击 Import Mesh(导入毛坯)选项来导入 DYNAIN 文件,读入变形后的网格。

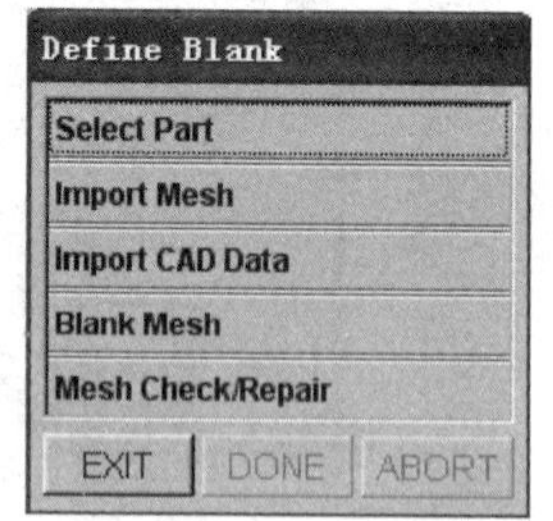

图 2.117　Define Blank 对话框

② 单击图 2.116 中的 Trim Blank(修剪毛坯)按钮,对毛坯进行修边,若不需要修边则可跳过此步。

③ 图 2.116 中的 Blank parameters(定义毛坯参数)选项区域用来定义初始的毛坯材料和厚度,应与拉延模拟设置中的参数一致。

④ 选择隐式算法和粗化单元选项,定义隐式参数,约束刚体运动,单击 Submit Job(提交计算)按钮开始回弹分析。

3. 重力加载

选择 Setup→Gravity loading(重力加载)菜单项,弹出如图 2.118 所示的 Quick Setup/Gravity Loading(重力载荷成形分析)对话框。

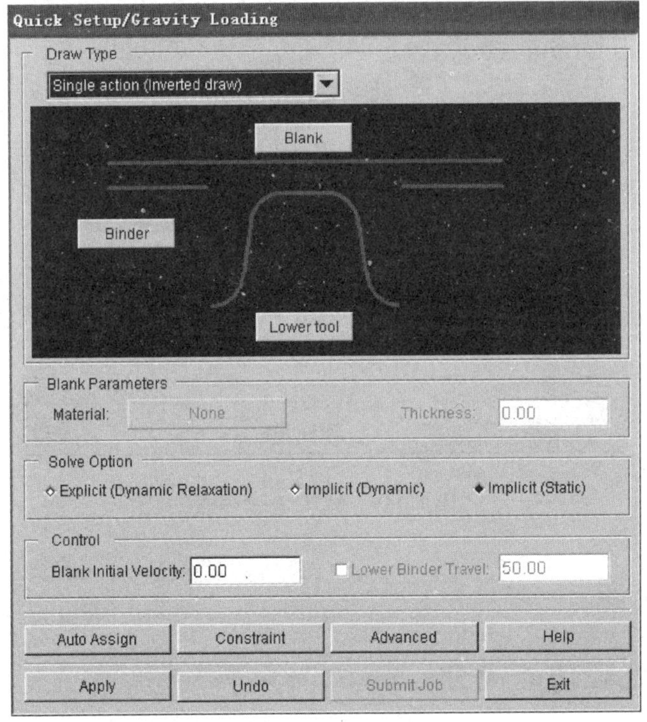

图 2.118 Quick Setup/Gravity Loading 对话框

单击图 2.118 中的 Blank(毛坯)、Binder(压边圈)、Lower tool(下模)及 Material(毛坯材料种类)等按钮,Thickness(毛坯厚度)文本框,以及 Solve Option(求解)和 Control(控制)等选项区域,设置重力加载模拟参数,单击 Apply 按钮,确定设置的参数后,单击 Submit Job 按钮开始快速模拟分析。

2.8.2 一步法求解(MSTEP)

选择 Analysis→MSTEP 菜单项,弹出如图 2.119 所示的 MSTEP(一步法求解器设置)对话框。

在 Tool Definition(工具定义)选项区域中,各种工具通过不同颜色表示是否定义好。绿色表示已经定义好的工具,红色表示必须定义但没有定义好的工具,蓝色表示可选择定义的工具。将所有工具及约束定义完成后,单击 Submit Job(提交计算)按钮,将开始根据当前的设置在求解器中进行计算。

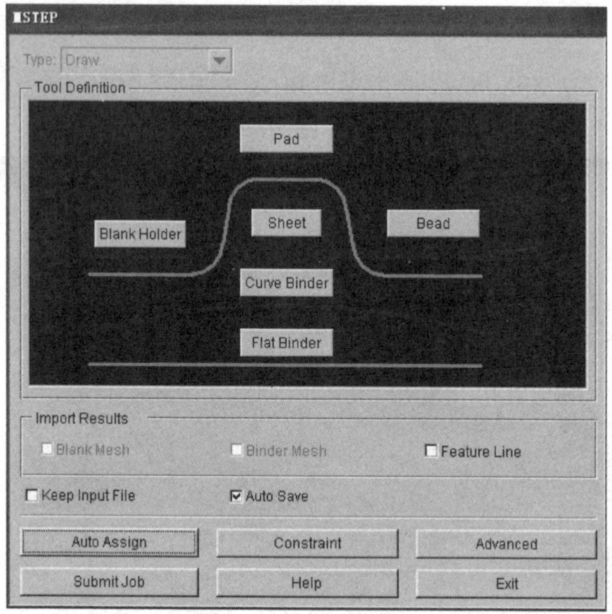

图 2.119　MSTEP 对话框

2.9　后处理

2.9.1　后处理功能简介

单击菜单栏中的 PostProcess(后处理)进入 DYNAFORM 后处理程序。选择 File→Open 菜单项,弹出如图 2.120 所示的 Select File(打开后处理文件)对话框。

图 2.120　Select File 对话框

打开 d3plot、d3drlf 或 dynain 格式的结果文件。其中：d3plot 文件是成形模拟的结果文件，包含拉深、压边等工序和回弹过程的模拟结果；d3drlf 文件是模拟重力作用的结果文件；dynain 文件是板料变形的结果文件，用于多工序中。

选择 d3plot 文件，单击 Open 按钮，打开模拟结果。打开后在程序右边会出现一些功能选项，如图 2.121 所示。

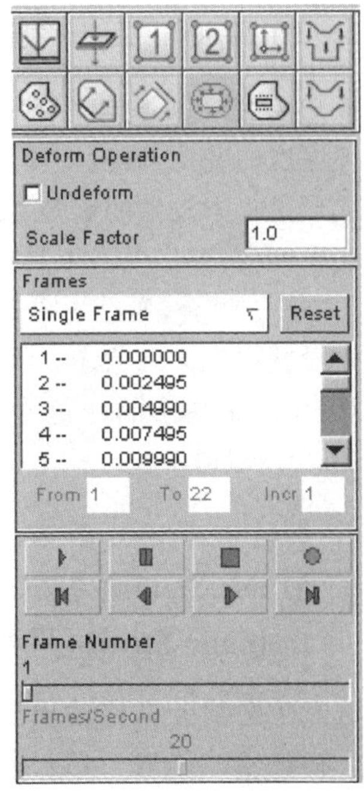

图 2.121　“后处理功能”工具栏

1. Forming Limit Diagram(FLD 成形极限图)工具按钮

此功能可以描述冲压过程中毛坯的成形状况，如图 2.122 所示。

图 2.122 中不同颜色表示毛坯变形所处的不同状态：绿色表示毛坯安全状态，红色表示破裂状态，黄色表示破裂危险点，橙色表示严重变薄区域，灰色表示无变形区域，蓝色表示有起皱趋势区域，粉色表示起皱区域。

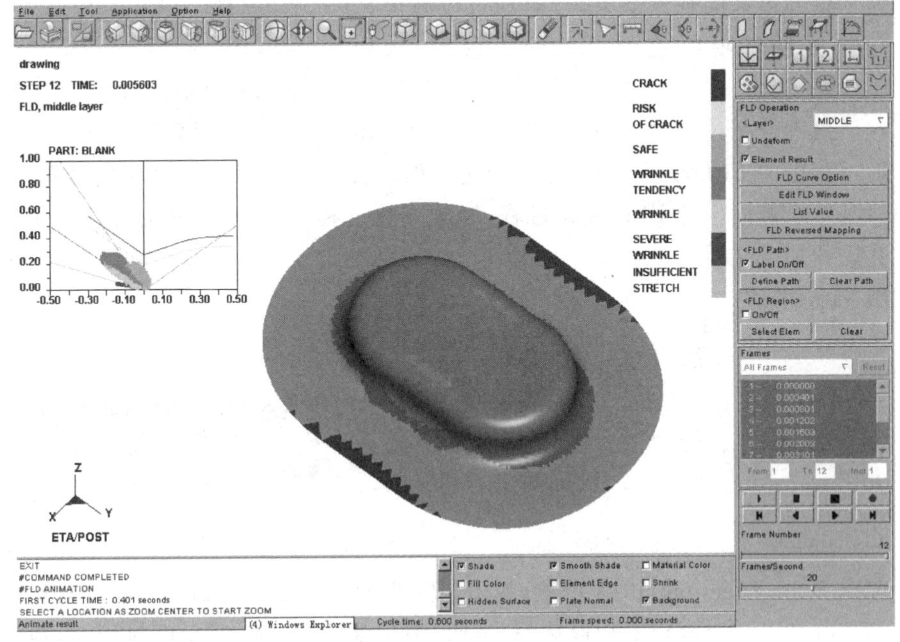

图 2.122　成形极限图

2. Thickness(变薄检查)工具按钮

该功能可以以不同颜色显示毛坯在成形过程中毛坯厚度的变化,通过变薄量的变化可以得知毛坯在成形过程中发生的破裂、起皱等缺陷。可在观察毛坯厚度变化时,单击工具栏中的"打开、关闭零件层"工具按钮,弹出如图 2.123 所示的对话框。在其中设置成只保留毛坯零件层,关闭其他所有工具,被关闭的工具层的颜色变为白色,设置完成后单击 Exit 按钮退出。

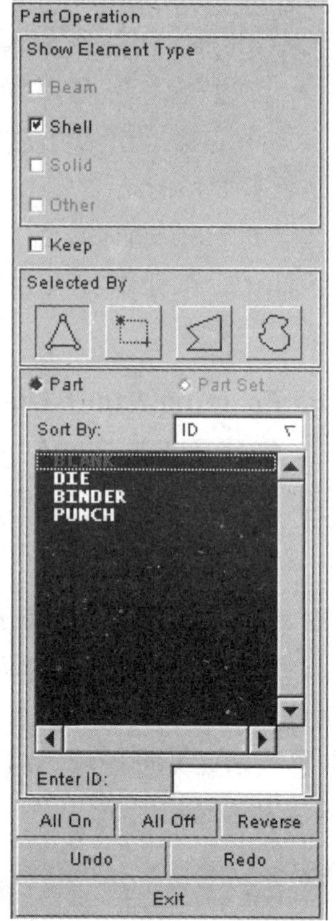

图 2.123 "选择打开、关闭零件"对话框

3. Major strain(最大主应变)工具按钮,Minor Strain(最小主应变)工具按钮,In-plane Strain(平面应变)工具按钮

这三个选项分别描述成形过程中毛坯上应变分布。在观察结果时,可以通过选择 Frames(帧)下拉列表框中的不同类型进行观察,如图 2.124 所示。用户可以通过不同需要选择不同帧类型。

为了达到最好的观察效果,可以通过设置屏幕右下角的光照选项以达到最好的观察效果,如图 2.125 所示。

在后处理分析过程中,不仅可以观察整个毛坯在成形过程中的 FLD 变化过程、厚度变化过程以及应变/应力等物理量的分布,还可以观察某一个截面上的 FLD 变化过程、厚度变化过程以及应变/应力等物理量的分布。其操作如下文所述。

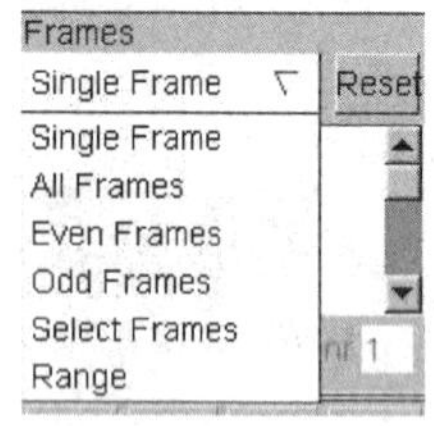

图 2.124 Frames 下拉列表框

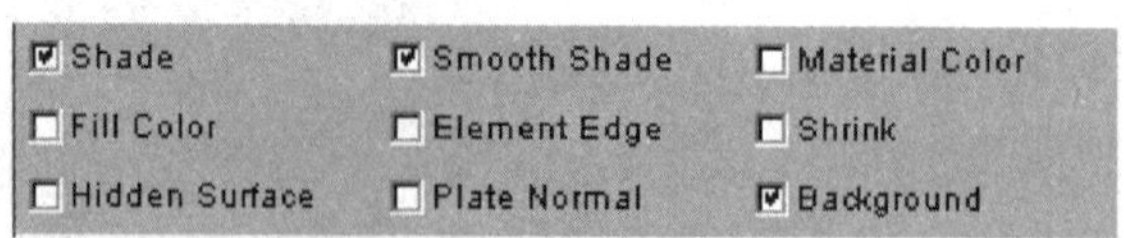

图 2.125 光照选项

选择 Tool→Section cut 菜单项,弹出如图 2.126 所示的对话框。在该对话框中单击 Define Cut Plane(定义切取截面)按钮,弹出如图 2.127 所示的对话框,根据不同需要选择截面,选择完成单击 Exit 按钮,弹出如图 2.128 所示的对话框,询问是否接受所选截面。Accept 选项表示接受所选截面,Cancel 选项表示返回重新选择,Exit 选

项表示退出。选择完成后,可以对所选截面进行 FLD 变化过程、厚度变化过程以及应变/应力等物理量分布的操作。

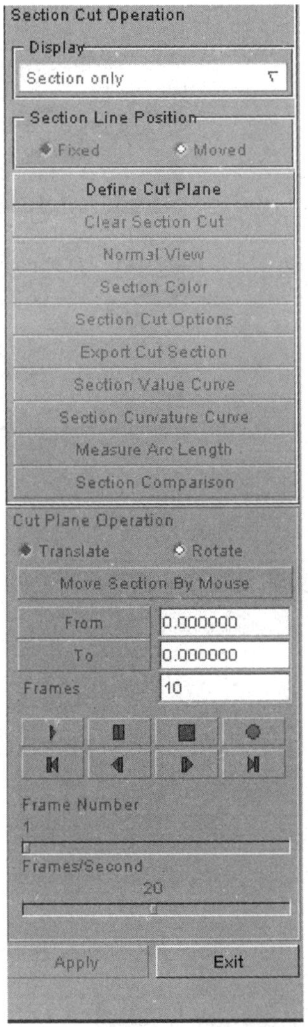

图 2.126　“截面切取操作”对话框

Control Option
Coordinate
X Value:
Y Value:
Z Value:
Apply Input Value
Select by Cursor
W Along +X Axis
W Along -X Axis
W Along +Y Axis
W Along -Y Axis
W Along +Z Axis
W Along -Z Axis
Reject Last
Exit

图 2.127　“选择截面方式”对话框

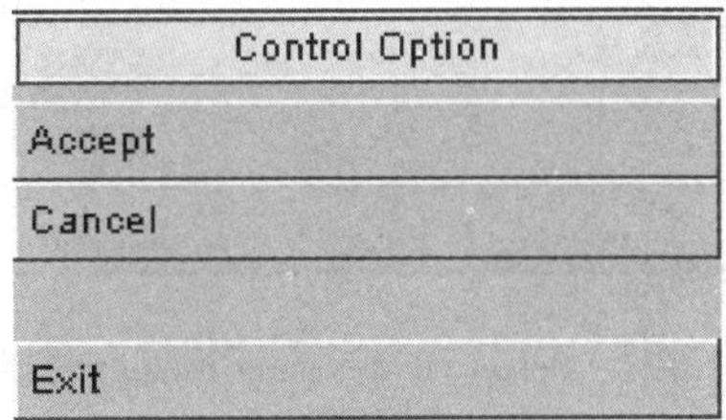

图 2.128　“询问选择”对话框

2.9.2 动画制作

后处理具有通过对动画窗口的捕捉自动创建电影文件和E3D文件的功能。

选择Frames下拉列表框中的All Frames类型，单击“播放”按钮，如图2.129所示，然后单击Record按钮，弹出如图2.130所示的Select File（录制电影保存路径）对话框。选择保存录制动画的保存路径，单击Save按钮后，弹出如图2.131所示的Select compression format（选择压缩格式）对话框。选择不同的压缩程序，一般选择Microsoft Video 1，单击“确定”按钮，开始捕捉屏幕动画并保存。

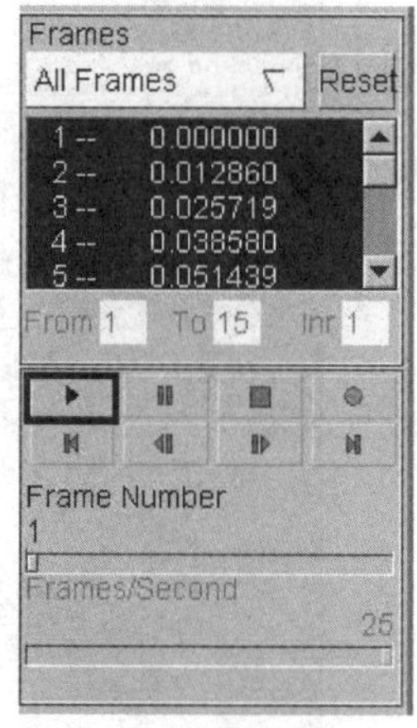

图 2.129 全选帧操作

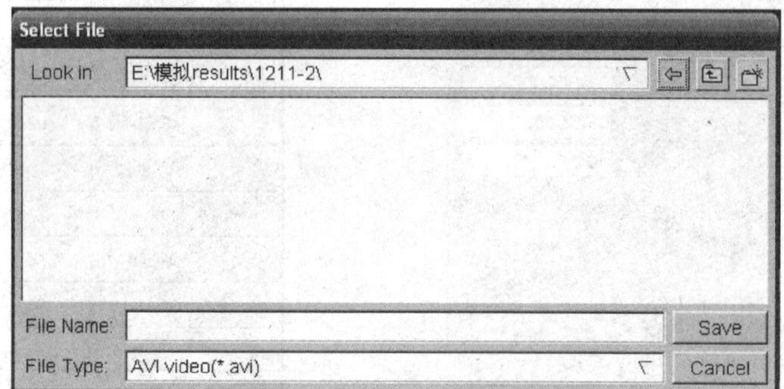

图 2.130 Select File 对话框

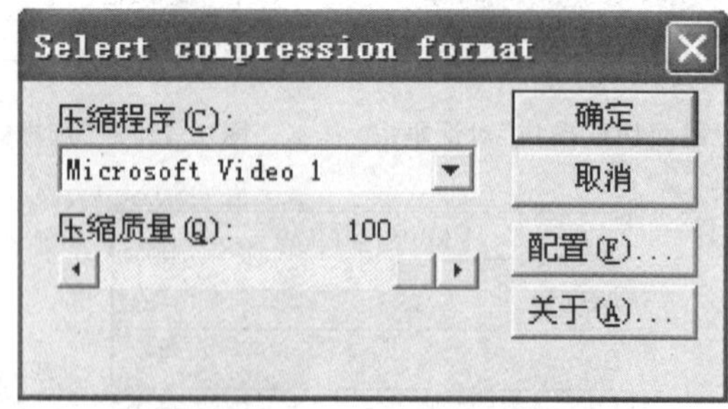

图 2.131 Select compression format 对话框

第 3 章　带凸缘低盒形件的排样及拉深成形过程分析

本章以厚度为 1.0 mm、材料为 LY12M 的带凸缘低盒形件为例，运用 DYNAFORM 软件进行拉深成形过程的有限元分析。带凸缘低盒形件简图如图 3.1 所示。

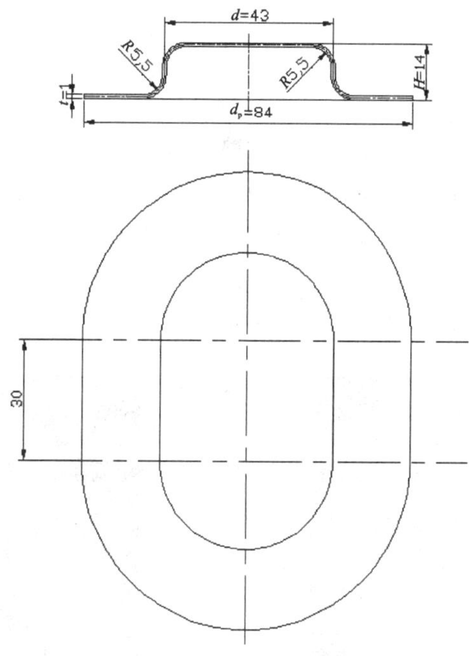

图 3.1　带凸缘低盒形件

3.1　带凸缘低盒形件的工艺分析

图 3.1 是有凸缘低盒形件，对外形尺寸没有厚度不变的要求，尺寸为自由公差，取 IT14 级。底部圆角半径 $R=5$ mm$>t$。材料 LY12M 的拉深性能较好，而且它的形状、自由公差、圆角半径、材料及批量皆满足拉深工艺要求。

如图 3.2 所示，在带凸缘低盒形件的拉深过程中，直径为 D 的平板毛坯在直径为 d 的凸模压力的作用下，凸模底部的材料变形很小；而毛坯$(D-d)$环形区的金属在凸模压力的作用下，要受到拉应力和压应力的作用，径向伸长、切向缩短，依次流入凸、凹模的间隙里成为筒壁。最后，平板毛坯完全变成带凸缘低盒形件。由于材料的各向异性，该件凸缘的外轮廓会出现凸耳不齐现象，为了保证它的尺寸精度，在实际冲压中需要考虑它的修边余量。凸缘相对直径$\frac{d_p}{d}=\frac{84}{43}=1.95$，由附录中表A.1查得，修边余量$\delta=3$ mm。将该件的凸缘直径修正为$d_p=84+2\times3=90$(mm)。

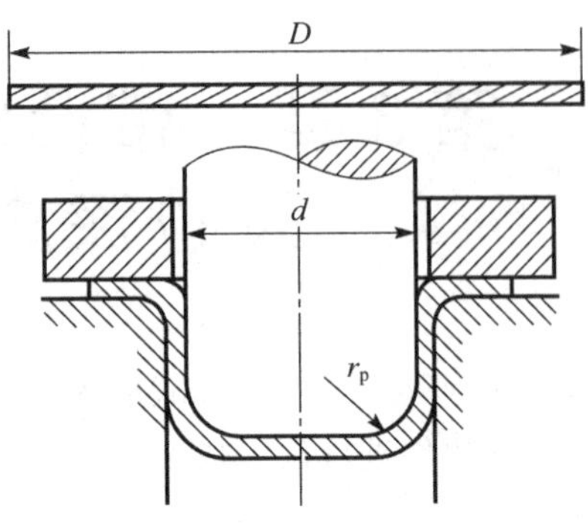

图3.2　带凸缘低盒形件的拉深过程

3.2　创建模型

利用CATIA、Pro/ENGINEER、SolidWorks或者Unigraphics等CAD软件建立带凸缘低盒形工件和下模DIE(实际为下模DIE和压边圈BINDER的集合体)的实体模型，如图3.3和图3.4所示。将所建立实体模型的文件以"＊.igs"格式进行保存。由于所建立的下模在成形过程中与工件的外表面接触，所以其几何尺寸与工件的外表面尺寸相一致。具体操作步骤如下所述。

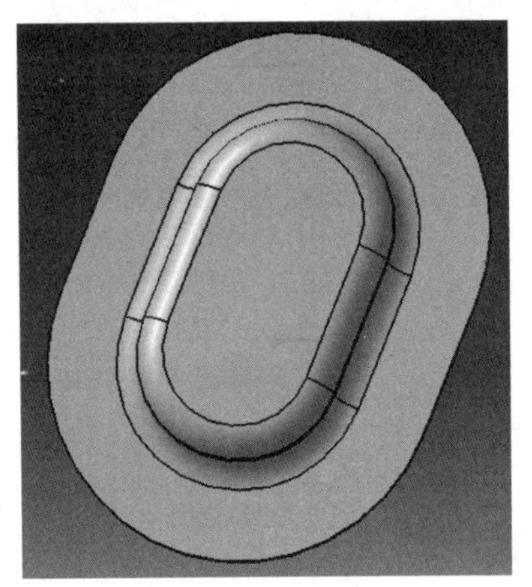
图3.3　工件实体模型图

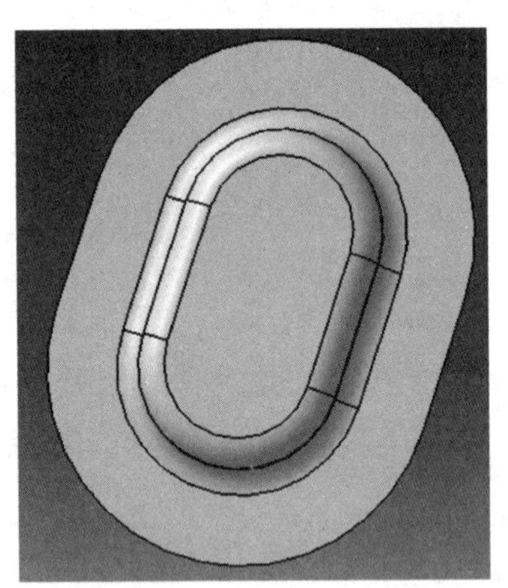
图3.4　下模实体模型图

1. 新建和保存数据库

启动DYNAFORM软件后，程序自动创建默认的空数据库文件Untitled.df。选择File→Save as菜单项，修改文件名之后，将所建立的数据库保存在自己设定的目录下。

2. 导入模型

选择 BSE→Preparation→Import 菜单项，将上面所建立的“*.igs”格式的工件模型文件导入到数据库中，如图 3.5 所示。选择 Parts→Edit 菜单项，弹出如图 3.6 所示的 Edit Part(编辑零件层)对话框，编辑修改零件层的名称和颜色，将工件层命名为 PART，单击 OK 按钮确定。

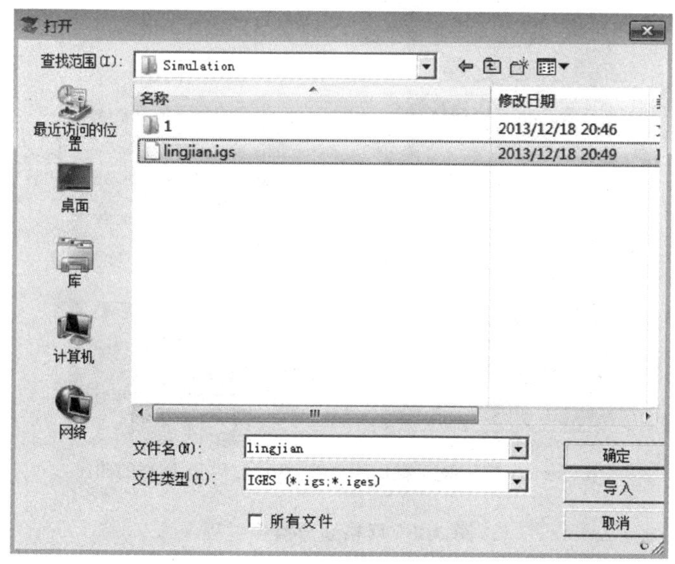

图 3.5　Import File(导入文件)对话框

3. 自动曲面网格划分

单击 BSE Preparation 工具栏中的 Part Mesh 工具按钮，弹出 Surface Mesh 对话框，如图 3.7(a)所示。单击 Select Surfaces 按钮，弹出图 3.7(b)所示的对话框。单击图 3.7(b)中的 Displayed Surf 按钮选择所有显示的曲面，确认所选择的曲面。在图 3.7(a)中的 Size 文本框中输入最大尺寸 3.0 mm，单击 Apply 按钮进行网格划分。划分完后确认并接受所得网格，所得网格如图 3.8 所示。

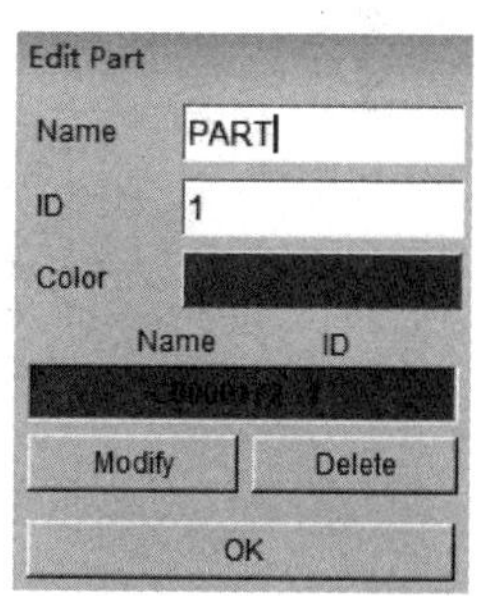

图 3.6　Edit Part 对话框

4. 检查和修补网格

单击 BSE Preparation 工具栏中的工具按钮，弹出 Mesh Check/Repair 工具栏，如图 3.9 所示。单击 Boundary Display 工具按钮，显示工件的边界，观察边界

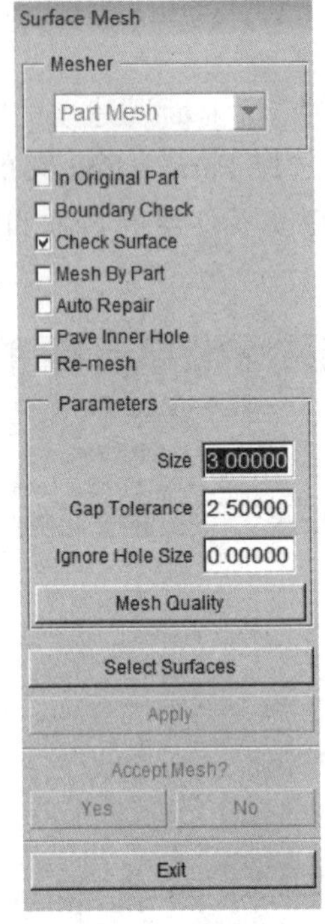

(a) Surface Mesh对话框

(b) 选择划分网格的曲面

图 3.7 网格划分操作过程

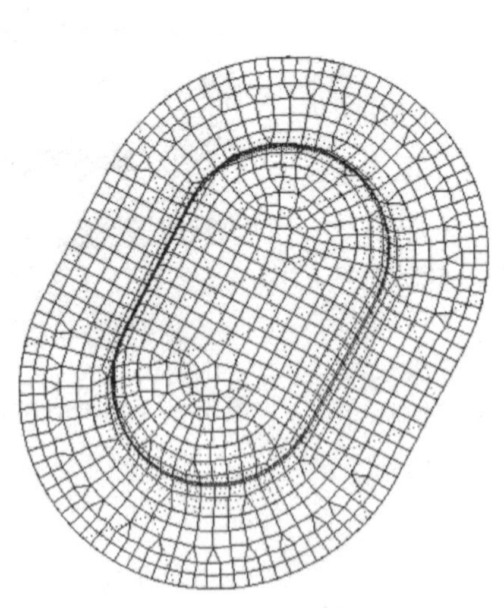

图 3.8 工件网格划分

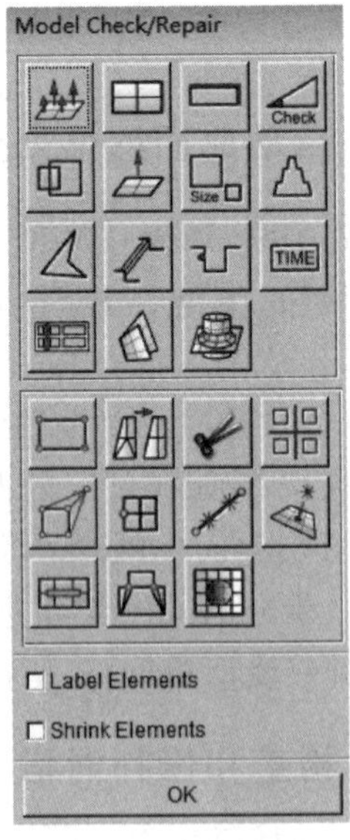

图 3.9 网格检查

是否与实际边界相同，若有差异需进行修改。单击 Auto Plate Normal 工具按钮，弹出图 3.10(a)所示的对话框。选择 Cursor Pick Part 选项，用鼠标单击选择工件上的一个单元，弹出图 3.10(b)所示的对话框，单击 Yes 按钮接受法线方向，退出网格检查。网格检查结果如图 3.11 所示。

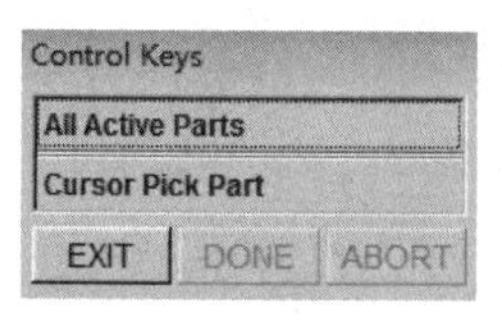

(a) 单元选取方式

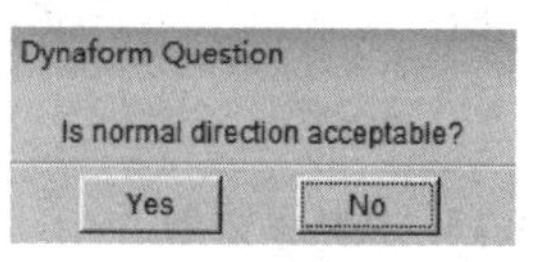

(b) 单元法向的选择

图 3.10　法线方向设置操作过程

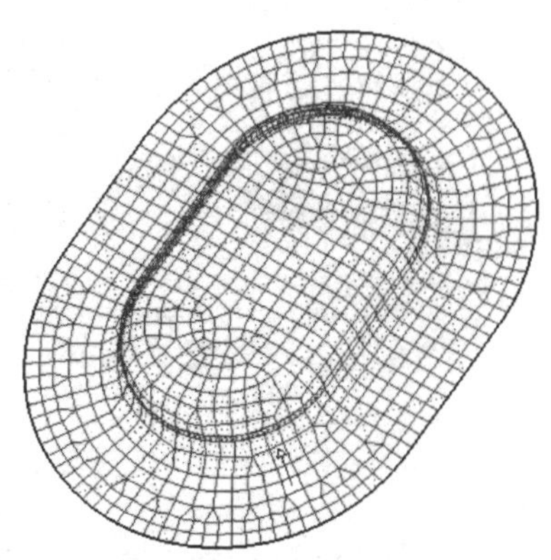

图 3.11　网格检查结果

5. 毛坯尺寸估算

选择 BSE→Preparation→Blank Size Estimate 菜单项，依次单击 NULL 和 New 按钮定义材料，过程如图 3.12 所示。材料参数的设置如图 3.13 所示，输入 LY12M 作为新材料的名字。材料参数设置完后，在 Thickness 文本框处输入 1，设定材料厚

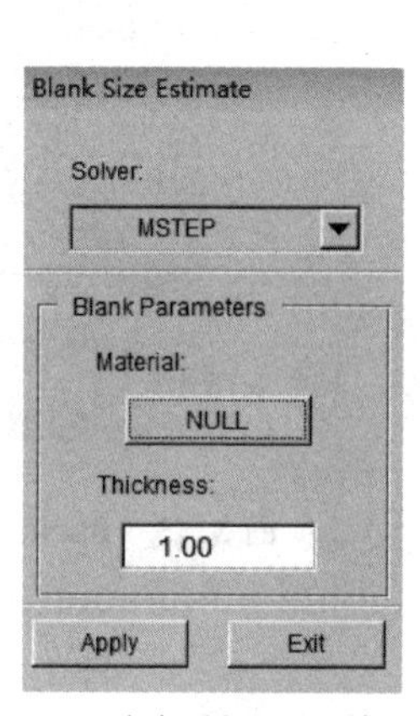

(a) “定义毛坯”对话框

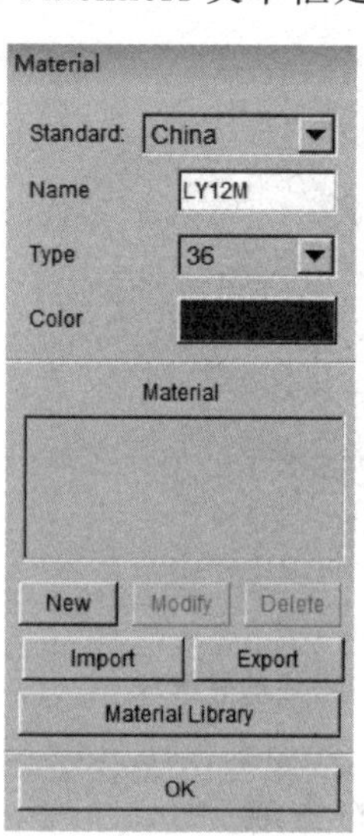

(b) Material对话框

图 3.12　材料定义操作过程

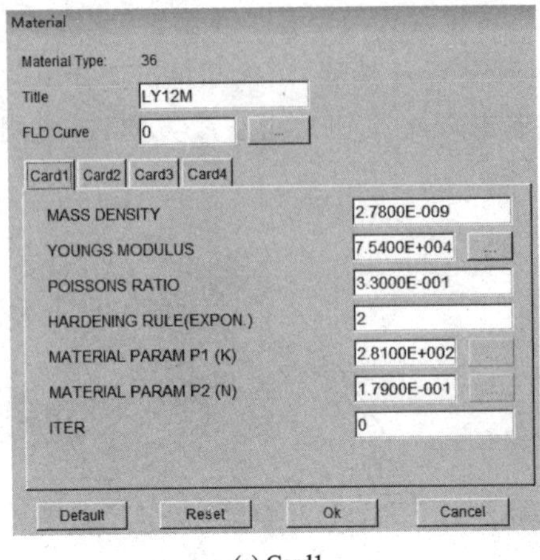

(a) Card1

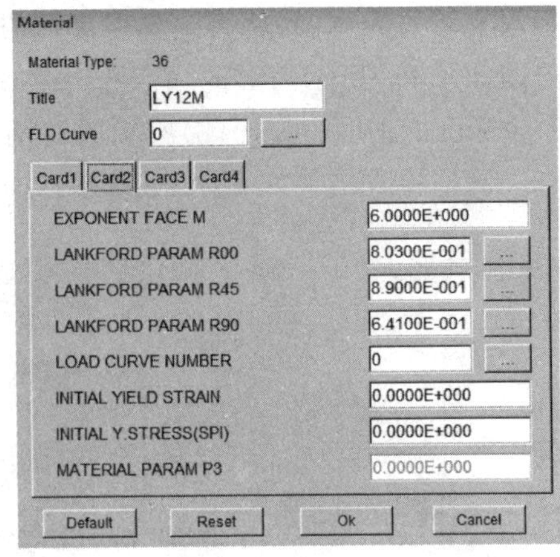

(b) Card2

图 3.13 材料参数表

度。单击 Apply 按钮开始运行 BSE。计算结果如图 3.14 所示，外圈即为计算所得到的毛坯。

6. 矩形包络

单击 BSE→Development 工具栏中的工具按钮，弹出 Blank Fitting(选线)对话框，如图 3.15 所示。在 Fit 选项区域中选中 Manual 选项，单击 Select Line 按钮，选择毛坯轮廓线后单击 Apply 按钮创建包络毛坯轮廓的包络矩形，结果如图 3.16 所示。

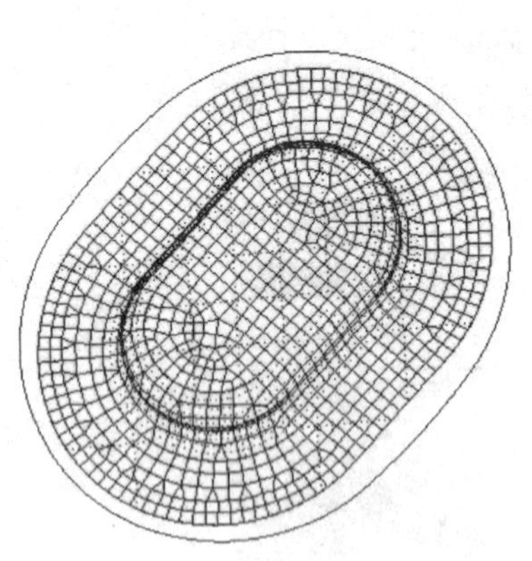

图 3.14 毛坯的轮廓线

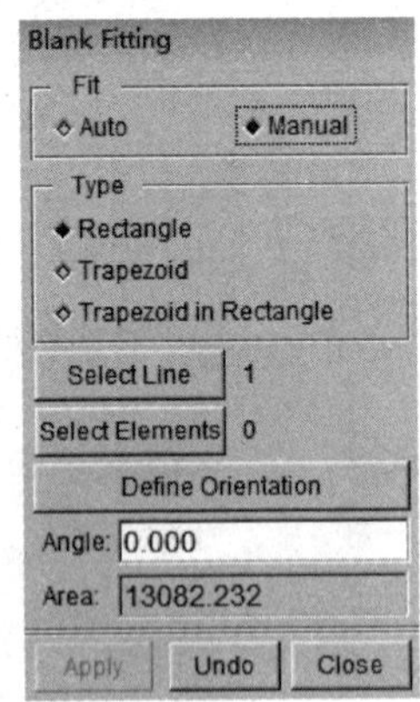

图 3.15 Blank Fitting 对话框

7. 毛坯网格的生成

单击 BSE→Development 工具栏中的 Blank Generator 工具按钮，弹出 Select line 对话框，如图 3.17(a)所示。选择由 BSE 得到的毛坯轮廓线，在 Mesh Size 对话

框的 Tool Radius 文本框输入 1.0 mm，如图 3.17(b)所示，单击 OK 按钮接受生成的毛坯网格结果，如图 3.18 所示。

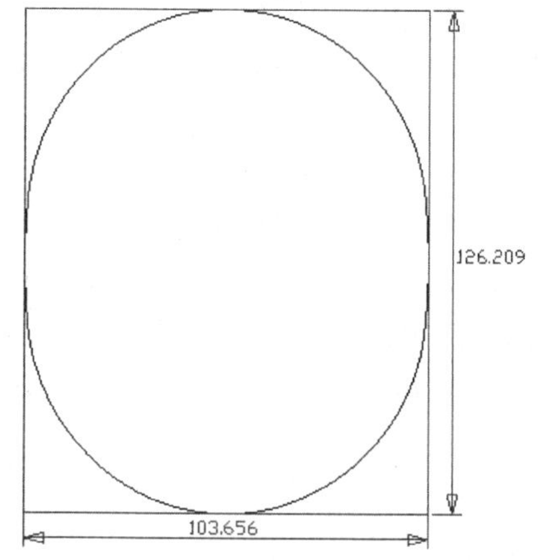

图 3.16 矩形包络结果

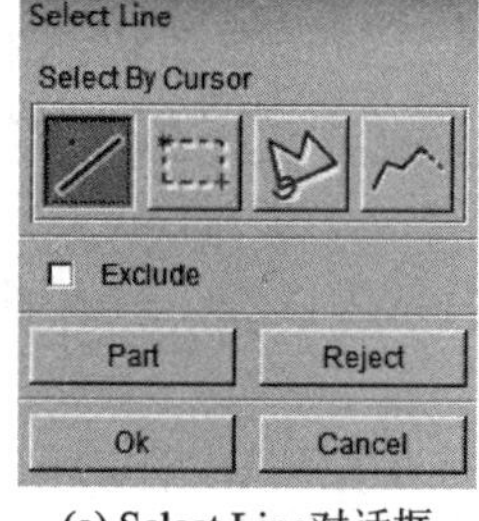

(a) Select Line对话框

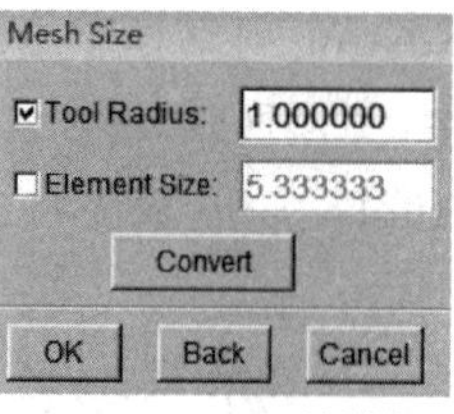

(b) Mesh Size对话框

图 3.17 毛坯网格生成操作过程

单击 BSE→Development 工具栏中的工具按钮，弹出 Outer Smooth（轮廓光顺）对话框，如图 3.19 所示。单击不同的工具按钮，可以完成不同情况下毛坯轮廓的光顺操作。

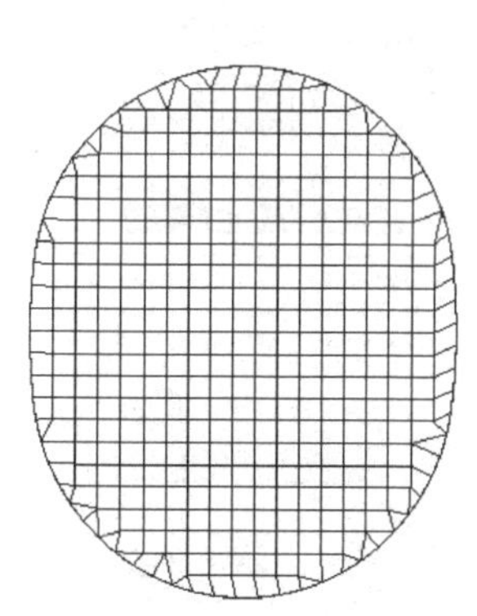

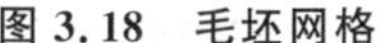

图 3.18 毛坯网格

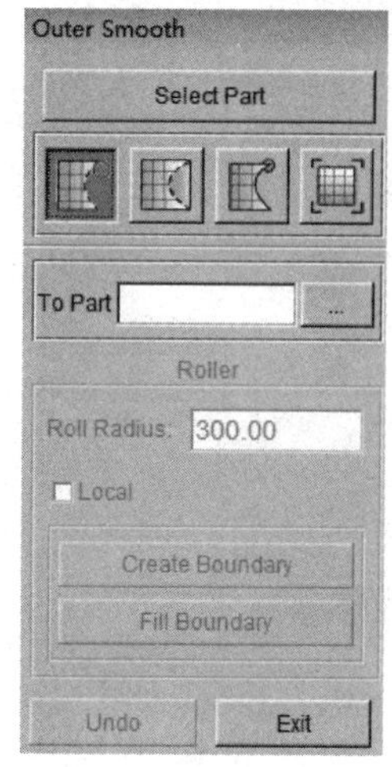

图 3.19 Outer Smooth 对话框

8. 排　样

单击 BSE→Development 工具栏中的 Blank Nesting 工具按钮，然后选择排样类型，选择第一种单排作为此例的排样类型。单击 Blank Outline（Undefined）按钮选择毛坯轮廓线。在 Input Unit 中选择 Metric 用于随后的计算和输出结果的单位。

在 Material 选项区域中采用前面提到的 LY12M 的参数。在 Parameters 选项区域中输入搭边值,搭边值的确定由附录中表 A.3 查得。输入 Edge Width 值为 2.0 mm,该参数定义了毛坯与条料边界的最小距离。输入 Bridge Span 值为 1.5 mm,该参数定义了毛坯间的最小距离,如图 3.20 所示。其他参数采用系统默认值,单击 Apply 按钮,开始排样计算。

操作排样计算完成后,所有可能的排样结果都显示在 Result 选项卡的 Results 列表中。图形区中默认显示的是在默认约束条件下材料利用率最大的排样结果。Nesting 对话框中 Result 选项卡此时已被激活,如图 3.21 所示。单击它开始输出结果,图形区显示的结果如图 3.22 所示。单击 Output Nest Report 对话框底部的 Apply 按钮,程序将自动将结果以"*.htm"格式写入到指定文件目录中,如图 3.23 所示。

排样结束后,进入下一步操作:工件的拉深成形分析。

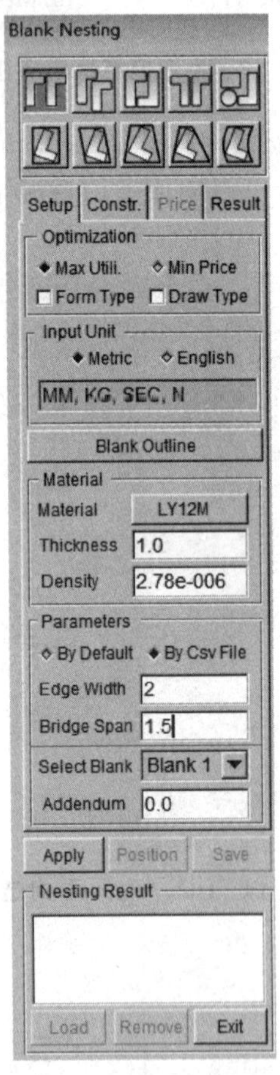

图 3.20　排样类型设置

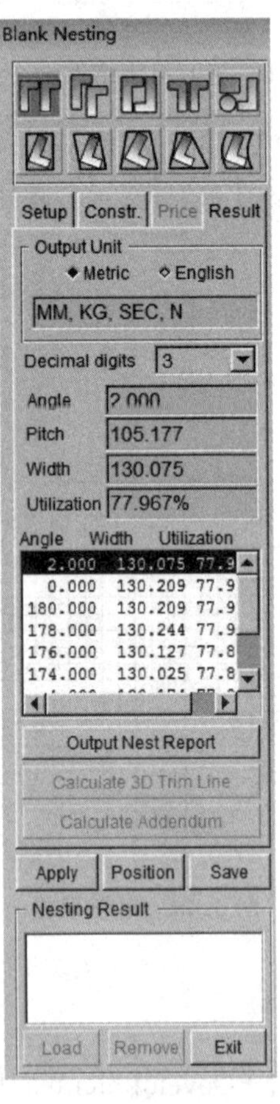

图 3.21　排样结果显示

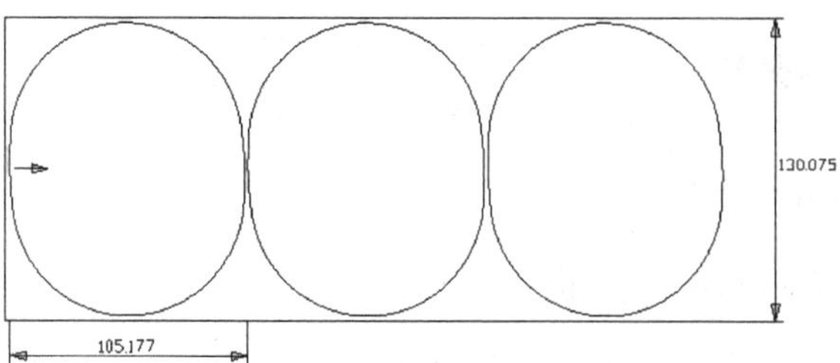

图 3.22　窗口显示排样结果

Nesting Report

Date:	Jan 01 2014	
File Name:	lingjian.htm	
File Units:	MM, KG, SEC, N	
Material Type	LY12M	
Material Thickness	1.0	mm
Bridge Span	1.5	mm
Edge Width	2.0	mm
Addendum	0.0	mm
Production Volume	0	
Coil Length & Weight	0.0 mm & 0.0	kg
Base Material Cost	0.0	$/kg
Extra Material Cost	0.2	$/kg
Scrap Value	0.024	$/kg
Consumables Cost	0.35	$ /blank

Additional Comments:

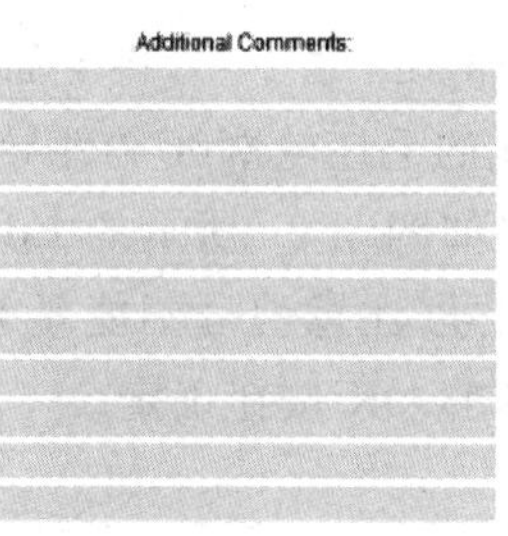

Nesting Layout:

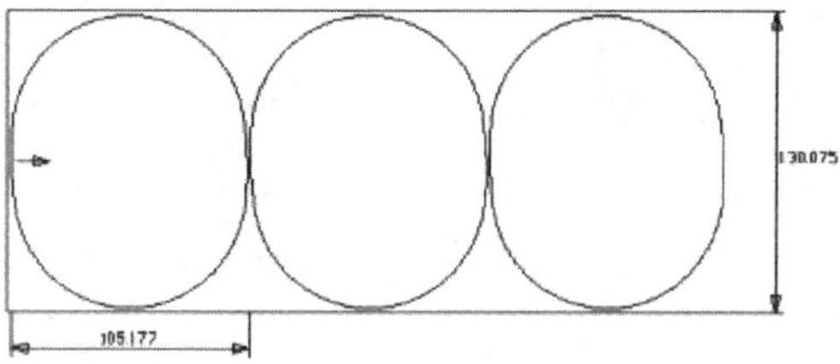

RESULTS: Single Blank, One Up Orientation

Pitch	105.177	mm	Total Cost of Production	0.0	$
Width	130.075	mm	Total Scrap Value	0.0	$
Material Utilization	77.967	%	No. of Blanks / Coil	0	
Product Weight	N/A	kg			
Yield Ratio	N/A	%			
Fall Off	22.033	%			
Rotation Angle	2.0	deg			
Net Weight / Blank	0.03	kg			
Gross Weight / Blank	0.038	kg			
Fall-Off Weight / Blank	0.008	kg			
Blank Perimeter	369.03	mm			
Minimum Blanking Force	3.69	ton			
No. of Coils	0(0.0)				
Total Material / Blank	0.357	$ /blank			

Report generated by ETA/DYNAFORM-BSE,www.eta.com

图 3.23　排样结果报告

3.3 数据库操作

数据库操作步骤如下所述。

1. 创建 DYNAFORM 数据库

选择 File→New 菜单项，在弹出的对话框中单击 Yes 按钮，保存上一步排样中得到的数据库，然后选择 File→Save as 菜单项，修改默认文件名，将所建立的新的数据库保存在自己设定的目录下。

2. 导入模型

选择 File→Import 菜单项，将上面所建立的“＊.igs”下模模型文件和排样中得到的“＊.igs”格式的毛坯轮廓线文件导入到数据库中，如图 3.24 所示。选择 Parts→Edit 菜单项，弹出如图 3.25 所示的 Edit Part(编辑工具零件层)对话框，编辑修改各零件层的名称、编号(注意编号不能重复)和颜色，将毛坯层命名为 BLANK，将下模层命名为 DIE，单击 OK 按钮确定。

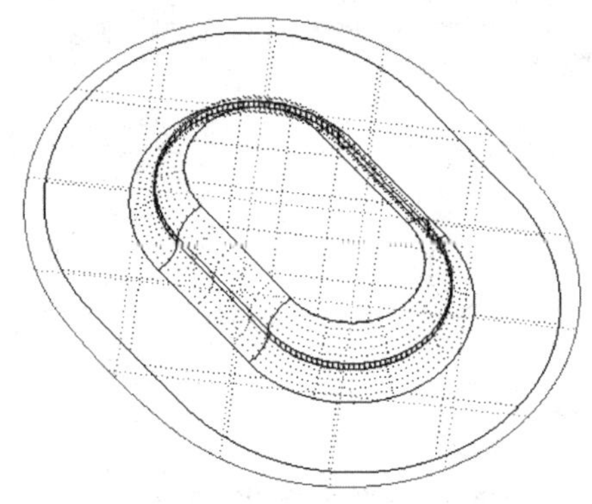

图 3.24　导入模型文件

3. 参数设定

单击 Tools 菜单中的 Analysis Setup 选项，弹出如图 3.26 所示的 Analysis Setup(分析参数设置)对话框。默认的单位系统是：长度单位为 mm(毫米)，质量单位为 TON(吨)，时间单位为 SEC(秒)，力单位为 N(牛顿)。成形类型选单动(Single action)，PUNCH 在 BLANK 的上面。默认毛坯和所有工具的接触界面类型为单面接触(Form One Way S. to S.)。默认的冲压方向为 Z 向。默认的接触间隙为 1.0 mm，接触间隙是指自动定位后工具和毛坯之间在冲压方向上的最小距离，在定义毛坯厚度后此项设置的值将被自动覆盖。上述设置项的下拉列表框中各项的含义详见第 2 章。

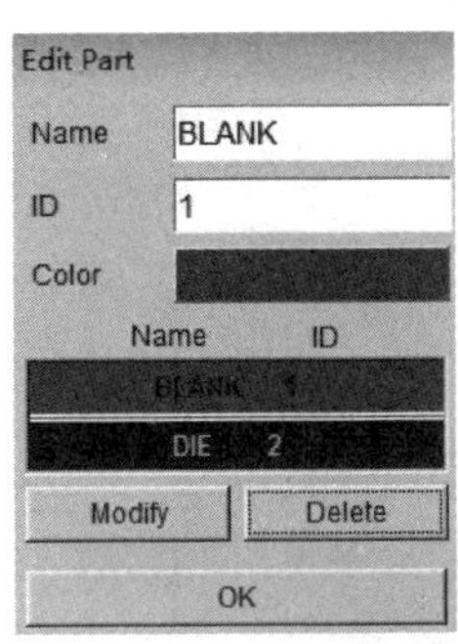

图 3.25　Edit Part 对话框

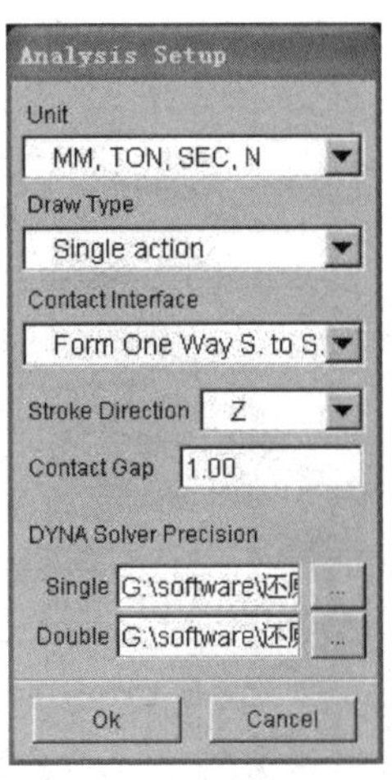

图 3.26　Analysis Setup 对话框

3.4　网格划分

为了能够快速有效地进行模拟，对所导入的曲面或曲线数据进行合理的网格划分这一步骤十分重要。由于 DYNAFORM 在进行网格划分时提供了一个选项，既可以将所创建的单元网格放在单元所属的工具零件层中，也可以将网格单元放在当前工具零件层中，而当前工具零件层可以不是单元所属的工具零件层，所以在划分单元网格之前一定要确保当前工具零件层的属性，以确保所划分的单元网格在所需的工具零件层中。在屏幕右下角的显示选项(Display Options)区域中，单击 Current Part 按钮来改变当前的工具零件层。

1. 工具零件网格划分

设定当前工具零件层为 DIE 层，选择 Preprocess→Element 菜单项，弹出如图 3.27 所示的 Element 工具栏。单击其中的 Surface Mesh 工具按钮，弹出如图 3.28 所示的 Surface Mesh 对话框。一般划分工具零件网格采用的是连续的工具网格划分(Connected Tool Mesh)。图 3.28 中设定最大单元值(Max. Size)为 2.00000，其他各项的值采用默认值。单击 Select Surfaces 按钮，选择需要划分的曲面，如图 3.29 所示，在弹出的 Select Part 对话框(如图 3.30 所示)中选择 DIE 层的曲面划分网络，最后所得到的网格单元如图 3.31 所示。

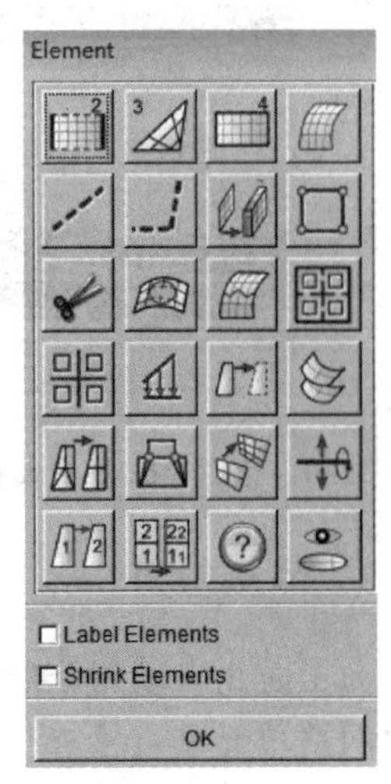

图 3.27　Element 工具栏

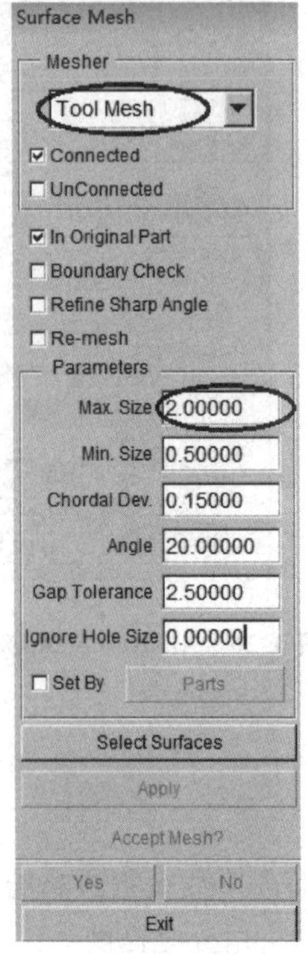

图 3.28　Surface Mesh 对话框

图 3.29　选择划分网格的曲面

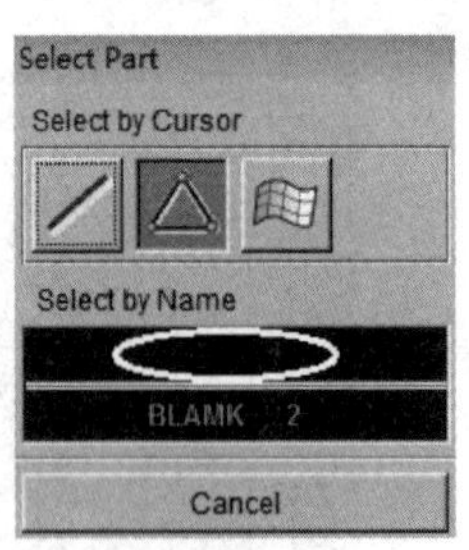

图 3.30　选择 DIE 层的曲面划分网格

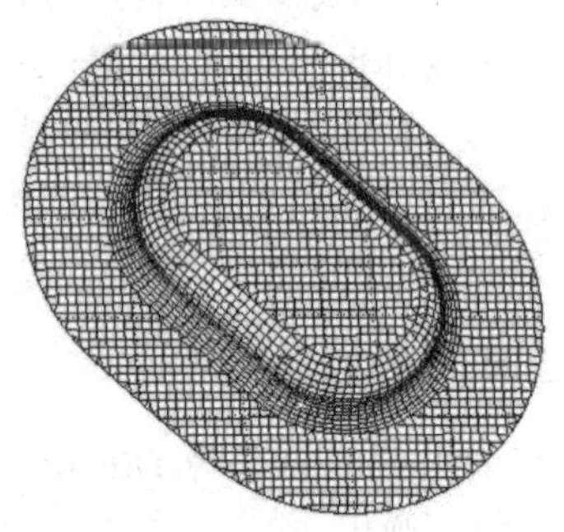

图 3.31　DIE 划分网格单元结果图

2. 网格检查

为了防止自动划分所得到的网格存在一些影响分析结果的潜在缺陷，需要对得到的网格单元进行检查。选择 Preprocess→Model Check 菜单项，弹出如图 3.32 所示的工具栏。最常用的检查为以下两项。

① 在 Model Check/Repair 工具栏中，单击 Auto Plate Normal(自动翻转单元法向)工具按钮，弹出如图 3.33 所示的 Control Keys 对话框。单击 Cursor Pick Part 选

项，拾取工具面，弹出如图 3.34 所示的对话框，单击 Yes 按钮确定法线的方向。

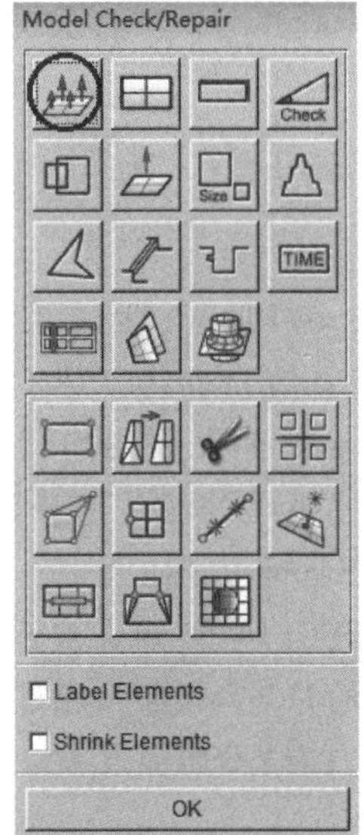

图 3.32　自动翻转单元法向检查

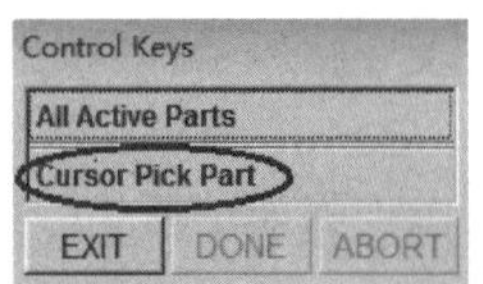

图 3.33　单元的选取方式

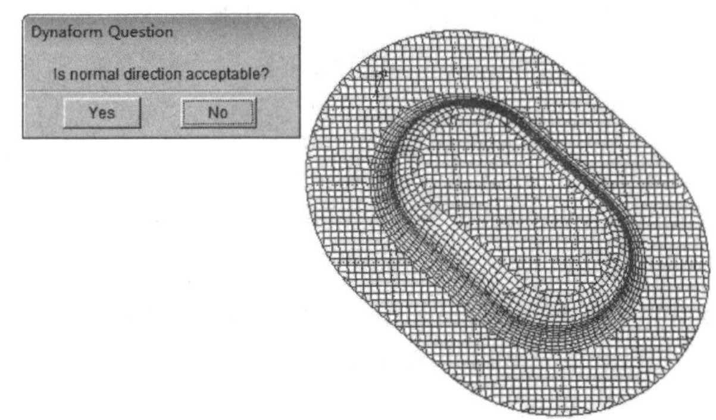

图 3.34　单元法向的选择操作

② 在 Model Check/Repair 工具栏中，单击 Boundary Display（边界线显示）工具按钮，如图 3.35 所示。此时边界线高亮显示。在观察边界线显示结果时，为了更好地观察结果中存在的缺陷，可将曲线、曲面、单元和节点都不显示，所得结果如图 3.36 所示。

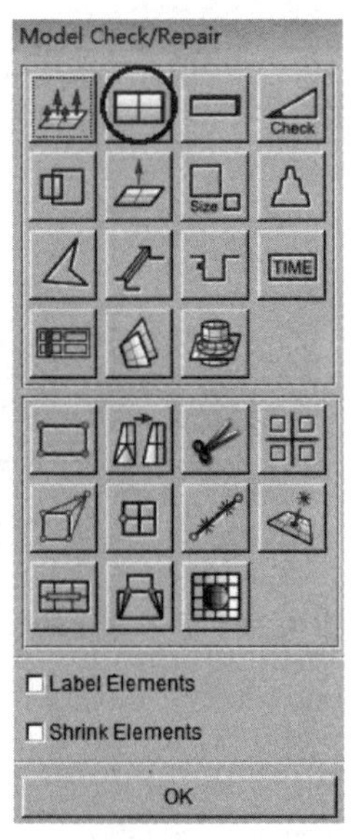

图 3.35　边界线显示项检查

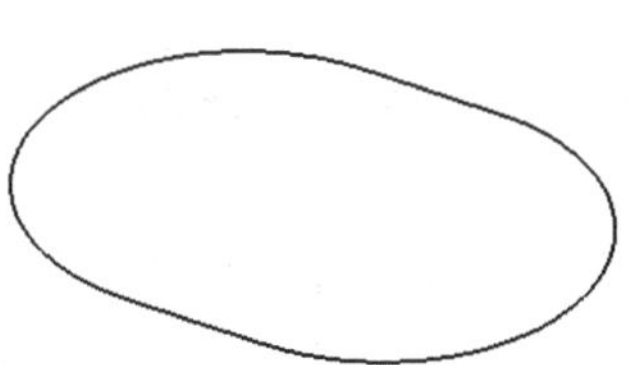

图 3.36　边界线显示项检查结果

3.5 快速设置

快速设置操作步骤如下所述。

1. 创建 BINDER 层及网格划分

选择 Parts→Create 菜单项，弹出如图 3.37 所示的 Create Part 对话框，创建一个新工具零件层，命名为 BINDER 作为压边圈零件层，同样系统自动将新建的工具零件层设置为当前工具零件层。选择 Parts→Add... to Part 菜单项，弹出如图 3.38 所示的 Add... To Part 对话框。单击 Element(s)按钮，选择下模的法兰部分，添加网格到 BINDER 零件层，弹出如图 3.39 所示的 Select Elements 对话框。单击 Spread 按钮，选择通过向四周发散的方法，与 Angle 滑动条配合使用，如果被选中的单元的法矢和与其相邻单元的法矢之间的夹角不大于给定的角度 1°，那么相邻的单元就被选中。选择 BINDER 作为目标零件层，最终网格划分的结果如图 3.40 所示。

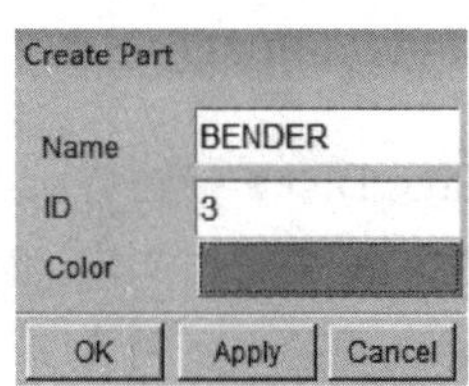

图 3.37 创建 BINDER 零件层

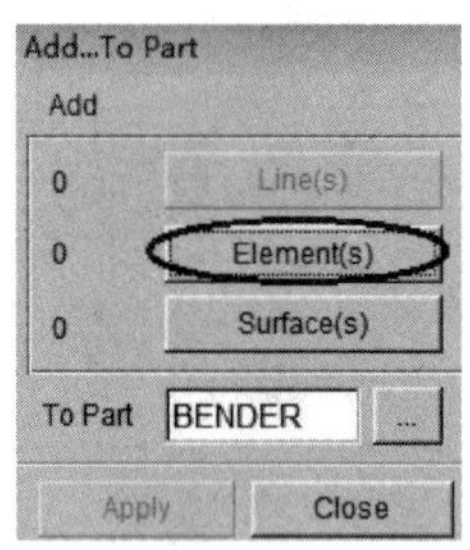

图 3.38 Add... To Part 对话框

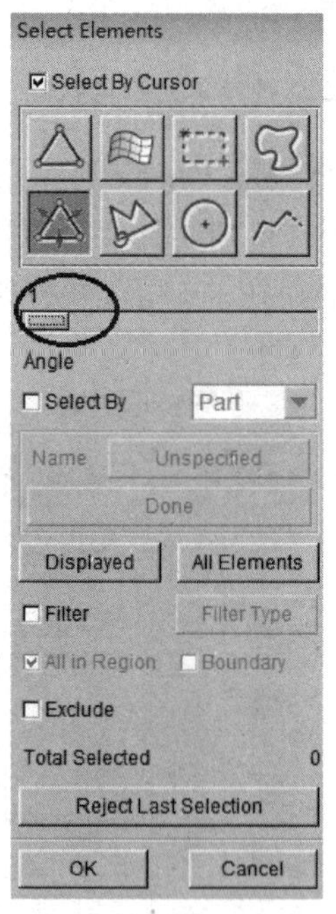

图 3.39 添加单元的选取

2. 分离 DIE 和 BINDER 工具零件层

经过上述的操作后，DIE 和 BINDER 工具零件层拥有了不同的单元组，但是它们沿着共同的边界处还有共享的节点，因此需要将它们分离开来，使得它们能够拥有

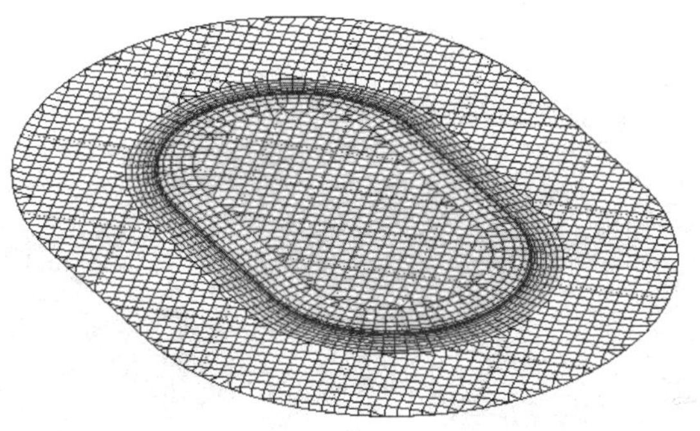

图 3.40　最终网格划分的结果

各自独立的运动。选择 Parts→Separate 菜单项，弹出如图 3.41 所示的 Select Part 对话框，分别单击 DIE 和 BINDER 工具零件层，单击 OK 按钮结束分离。关闭除 BINDER 以外的所有工具零件层，查看所得的压边圈，结果如图 3.42 所示。

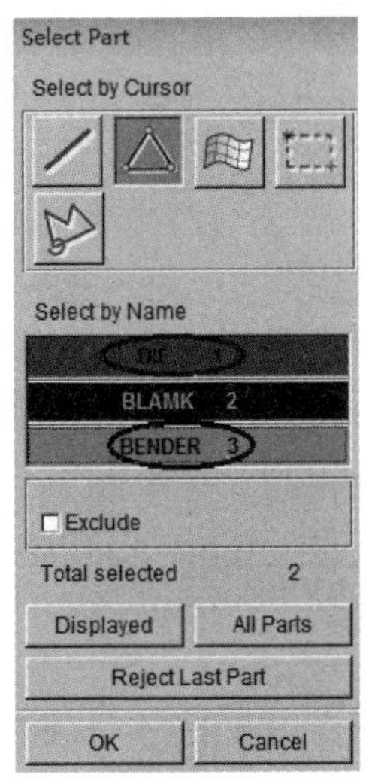

图 3.41　分离 DIE 和 BINDER 工具零件层

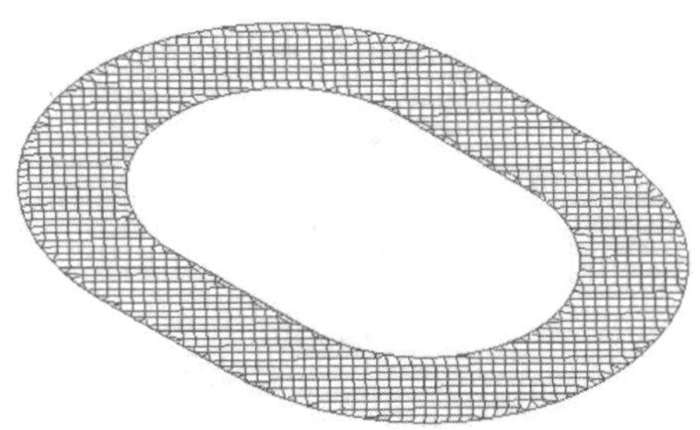

图 3.42　压边圈

3. 快速设置界面

选择 Setup→Draw Die 菜单项，弹出如图 3.43 所示的 Quick Setup/Draw 对话框，未定义的工具以红色高亮显示。用户应首先确定 Draw Type 和 Available Tool 的类型。此例中拉延类型为 Single action(Inverted draw)凹模可用。

4. 定义工具零件

定义压边圈的操作如下所述。单击 Binder 按钮，弹出 Define Tool 对话框，如

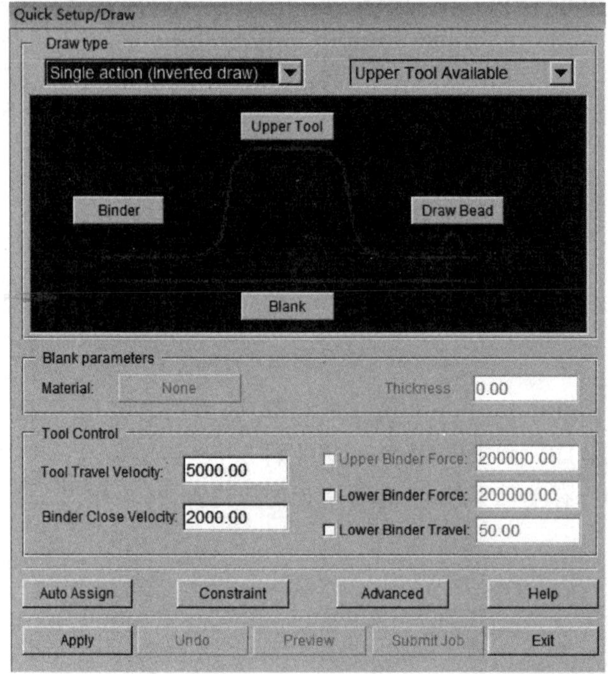

图 3.43　Quick Setup/Draw 快速设置对话框

图 3.44 所示，然后从图 3.44 中选择 Select Part 选项，弹出 Define Binder 对话框，从中选择 Add 选项，从工具零件层列表选择工具零件层 BINDER，如图 3.45 所示。

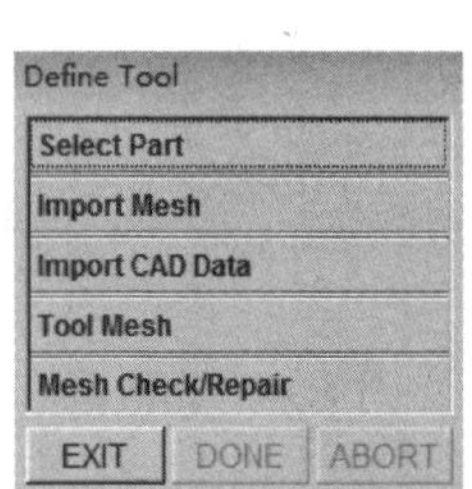

图 3.44　Binder 选择操作

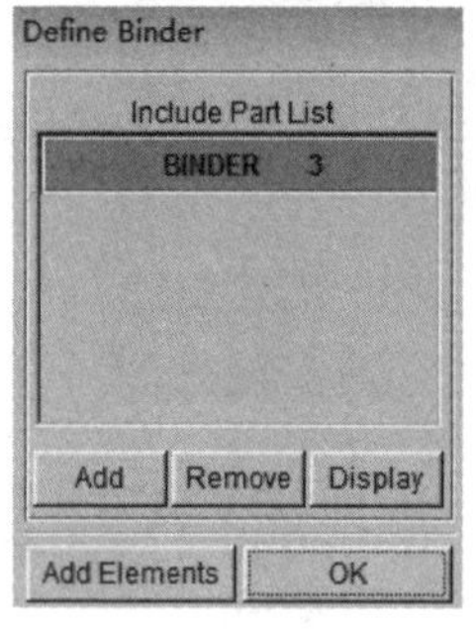

图 3.45　Binder 设置

重复同样的过程定义 Upper Tool 和 Blank 工具零件。由于该工件的拉深成形不需要设置拉延筋 Draw Bead，所以不用定义它。一旦工具零件定义完后，Quick Setup/Draw 窗口中的工具零件颜色将变为绿色。

由于在前面的工具零件编辑中，各工具零件层的命名与工具零件定义中默认的工具零件名相同，所以可以单击图 3.43 中的 Auto Assign 按钮自动定义工具零件。

5. 定义毛坯材料

单击图 3.43 中 Blank parameters 选项区域的 None 按钮，弹出如图 3.46 所示的 Material 对话框。单击 New 按钮弹出“材料属性输入”对话框。将 LY12M 的材料属性输入对应的文本框，单击 OK 按钮确认退出。在 Thickness 文本框中输入 1.0 mm，作为材料厚度。

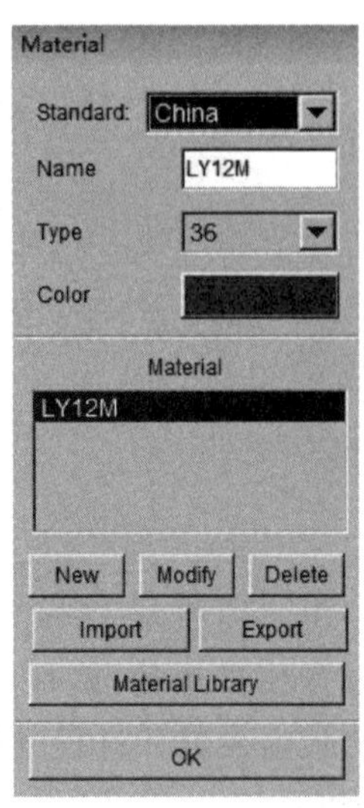

图 3.46　定义毛坯操作

6. 设置工具零件的控制参数

在 Quick Setup/Draw 对话框中，Tool Control 选项区域的 Tool Travel Velocity 和 Binder Close Velocity 设置了默认值，分别为 5 000 和 2 000。该值远远大于实际成形中的工具零件的运动速度，为了更有效地模拟成形过程，又不过大地影响计算效率，可以将该值缩小一定的比例。

选中 Lower Binder Force 复选框，输入压边力。压边力的设置对成形模拟结果影响很大：过大，会导致破裂现象；过小，会使工件的法兰部分产生起皱现象。所以在输入前需要进行计算，确保压边力设置得当。压边力的计算公式为 $F_Q=Ap$，其中 A 为在压边圈下的毛坯投影面积(mm^2)；p 为单位压边力(MPa)视材料而定，硬铝的 p 值为 1.2～1.8。通过计算，将压边力设置为 10 000.00 N，如图 3.47 所示。

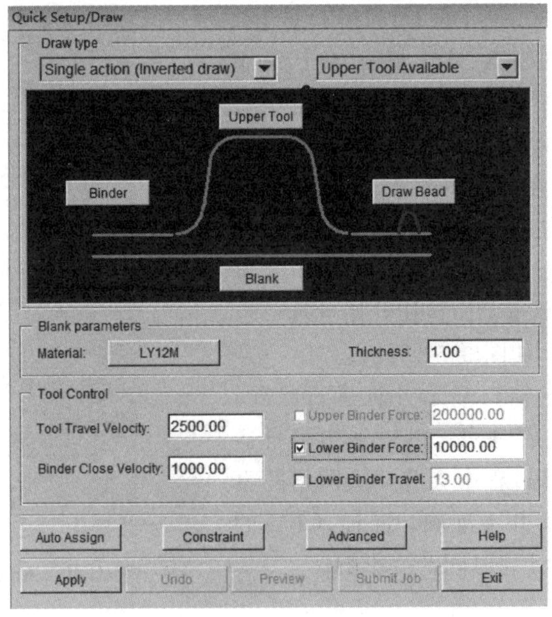

图 3.47　工具零件定义完成后的设置界面

其他采用默认值。单击 Apply 按钮,程序自动创建配对的凸模,放置模具并产生相应的运动曲线。结果如图 3.48 所示。

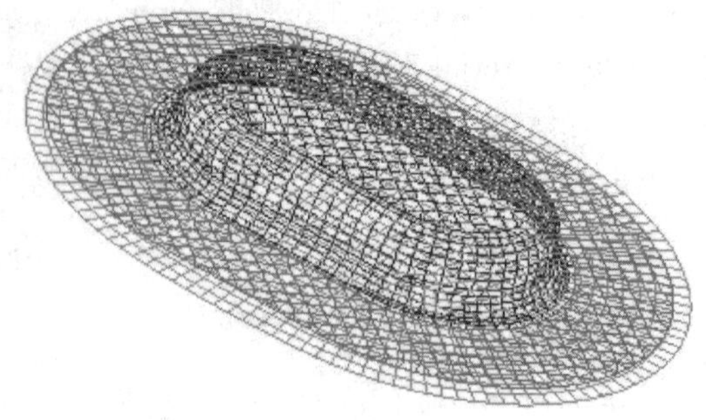

图 3.48　模具设置结果

单击图 3.47 所示对话框中的 Preview 按钮预览模具运动,确保模具运动正确后,可以定义最后参数并进行分析求解。

3.6　分析求解

单击图 3.47 所示对话框中的 Submit Job 按钮弹出 Analysis 对话框,如图 3.49 所示。单击 Analysis 对话框中的 Control Parameters 按钮,弹出如图 3.50 所示的 DYNA3D CONTROL PARAMETERS 对话框。对于新用户,建议使用默认控制参数,单击 OK 按钮。对于图 3.49 中的 Adaptive Parameters 选项,同样采用默认值。在 Analysis Type 下拉列表框中选择 Job Submitter 选项以提交作业。选中 Specify Memory 复选框,输入内存数量为 1 024 MB。然后,单击 OK 按钮开始计算。求解器将在后台运行,如图 3.51 所示。

求解器以 DOS 窗口显示计算运行状况。程序给出了大概完成时间。由于采用了自适应网格划分,在计算过程中会有几次网格的重新划分,所以该时间并不准确。同样,CPU 的数量和速度也会对计算时间产生影响。

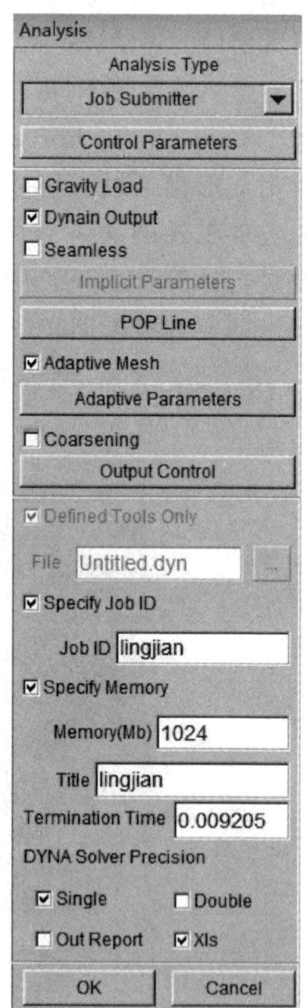

图 3.49　Analysis 对话框

DYNA3D CONTROL PARAMETERS

TERMINATION TIME(ENDTIM)	9.2050E-003
TIMESTEP (DT2MS)	-1.2000E-006
PARALLEL (NCPU)	1
STATES IN D3PLOT (DPLTC)	-4 Edit

OK　Advanced　Default　Reset　Cancel

图 3.50　DYNA3D CONTROL PARAMETERS 对话框

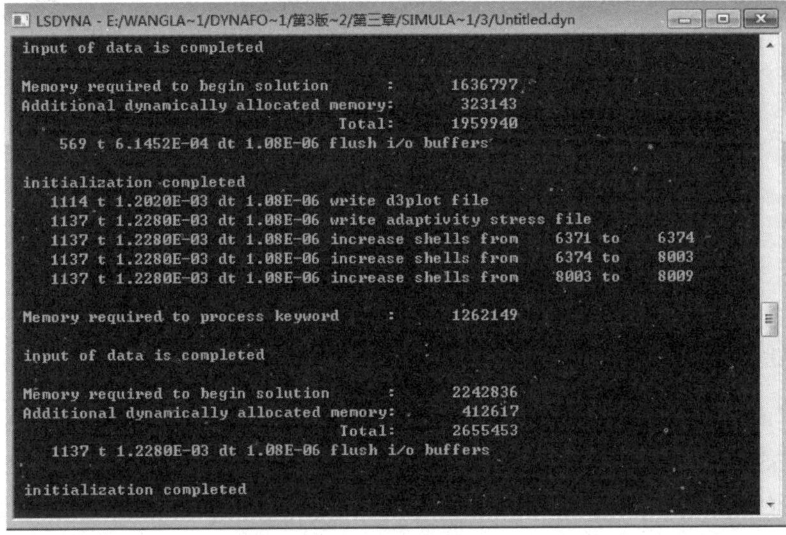

图 3.51　求解器窗口

3.7　后置处理

后置处理包括以下几个步骤。

1. 绘制变形过程

单击菜单栏中的 PostProcess 选项进入 DYNAFORM 后处理程序，即通过此接口转入到 Eta/Post-Processor 后处理界面。选择 File→Open 菜单项，浏览找到保存结果文件的目录，选择正确的文件格式，然后选择 d3plot 文件，单击 Open 按钮读入结果文件。系统默认的绘制状态是绘制变形过程(Deformation)，可在 Frames(帧)下拉列表框中选择 All Frames 选项，然后单击"播放"按钮▶动画显示过程的变化，也可选择单帧对过程中的某步进行观察，如图 3.52 所示，最终所得到的工件外形如图 3.53 所示。

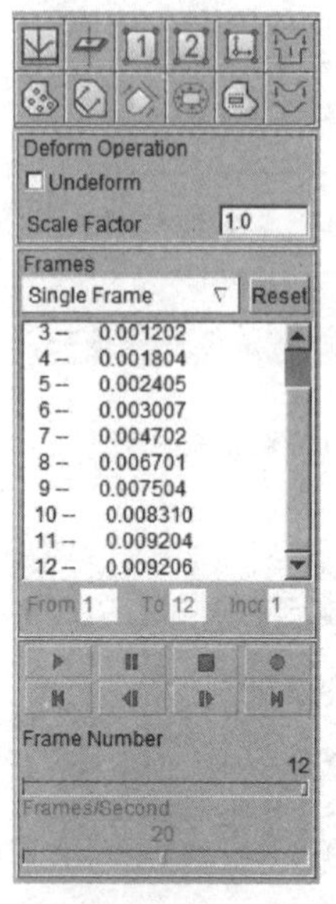

图 3.52　变形过程的绘制

图 3.53　工件的最终外形图

2. 绘制厚度变化过程,成形极限图

分别单击如图 3.54 所示的两个按钮,可绘制成形过程中毛坯厚度的变化过程(如图 3.55 所示)和工件的成形极限图(如图 3.56 所示)。同上所述可在图 3.52 所示对话框的 Frames(帧)下拉列表框中选择 All Frames 选项,然后单击“播放”按钮 ,采用动画显示过程的变化,也可选择单帧对过程中的某步进行观察,根据计算数据分析成形结果是否满足工艺要求。还可以单击 List Value 来选择危险区域的节点数据,通过具体数据对成形工艺进行优化分析如图 3.57 所示。

图 3.54　成形过程控制按钮

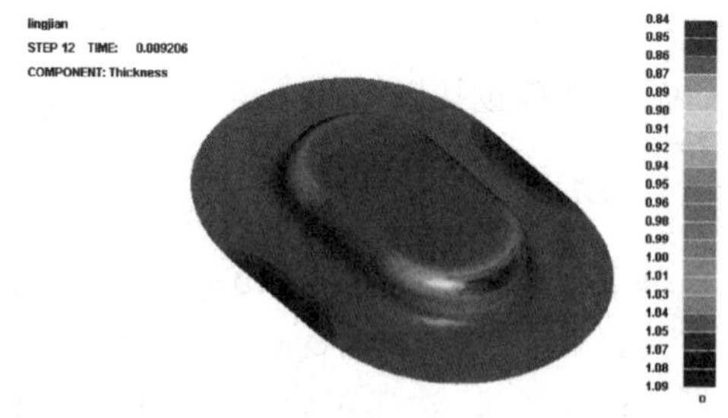

图 3.55　最终工件的壁厚分布情况

选择 Tool→Section Cut 菜单项,在右侧菜单栏中单击 Define Cut Plane,用鼠标选择工件的任一点,如图 3.58 所示。单击 W Along＋xAxis,即从此点沿 X 方向选

取的截面，然后单击 Exit 按钮，单击 Accept 按钮，如图 3.59 所示，显示出所选取的截面与工件的截面线。单击 Move Section By Mouse 选项可以移动截面线到所需要的位置，单击 Apply 按钮，如图 3.60 所示。单击 List Value→Section by Cursor，单击线上任一节点，可以显示该节点的数据，如图 3.61 所示。

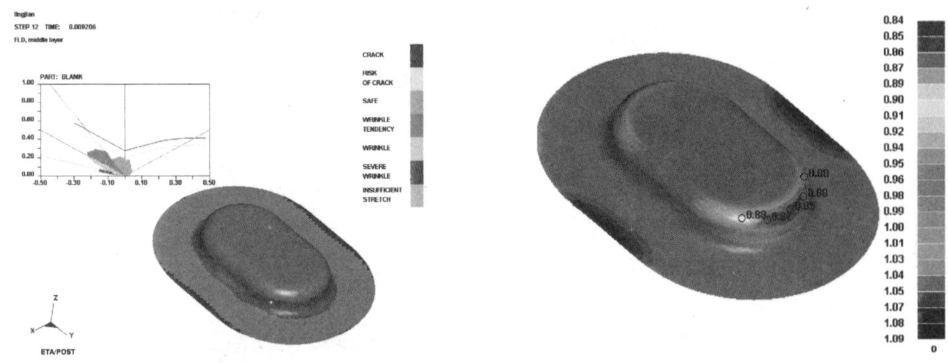

图 3.56　最终工件的 FLD 图　　　　图 3.57　工件危险区域节点厚度数值

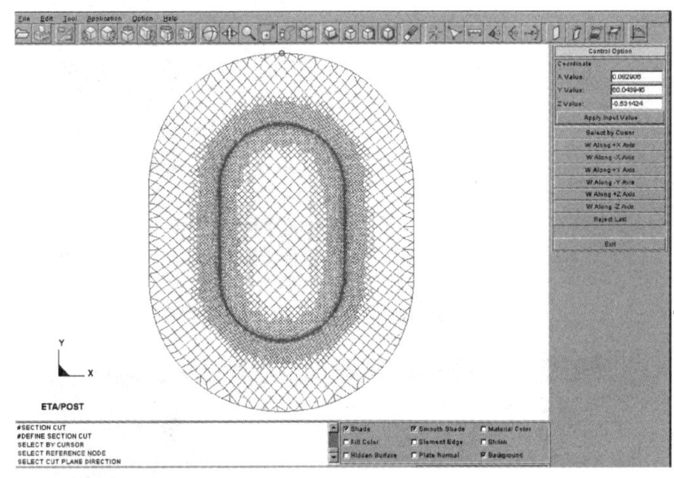

图 3.58　鼠标选择工件的任一点

从图 3.55 最终工件的壁厚分布情况可以看出，在工件底部圆角处有破裂的可能，在工件的法兰直边部分有起皱的趋势。为了确定是否有破裂和起皱，可以通过观察减薄率曲线来进行判断，单击 Thickness 选项，在下拉列表框里选择 THINNING 选项，结果如图 3.62 所示。从图中可以看出，最大减薄率为 16.49%，最大增厚率为 9.13%，根据实际经验，壁厚减薄量小于 20%，是安全可行的。通过测量，数据在控制范围内，所以拉深过程是可行的。

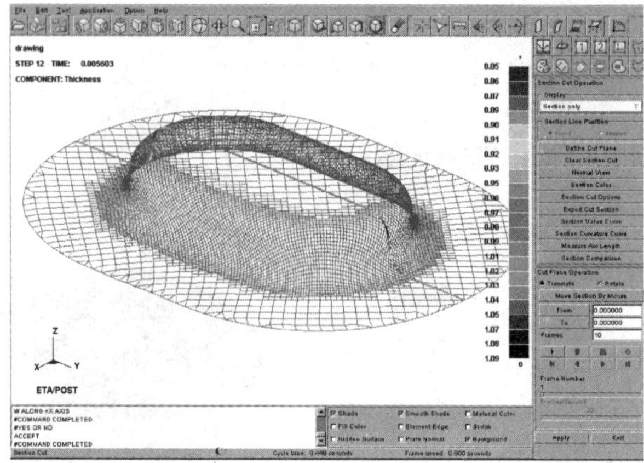

图 3.59　沿 X 方向选取的截面

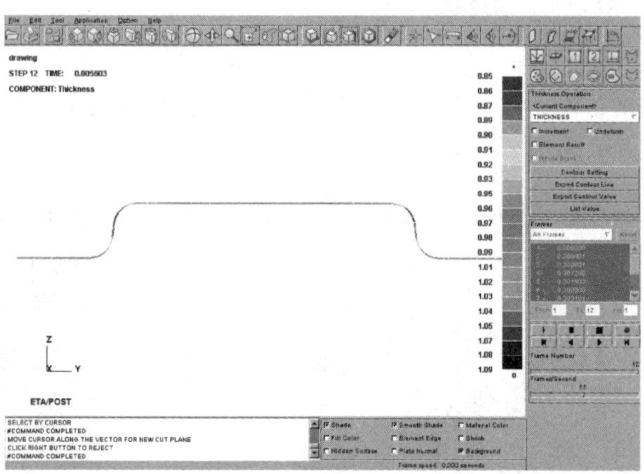

图 3.60　确定截面线所在的位置

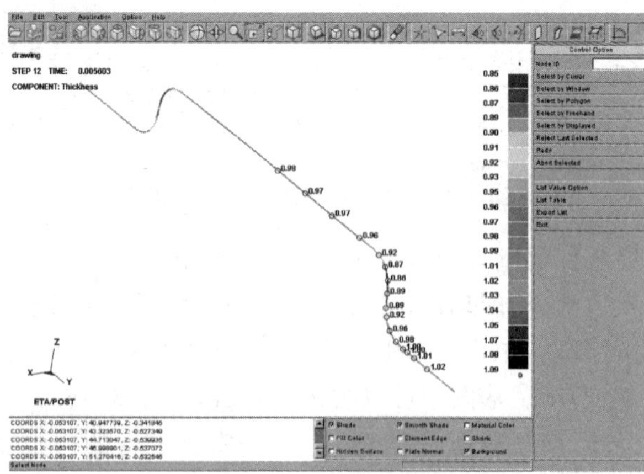

图 3.61　截面线上节点的数据

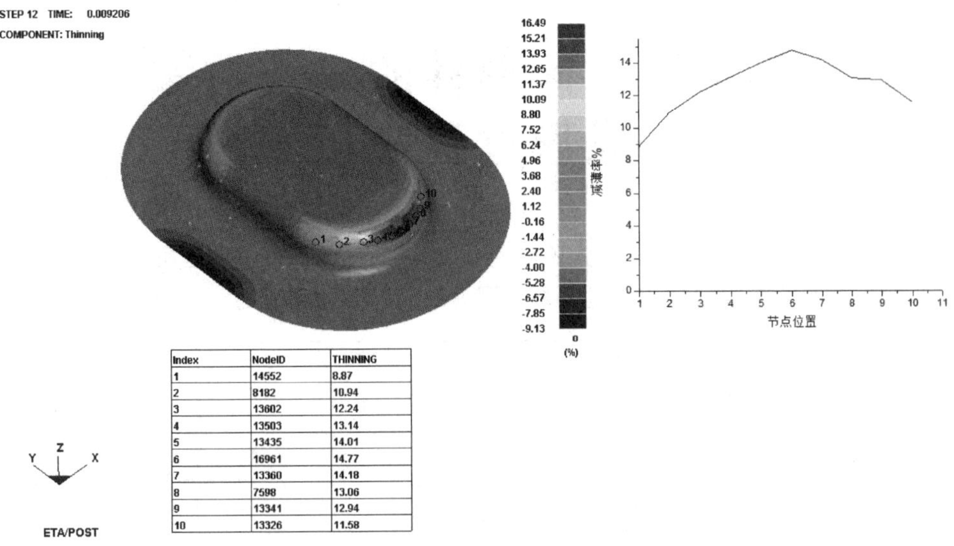

Index	NodeID	THINNING
1	14552	8.87
2	8182	10.94
3	13602	12.24
4	13503	13.14
5	13435	14.01
6	16961	14.77
7	13360	14.18
8	7598	13.06
9	13341	12.94
10	13326	11.58

图 3.62　工件危险区域减薄率变化分析

第 4 章　筒形件的二次拉深成形过程分析

本章以厚度为 1 mm、材料为不锈钢 SS304 的筒形件为例，运用 DYNAFORM 软件进行筒形件二次拉深成形过程的有限元分析。筒形件尺寸图如图 4.1 所示。

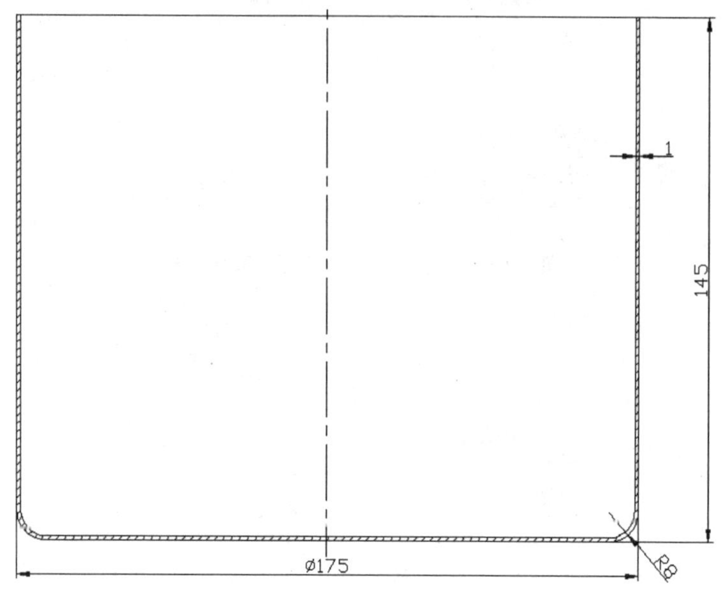

图 4.1　筒形件

4.1　筒形件的工艺分析

图 4.1 是筒形件，对外形尺寸没有厚度不变的要求。底部圆角半径 $r=8\ \text{mm}>t$。材料为不锈钢，其拉深性能较好，而且该件的形状、自由公差、圆角半径、材料及批量皆满足拉深工艺的要求。

1. 筒形件拉深毛坯尺寸的确定

拉深件毛坯的形状一般与工件的横截面形状相似，如工件的横截面是圆形、椭圆形、方形，则毛坯的形状基本上也应是圆形、椭圆形、近似方形。毛坯尺寸的确定方法很多，有等重量法、等体积法及等面积法等。在不变薄拉深中，其毛坯尺寸一般按“毛坯的面积等于工件的面积”的等面积法来确定。

对于旋转类工件的毛坯尺寸的计算，其工件的毛坯都是圆形的，求毛坯尺寸即是

求毛坯的直径，按等面积法的原则可以用解析法来求解毛坯直径。具体方法是：将制件分解为若干个简单几何体，分别求出各几何体的表面积，对其求和。根据等面积法，求和后的面积应该等于工件的表面积；又因为毛坯是圆形的，即可得到毛坯的直径。

由于金属的流动和材料的各向异性，毛坯拉深后，工件边口不齐。一般情况拉深后都要修边，因此在计算毛坯的尺寸时，必须把修边余量计入工件。有凸缘的圆筒形工件的修边余量见附录表 A.1，无凸缘的圆筒形件的修边余量见附录表 A.3。

对本例而言，筒形件没有凸缘，工件相对高度 $\frac{h}{d}=\frac{145}{174}\approx 0.83$，由附录表 A.3 查得修边余量值 $\delta=5\text{mm}$，则该工件的高度修正为 145+5=150 mm。

用 DYNAFORM 软件可以方便地估算毛坯尺寸，具体操作步骤如下：

(1) 创建三维模型

利用 CATIA、Pro/ENGINEER、SolidWorks 等 CAD 软件建立拉深件的模型，如图 4.2 所示，并以“*.igs”格式进行保存。

图 4.2　拉深件实体模型图

(2) 新建和保存数据库

启动 DYNAFORM 软件后，程序自动创建默认的空数据文件 Untitled.df。选择 File→Save as 菜单项，修改文件名并保存，将所建立的数据库保存在自己设定的目录下。

(3) 导入模型

选择 BSE→Preparation→Import 工具按钮，将上面所建立的“*.igs”格式的模型文件导入到数据库中，如图 4.3 所示。选择 Parts→Edit 菜单项，弹出如图 4.4 所示的 Edit Part（编辑零件层）对话框，编辑修改零件层的名称和颜色，将工件层命名为 PART，单击 OK 按钮确定。

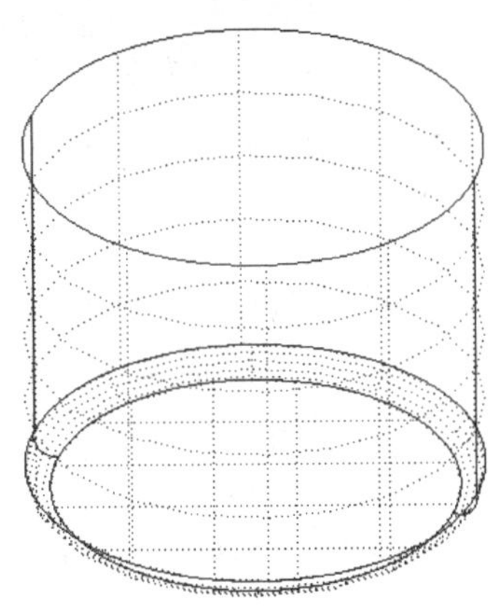

图 4.3　导入模型文件

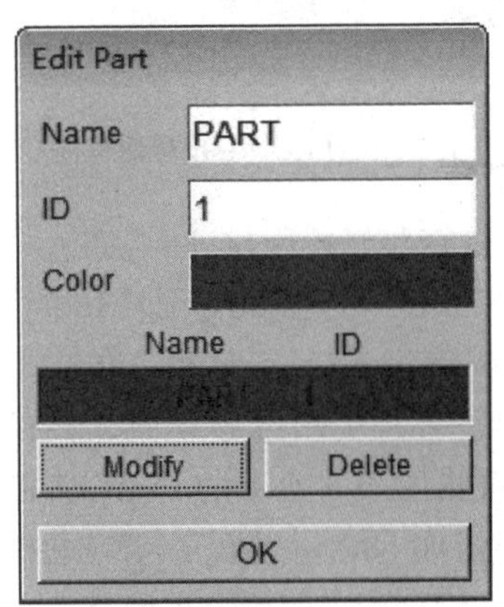

图 4.4　Edit Part 对话框

(4) 自动曲面网格划分

单击 BSE→Preparation→Part Mesh 工具按钮，弹出 Surface Mesh 对话框，如图 4.5 所示。在 Size 参数组中输入尺寸 5 mm，单击 Select Surfaces 按钮，弹出如图 4.6 所示的 Select Surfaces 对话框。单击 Displayed Surf 按钮选择所有显示的曲面，确认所选择的曲面。单击图 4.5 中的 Apply 按钮进行网格划分。划分完后确认并接受所得网格，所得网格如图 4.7 所示。

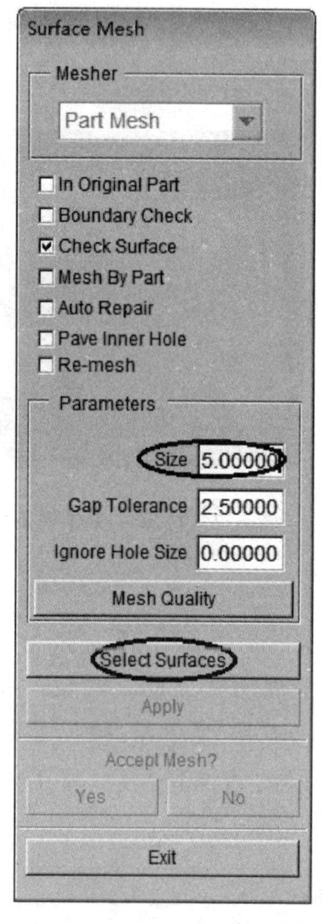

图 4.5　Surface Mesh 对话框

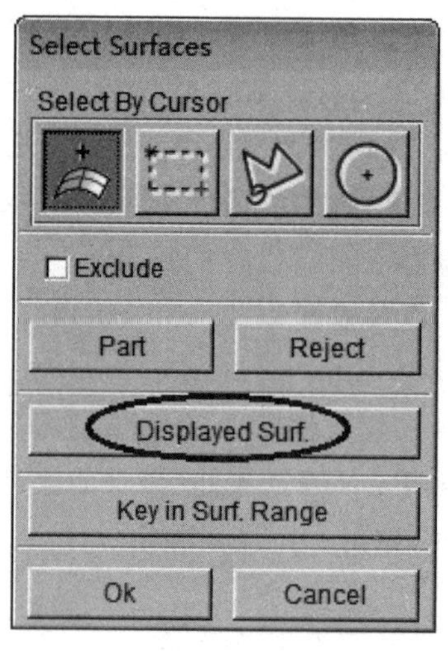

图 4.6　选择划分网格的曲面

(5) 检查和修补网格

单击 BSE→Preparation→Model Check/Repair 工具按钮，弹出如图 4.8 所示的 Model Check/Repair 工具栏。单击 Boundary Display 工具按钮，显示工件的边界，观察边界是否与实际边界相同，若有差异须进行修改。单击 Auto Plate Normal 工具按钮，弹出图 4.9 所示的 Control Keys 对话框。选择 Cursor Pick Part 选项，单击鼠标选择工件上的一个单元，弹出图 4.10 所示的 Dynaform Question 对话框，单击 Yes 按钮接受法线方向，退出网格检查。

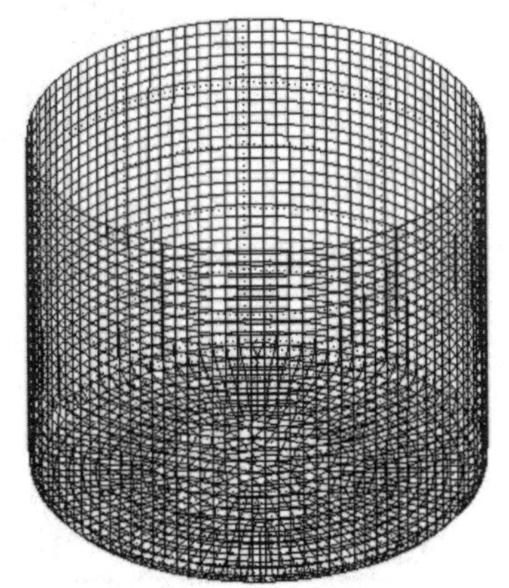

图 4.7　工件网格划分

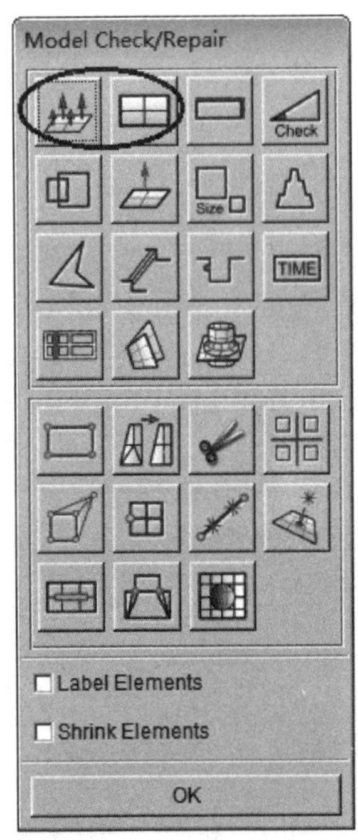

图 4.8　网格检查

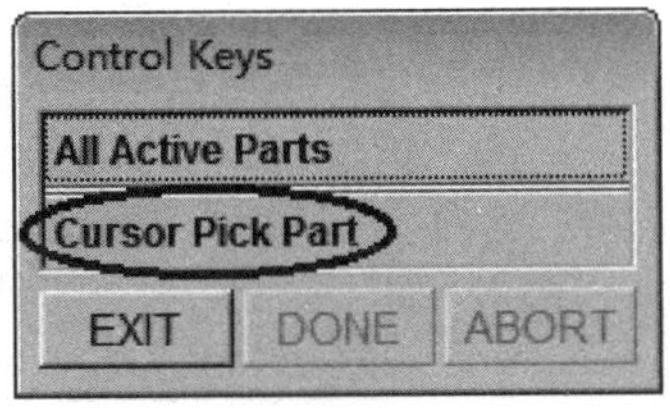

图 4.9　单元选取方式

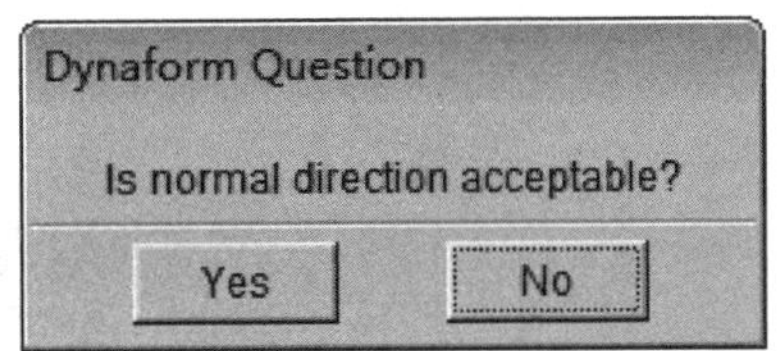

图 4.10　单元法向的选择

(6) 毛坯尺寸估算

单击 BSE→Preparation→Blank Size Estimate 工具按钮，弹出如图 4.11 所示的 Blank Size Estimate 对话框。单击 NULL 按钮，弹出如图 4.12 所示的 Material 对话框，单击 Material Library 按钮，选择材料 SS304，如图 4.13 所示。材料参数设置完后，在图 4.11 所示的 Thickness 文本框中输入 1，作为材料厚度。单击 Apply 按钮开始运行 BSE，计算得到毛坯的轮廓线。单击 Utilities→Radius through 3Points/3Nodes 工具按钮，弹出如图 4.14 所示的 Input Coordinate(点选择)对话框。选择 Point 选项，依次单击毛坯轮廓线上的任意三点，在消息提示区可确定毛坯的直径约为 354 mm。

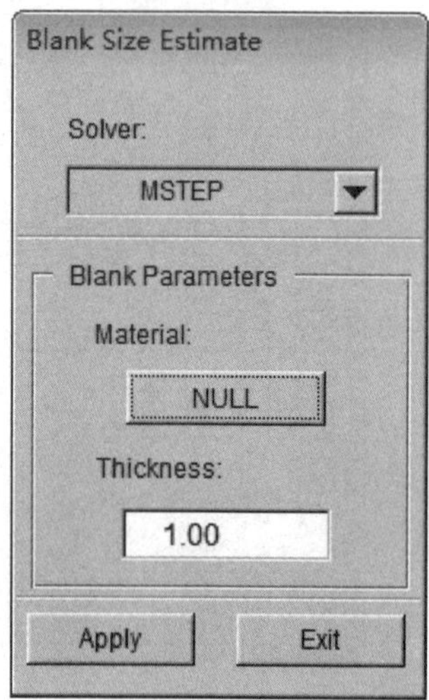

图 4.11 “定义毛坯”对话框

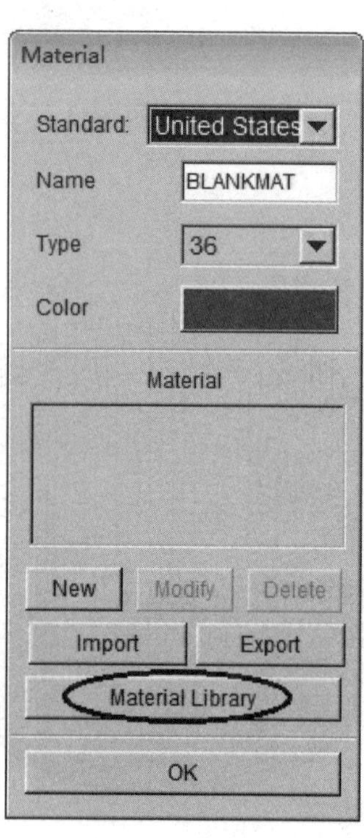

图 4.12 Material 对话框

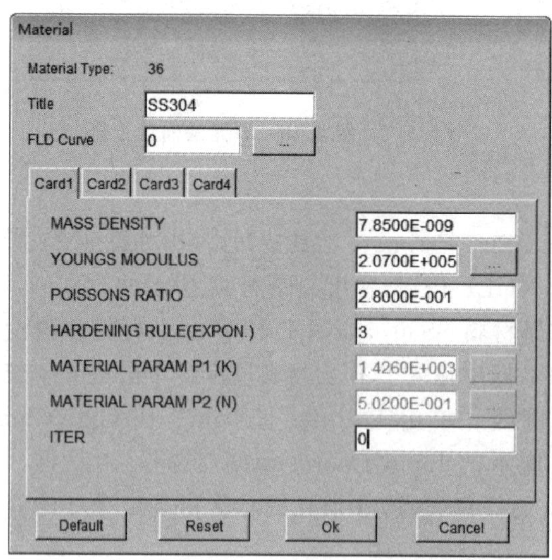

图 4.13 Material 对话框

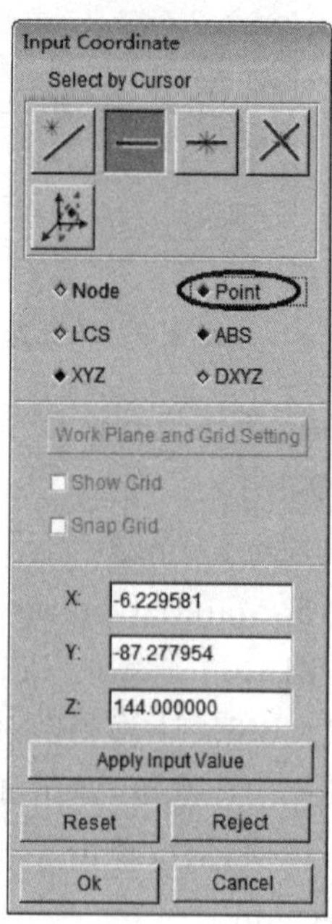

图 4.14 Input Coordinate 对话框

2. 筒形件拉深工序的计算

由于拉深件的高度与其直径的比值不同，有的工件可以用一次拉深工序完成，而有的拉深比较大的工件，需要进行多次拉深工序才能完成。在进行冲压工艺过程设计和确定必要的拉深工序的数目时，通常都利用拉深系数作为计算的依据。拉深系数 m 是拉深后圆筒壁厚的中径 d 与毛坯直径 D 的比值，即

$$m = \frac{d}{D} \tag{4.1}$$

它表示筒形件的拉深变形程度，反映了毛坯外边缘在拉深时的切向压缩变形的大小。m 值越小，拉深时毛坯的变形程度越大。对给定的材料，当 m 值小于一定数值时，需要进行多次拉深才能获得符合规定要求的工件。对于第二次、第三次等以后各次拉深工序，拉深系数的计算公式为

$$m_n = \frac{d_n}{d_{n-1}} \tag{4.2}$$

式中：

m_n— 第 n 次拉深工序的拉深系数；

d_n— 第 n 次拉深工序后所得到的圆筒形件的直径，mm；

d_{n-1}— 第 $n-1$ 次拉深工序所用的圆筒形毛坯的直径，mm。

在制定拉深工艺过程时，为了减少工序数目，通常采用尽可能小的拉深系数，但不能小于最小的极限拉深系数，以防拉深件断裂或严重变薄。

(1) 拉深次数的确定

首先确定筒形件成形是否需要多次拉深。毛坯的相对厚度 $\frac{t}{D}\times 100 \approx 0.282$，查附录表 A.4 可得，首次拉深的极限拉深系数 $m_1 = 0.48 \sim 0.50$。本例中筒形件的拉深系数 $m = \frac{d}{D} = \frac{175}{354} \approx 0.49$，由于 $m < m_1$，故筒形件需要多次拉深成形。

拉深次数通常能概略地估计，最后通过工艺计算来确定，根据拉深件的相对高度 H/d 和毛坯相对厚度 t/D，由附录表 A.5 可查出拉深次数。

对于本例的筒形件，根据其成形尺寸，$\frac{t}{D} = \frac{1}{354} \approx 0.0028$，$\frac{H}{d} = \frac{145-0.5}{175} \approx 0.83$ 查表可得拉深次数为 2，即需要进行两次拉深模拟计算。

(2) 拉深系数的确定

由毛坯的相对厚度即拉深次数为 2 可查附录表 A.4 得，拉深系数 $m_1 = 0.58 \sim 0.6$，拉深系数 $m_2 = 0.79 \sim 0.80$，通过拉深系数的范围以及毛坯的直径可大致估算各次拉深的筒形件直径，取第一次拉深的筒形件直径 $d_1 = 212\text{mm}$，则拉深系数 $m = \frac{d}{D} \approx 0.599$，在 m_1 范围内。

(3) 拉深工序尺寸的计算

① 圆角半径 r 的选取：确定各次拉深半成品工件的内底角半径(即凸模圆角半径 r_p)时，一般取 $r=(3\sim5)t$，若拉深材料较薄，其数值应适当加大。

各次拉深成形的半成品，除最后一道工序外，中间各次拉深可由下式确定圆角半径：

$$r_{d1} = 0.8\sqrt{(D-d_1)t} \tag{4.3}$$

$$r_{p1} = (0.6 \sim 1)r_{d1} \tag{4.4}$$

中间各过渡工序的圆角半径逐渐减小，但应不小于 $2t$。

式中：

D—毛坯直径，mm；

d_1—第一次拉深工件直径，mm；

t—材料厚度，mm；

r_{d1}—第一次拉深凹模圆角半径，mm；

r_{p1}—第一次拉深凸模圆角半径，mm。

综合参数 D、d_1、t 的数值，取 $r_{d1}=r_{p1}=10$ mm。

② 各次拉深高度的计算

计算第一次拉深高度的公式如下：

$$H_1 = 0.25\left(\frac{D^2}{d_1} - d_1\right) + 0.43\frac{r_1}{d_1}(d_1 + 0.32r_1) \tag{4.5}$$

式中：

H_1—第一次拉深半成品的高度，mm；

d_1—第一次拉深半成品的直径，mm；

r_1—第一次拉深后半成品的底角半径，mm；

D—毛坯直径，mm。

各次拉深高度的计算可根据此式递推。

将相关参数的数值带入可取 $H_1=99.5$ mm。

第一次拉深的工件图如图 4.15 所示。有关详细工艺计算请阅读参考文献[2]。

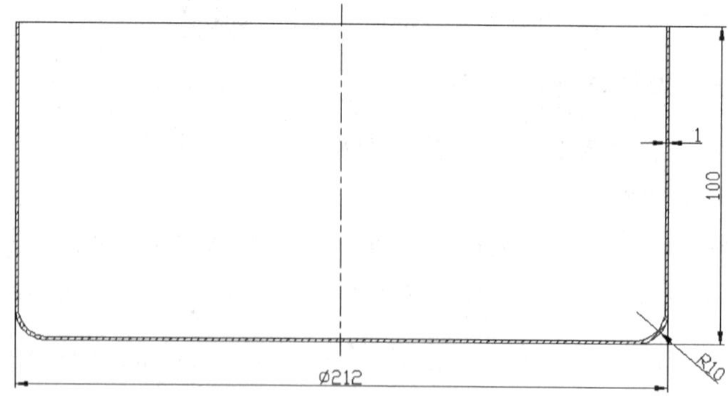

图 4.15 第一次拉深的工件图

第二次拉深的结果为最终筒形件的制件图。

4.2　第一次拉深分析

1. 创建三维模型

依据上节分析的第一次拉深的半成品数据，利用 CATIA、Pro/ENGINEER、SolidWorks 或者 Unigraphics 等 CAD 软件建立凸模、压边圈、凹模和毛坯的实体模型，如图 4.16 所示。将所建立实体模型的文件以“＊.igs”格式进行保存。也可以参照第 3 章的操作过程进行第一次拉深过程的分析。

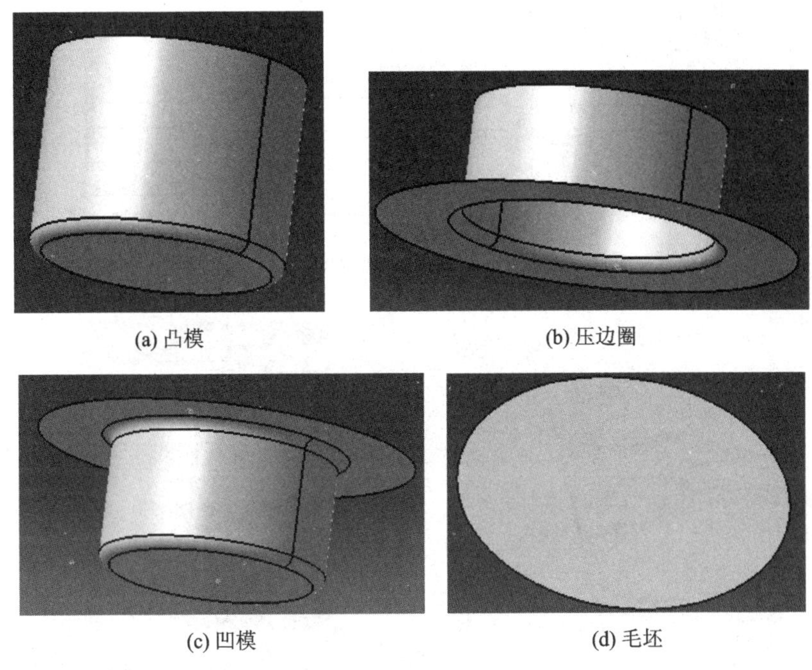

(a) 凸模　(b) 压边圈　(c) 凹模　(d) 毛坯

图 4.16　实体模型图

2. 数据库操作

(1) 导入模型

启动 DYNAFORM，程序自动创建默认的空数据库文件 Untitled.df。选择 File→Save as菜单项，修改文件名并将数据库保存在设定的目录下。

选择 File→Import 菜单项，打开如图 4.17 所示的对话框，将上节所建立的“＊.igs”模型文件导入到数据库中，如图 4.18 所示。选择 Parts→Edit 菜单项，弹出如图 4.19 所示的对话框。编辑修改各零件层的名称、编号(注意编号不能重复)和颜色,单击 Modify 按钮保存修改,将凸模层命名为 PUNCH,压边圈命名为 BINDER,凹模层命名为 DIE,毛坯层命名为 BLANK,单击 OK 按钮确定。

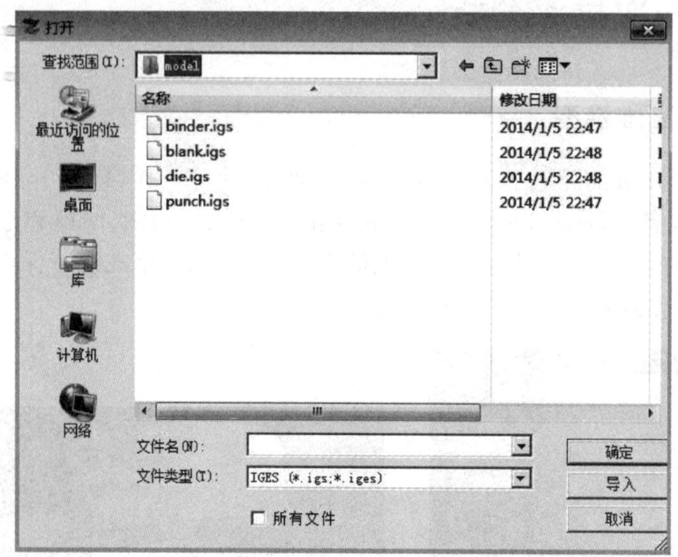

图 4.17 导入模型对话框

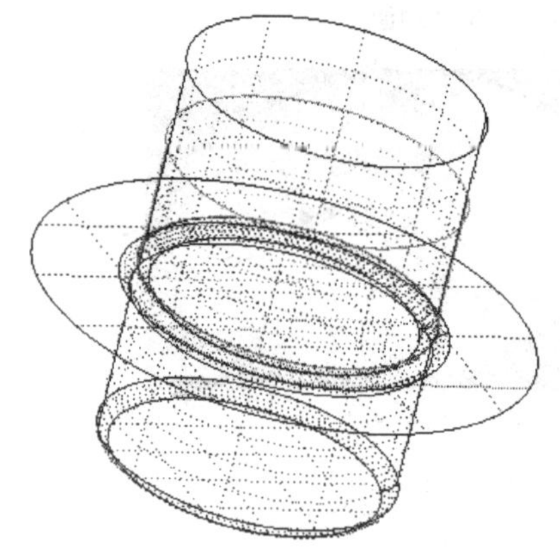

图 4.18 导入的模型文件

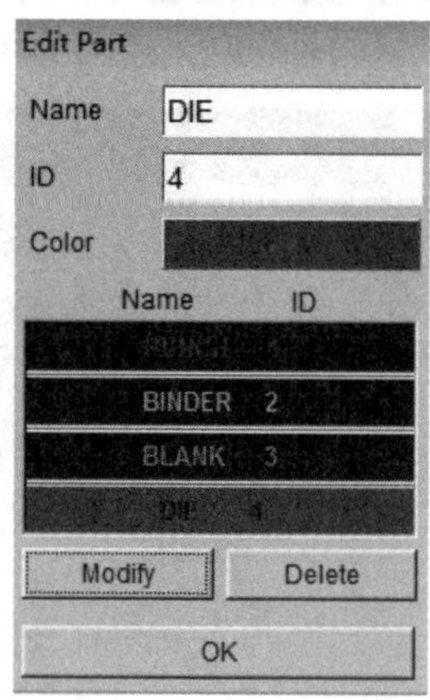

图 4.19 Edit Part(编辑零件层)对话框

(2) 参数设定

选择 Tools→Analysis Setup 菜单项,弹出如图 4.20 所示的 Analysis Setup(分析参数设置)对话框。系统默认的单位设置是:长度单位为 mm(毫米),质量单位为 TON(吨),时间单位为 SEC(秒),力单位为 N(牛顿)。成形类型选择双动(Double action),PUNCH 在 BLANK 的上面。默认的毛坯和所有工具接触界面类型为单面接触(Form One Way S. to S.)。默认的冲压方向为 Z 向。默认的接触间隙为 1.0 mm,

接触间隙是指自动定位后工具和毛坯之间在冲压方向上的最小距离,在定义毛坯厚度后此项设置的值将被自动覆盖。上述设置项的下拉列表框中各选项的含意详见第 2 章。

(3) 网格划分

为了能够快速有效地进行模拟,对所导入的曲面或曲线数据进行合理地网格划分是十分重要的步骤。由于 DYNAFORM 在进行网格划分时提供了一个选项,既可以将所创建的单元网格放在单元所属的零件层中,也可以将单元网格放在当前零件层中,而当前零件层可以不是单元所属的零件层,所以在划分单元网格之前一定要确保当前零件层的属性,以确保所划分的单元网格在所需的零件层中。在屏幕右下角的 Display Options(显示选项)区域中,单击 Current Part 按钮来改变当前的零件层。如图 4.21 所示,当前零件层为 PUNCH(凸模)零件层。

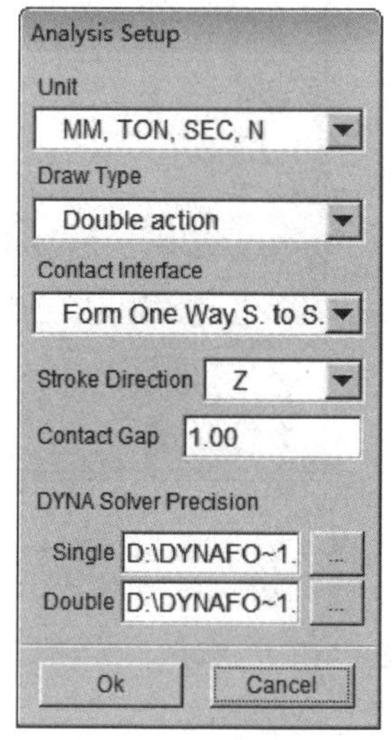

图 4.20　Analysis Setup 对话框

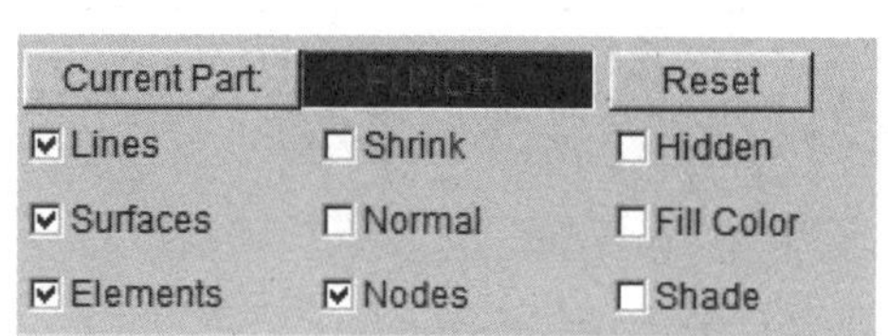

图 4.21　当前零件层的设定

1) 工具零件的网格划分

在确保当前零件层为 PUNCH 零件层的前提下,选择 Preprocess→Element 菜单项,弹出如图 4.22 所示的工具栏。单击 Surface Mesh 选项,弹出 Surface Mesh(网格划分)对话框,如图 4.23 所示。在该对话框中,可以设定零件层划分网格的大小,并选定零件层。单击 Select Surfaces 选项,弹出如图 4.24 所示对话框,在该对话框中,单击 Part 选项来选择需要划分网格的面,如图 4.25 所示,确保选择的面是当前零件层。由于是模具层,选择 Mesher 下拉列表框中的 Tool Mesh 选项,将 PUNCH 的网格划分的 Max. Size 设为 8,其他各项的值采用默认值。单击 Apply 按钮确定,网格划分后的 PUNCH 如图 4.26 所示。用相同的方法划分其他工具零件层的网格,包括压边圈 BINDER、凹模 DIE,每次划分网格前需要切换当前零件层,以免网格属性添加错误。

图 4.22　Element 工具栏

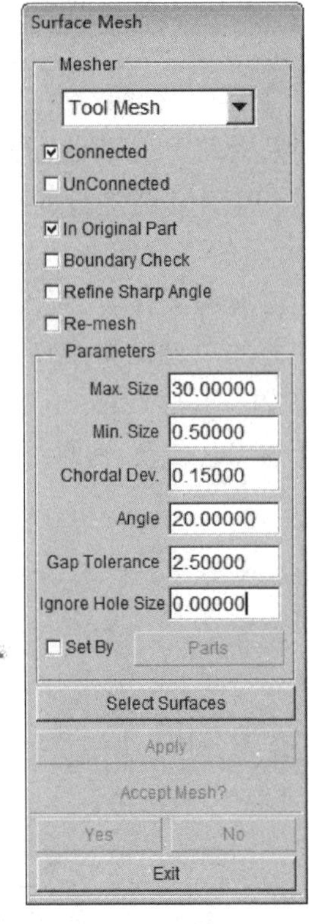

图 4.23　Surface Mesh 对话框

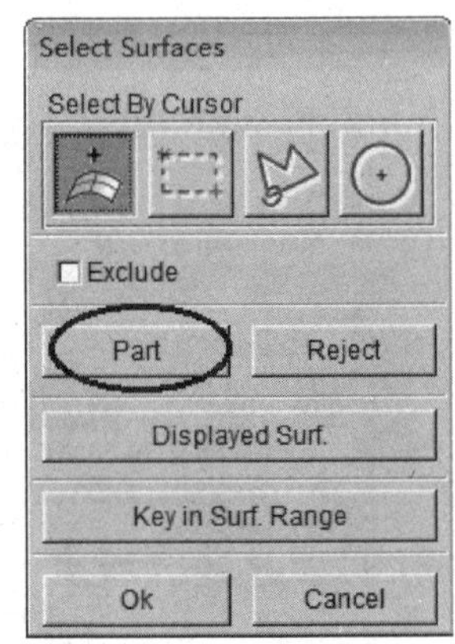

图 4.24　Select Surfaces 对话框

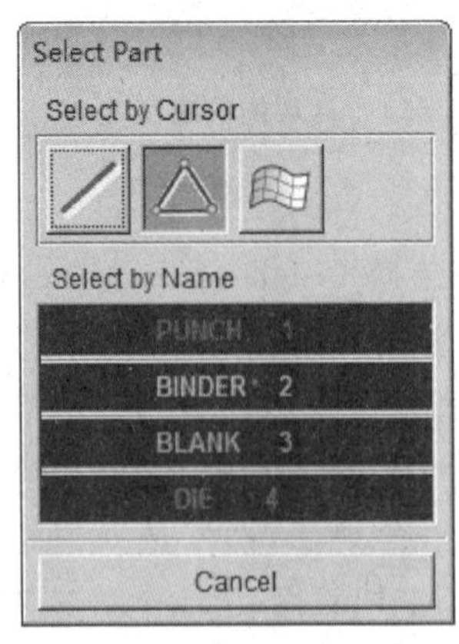

图 4.25　Select Part 对话框

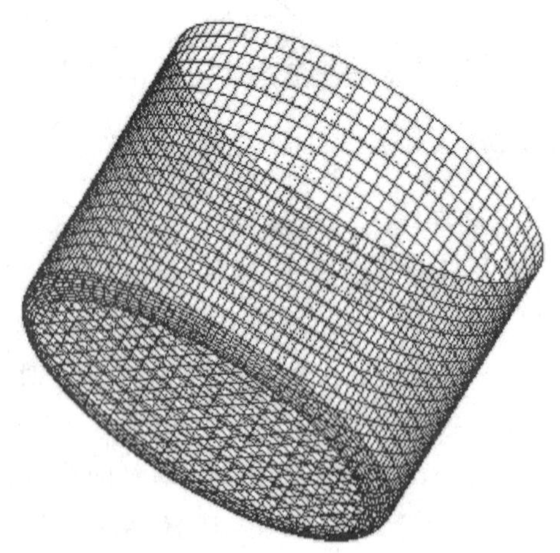

图 4.26　PUNCH 单元网格

毛坯的网格划分与工具零件的网格划分稍有不同。设定当前零件层为 BLANK 层，选择 Preprocess→Element 菜单项，通过弹出的 Element 工具栏打开 Surface Mesh 对话框，选择 Mesher 下拉列表框中的 Part Mesh 选项，如图 4.27 所示。将网格的 Size 选项设定为 5，同样单击 Select Surfaces 选项，选择毛坯，单击 Apply 按钮确认毛坯的网格划分。网格的信息如图 4.28 所示，划分后的毛坯单元网格如图 4.29 所示。

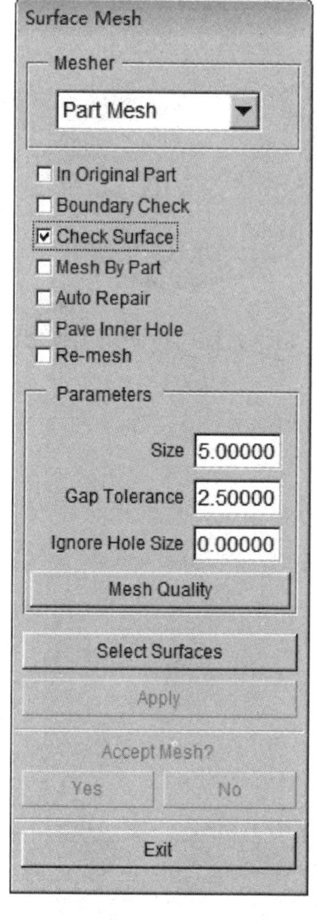

图 4.27　Surface Mesh 对话框

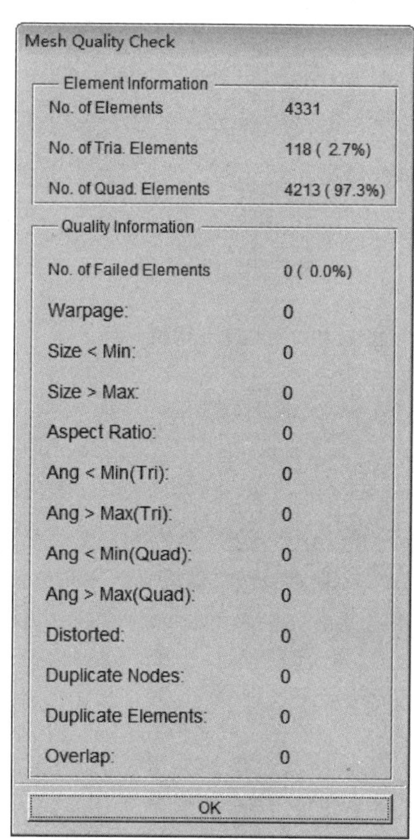

图 4.28　毛坯网格划分信息

所有工具零件网格划分后，如图 4.30 所示。

2）网格检查

为了避免得到的网格存在一些影响分析结果的潜在缺陷，需要对得到的网格单元进行检查。选择 Preprocess→Model Check/Repair 选项，弹出如图 4.31 所示的 Model Check/Repair 对话框。最常用的检查为以下两项。

① 在图 4.31 中，单击 Auto Plate Normal（自动翻转单元法向）工具按钮，弹出如图 4.32 所示的对话框，单击 Cursor Pick Part 选项，选择工具面确定法线的方向，如图 4.33 所示。

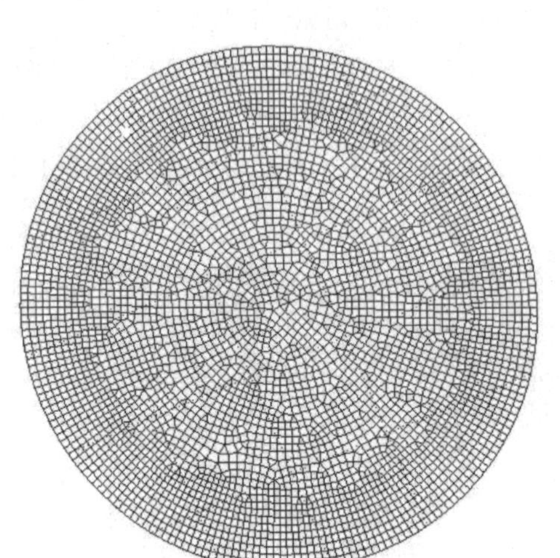

图 4.29　毛坯单元网格

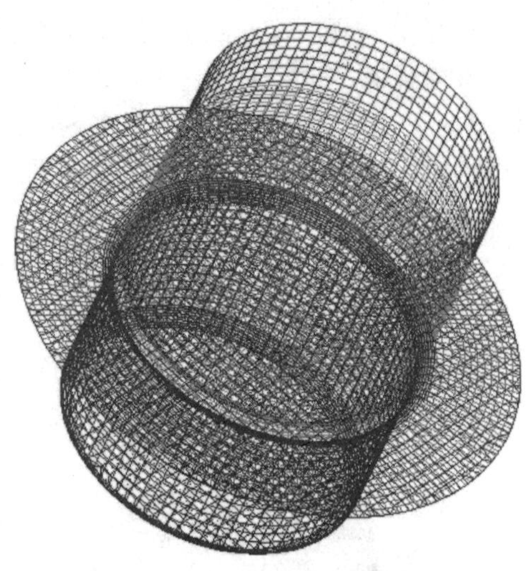

图 4.30　网格划分后的工具零件图

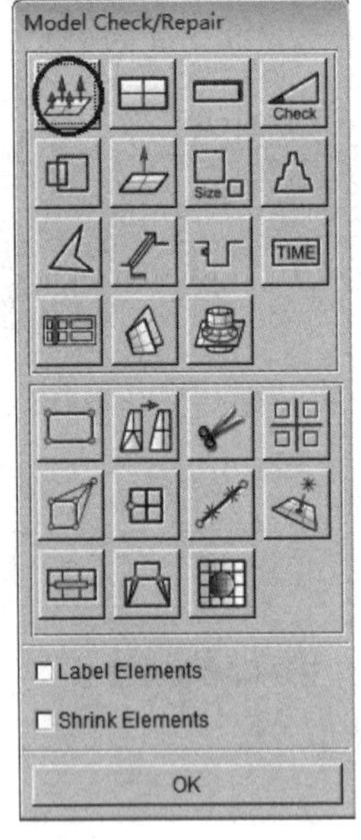

图 4.31　自动翻转单元法向检查

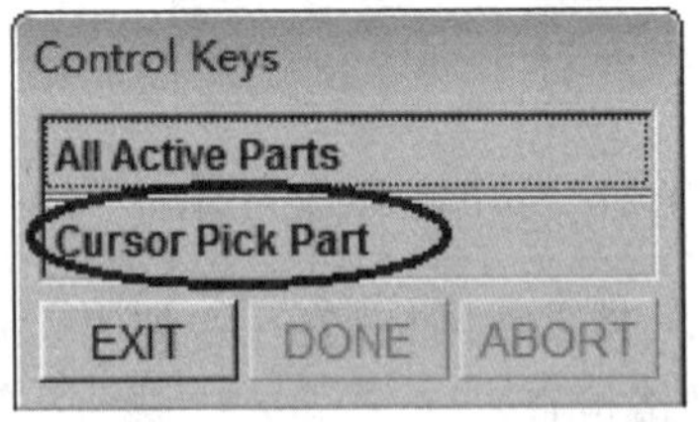

图 4.32　单元的选取方式

② 在图 4.31 中,单击 Boundary Display(边界线显示)工具按钮▦,所得结果如图 4.34 所示。在观察边界线显示结果时,为更好地观察结果中存在的缺陷,可将曲线、曲面、单元和节点都不显示。

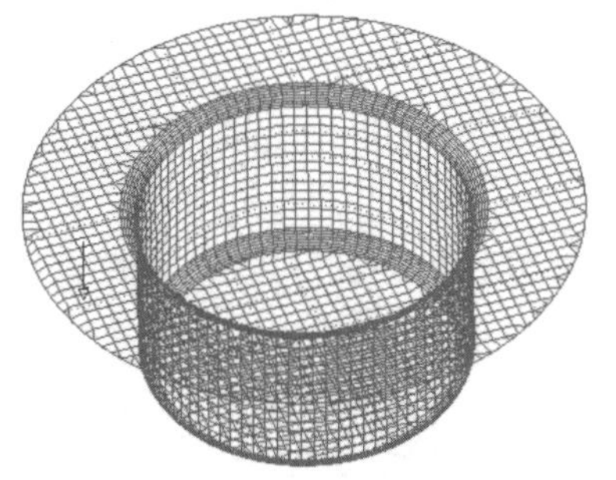

图 4.33　单元法向的选择

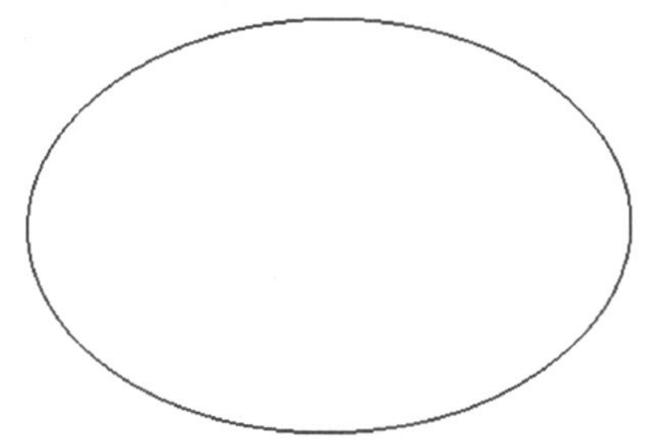

图 4.34　边界线显示项检查结果

3. 自动设置(AutoSetup)

自动设置为各种板料及管坯成形提供了一套完整的解决方案，界面友好，此模块支持几乎所有传统设置中的基本功能，同时还增加了液压成形，超塑性成形等模块。此外，允许用户自定义冲压方向、简单的多工序模拟等特性也添加到 Auto Setup 模块中。在自动设置模块中，用户只需通过定义工具与工具之间的闭合来完成各个工序的定义，这样大大地节省了用户的操作步骤，同时也减少了用户出错的概率。

(1) 新建自动设置

选择 Setup→AutoSetup 菜单项，弹出如图 4.35 所示 New simulation 对话框，用户可以定义基本的设置参数。如果数据库里存在已经定义的 AutoSetup 信息，程序会自动进入之前定义的 AutoSetup 中进行编辑。

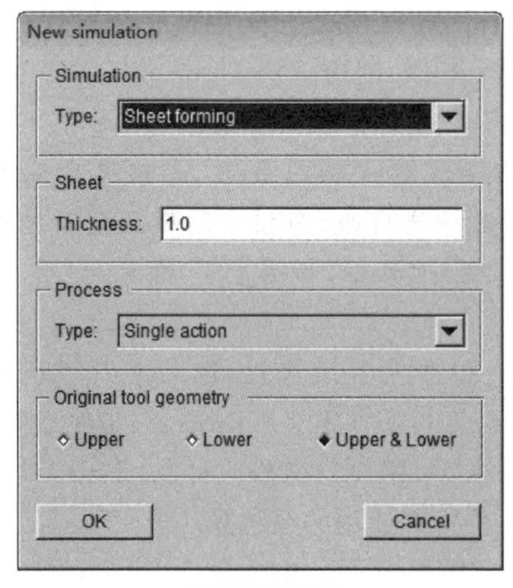

(a) 板坯设置界面

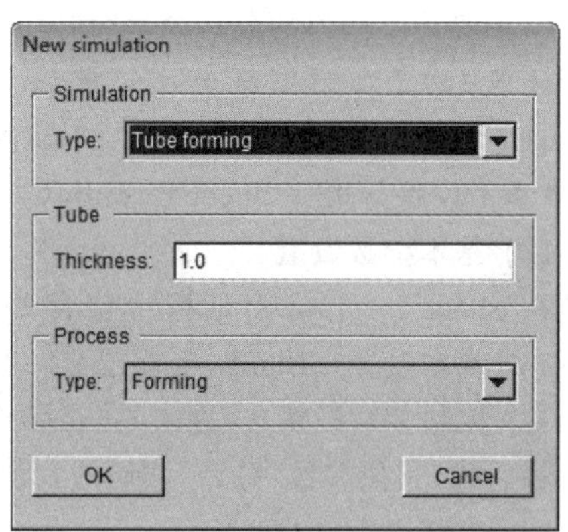

(b) 管坯设置界面

图 4.35　新建板料的 AutoSetup 设置

1）模拟类型(Simulation Type)

在新建的 Auto Setup 中，有两种模拟类型：一种是板坯成形(Sheet forming)，板料成形包括一般的板料成形和板料液压成形；另一种是管坯成形(Tube Forming)。

2）毛坯厚度(Thickness)

新建自动设置后，用户可以自己设定毛坯(板坯或管坯)的厚度值，用户也可以在定义页面来修改具体毛坯的厚度值，默认的毛坯厚度值为 1.0。

3）工艺类型(Process Type)

在 Auto Setup 板坯模块中，包含了 8 种常见工艺类型，如图 4.36 所示，管坯模块包含了 4 种工艺类型。

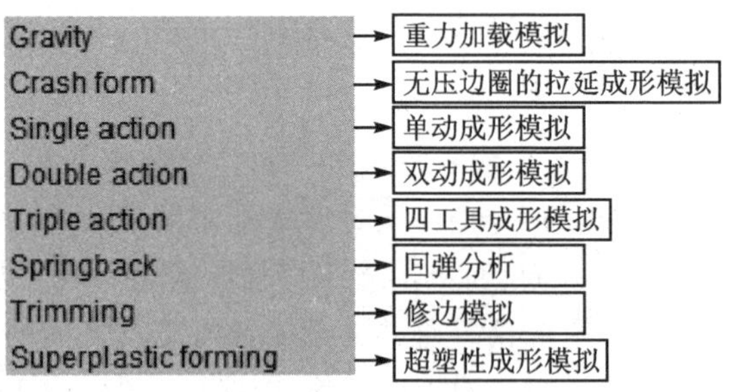

图 4.36 工艺类型

4）工具零件参考面(Original tool geometry)

用户可以选择接触偏置算法或实际模面进行冲压模拟。如果用户选择接触算法，则可以选择 Upper 或 Lower 选项。选择 Upper 选项是以凹模作为接触偏置的参考面，选择 Lower 选项则是以凸模和压边圈作为接触偏置的参考面。

如果用户使用凸、凹模实际工具型面进行模拟，则应选择 Upper&Lower 选项。当用户主要关心回弹的分析结果时，建议用户采用实际的工具模面。

注意：对于本例中筒形件的模拟，模拟类型选择板料成形，毛坯厚度设定为 1 mm，工艺类型选择单动成形，工具参考面选择使用凸、凹模实际模具型面进行模拟，单击 OK 按钮进入 Sheet forming(自动设置)对话框，如图 4.37 所示。

(2) 基本参数设置

在 Sheet forming 对话框中包含菜单栏和选项卡设置栏，选项卡设置栏包括 General(基本设置)、Blank(毛坯定义)、Tools(工具零件定义)、Process(工序设置)和 Control(控制参数设置)。进入 General 选项卡后，用户只需修改标题(Title)以便于识别的名称，其他参数可以不作修改，采用软件推荐使用的系统默认值。

(3) 毛坯设置(Blank)

单击 Sheet forming 对话框中的 Blank 标签，打开的 Blank(毛坯定义)选项卡如图 4.38 所示。在该选项卡中，用户可以定义毛坯部件(Part)、材料(Material)、厚度(Thickness)、属性(Property)。

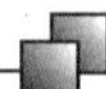

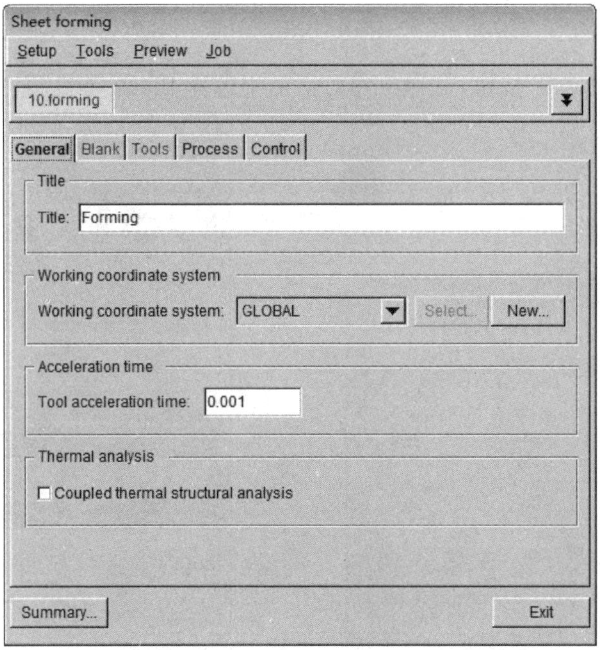

图 4.37　Sheet forming 对话框

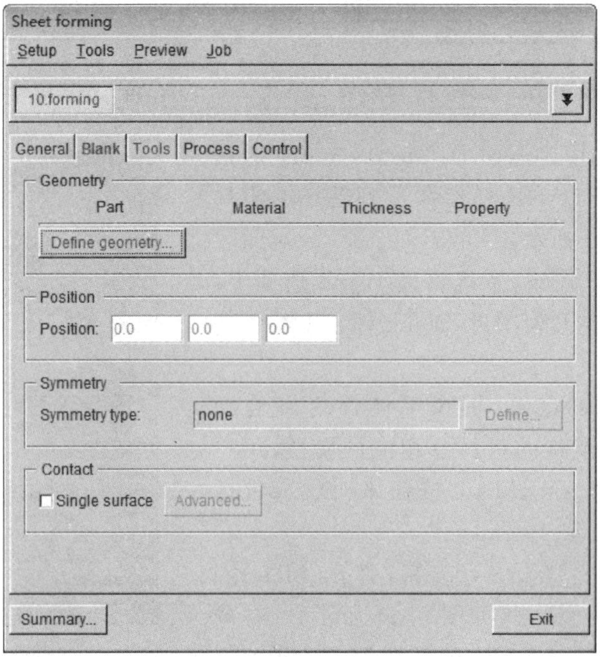

图 4.38　Blank 选项卡

① 单击 Geometry 选项区域中的 Define geometry 按钮,系统弹出 Define geometry 对话框,如图 4.39 所示。

② 单击 Add Part 按钮,在弹出的对话框中选择 Blank 零件层,如图 4.40 所示。

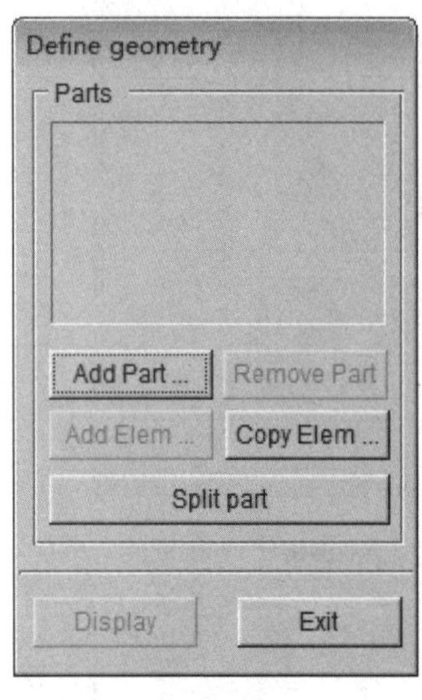

图 4.39 Define geometry 对话框

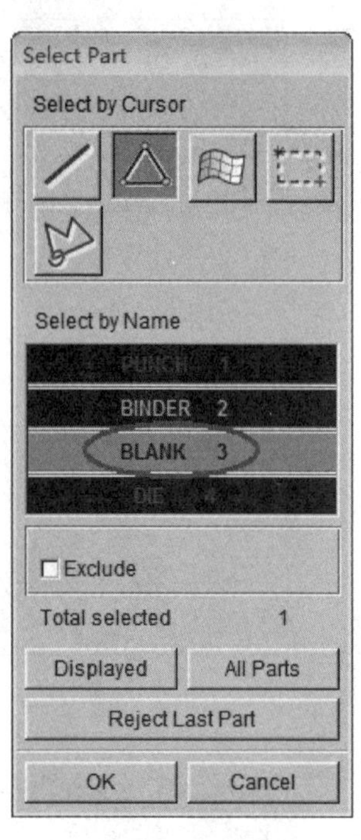

图 4.40 选择零件层

③ 单击 OK 按钮返回 Define geometry 对话框,此时零件层 BLANK 已经添加到毛坯的零件列表中,如图 4.41 所示。

④ 单击 Exit 按钮,系统返回 Blank 选项卡,此时定义了毛坯的几何图形,Blank 标签由红色变为黑色,如图 4.42 所示。

⑤ 毛坯材料的定义。定义毛坯后,系统自动为毛坯选择一种默认的材料及相应的属性,用户可以通过单击 BLANKMAT 按钮来对材料进行重新定义,如图 4.43 所示。

单击 Material Library 按钮,弹出 Material Library(材料库)对话框(如图 4.44 所示)。在本例中选择美国材料数据库中的不锈钢 304 作为毛坯的材料。如果材料库中没有需要的材料,用户

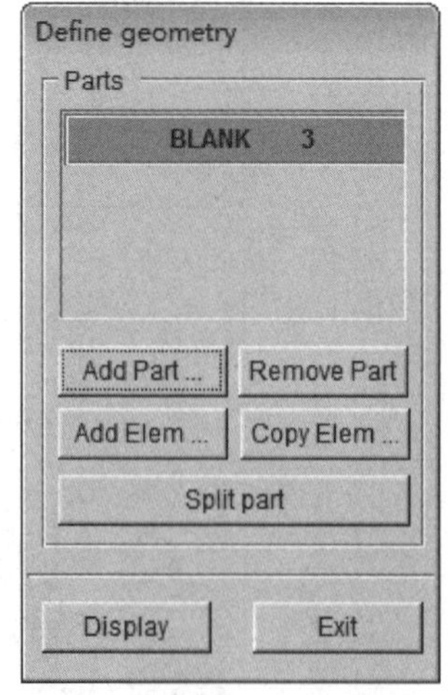

图 4.41 定义毛坯后的 Define geometry 对话框

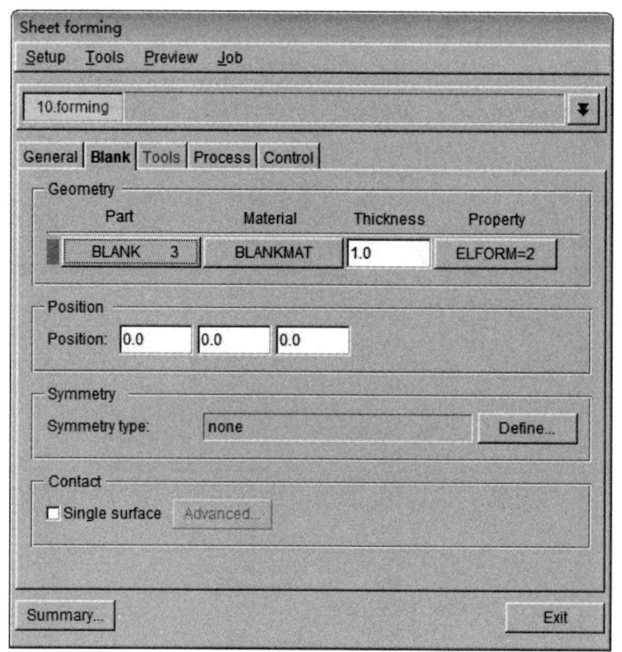

图 4.42　毛坯定义界面

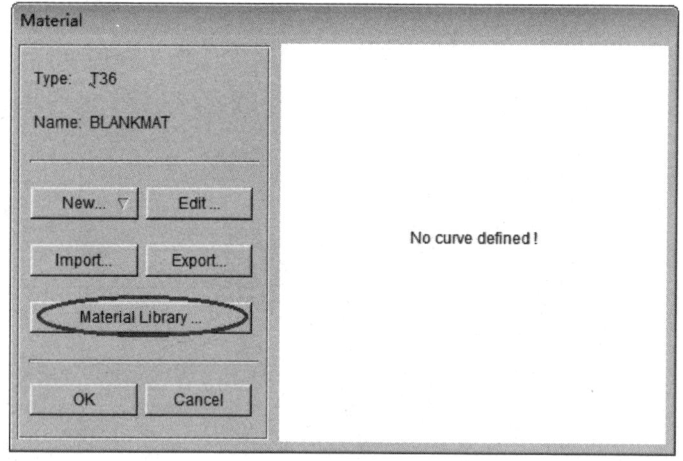

图 4.43　毛坯材料定义对话框

可以创建自定义的材料，也可以对选定的材料进行编辑，在毛坯材料定义对话框中还可以对材料进行导入、导出操作。选好材料后单击 OK 按钮返回 AutoSetup 主页面。

⑥ 毛坯属性的定义。程序默认为定义的毛坯部件设置了一个属性，一般情况下用户不需要修改毛坯属性。如果需要，用户可以修改的选项包括单元公式、毛坯厚度方向积分点的个数以及剪切修正因子，如图 4.45 所示。

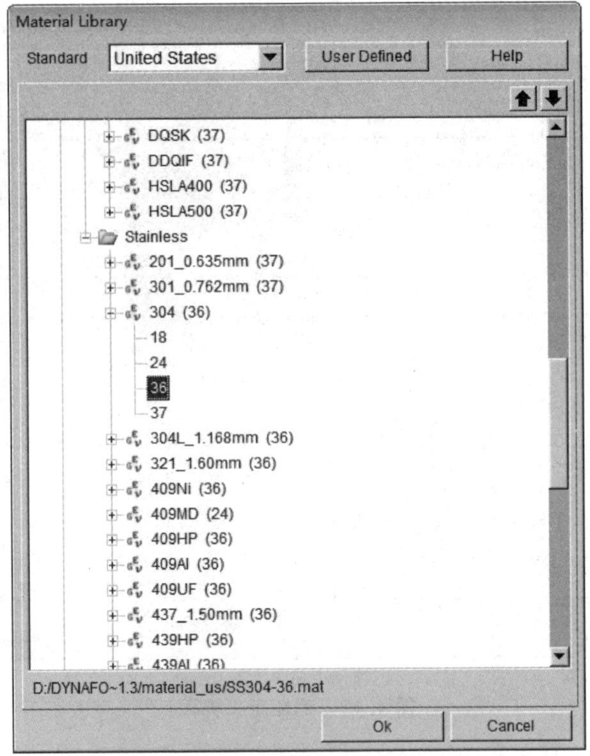

图 4.44　Material Library 对话框

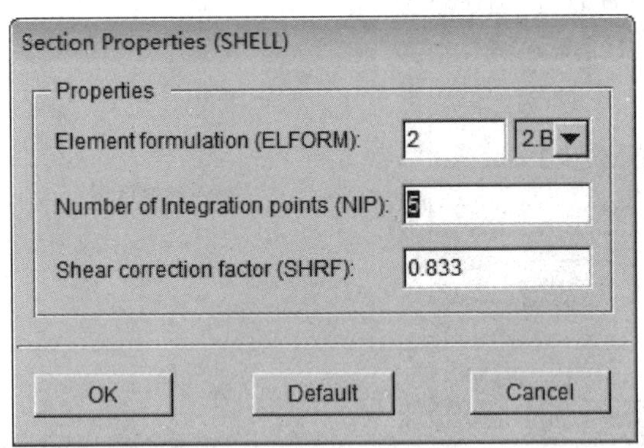

图 4.45　Section Properties(毛坯属性定义)对话框

(4) 工具零件定义(Tools)

① 单击 Sheet forming 对话框中的红色 Tools 标签,系统进入到 Tools(工具定义)选项卡,如图 4.46 所示。在该选项卡的左侧,系统默认定义了三个工具零件选项,即 die、punch 和 binder,用户可以分别为三个工具定义零件,也可以根据实际情况新建和删除工具零件。

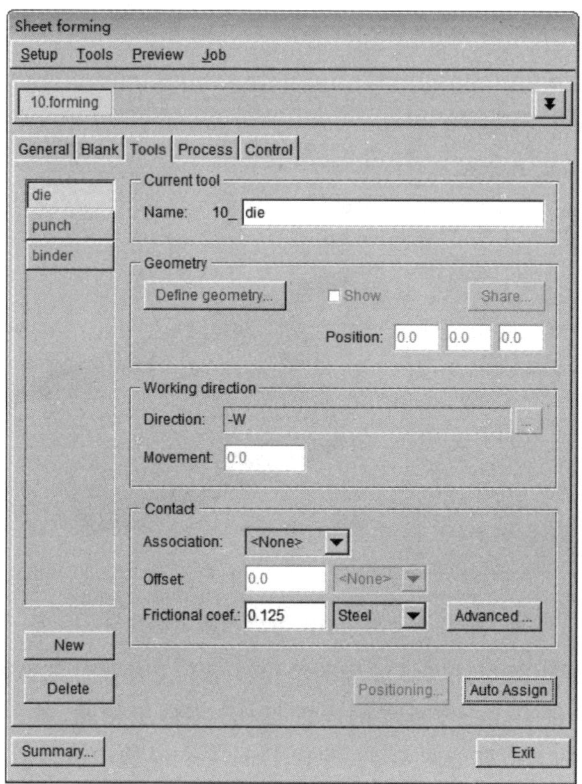

图 4.46　Tools 选项卡

② 将当前工具选项切换到 die 页面，单击 Part 下的 Define geometry 按钮，对工具 die 进行定义。系统弹出 Define geometry 对话框，与定义毛坯时相同，通过单击 Add Part 并选择 DIE 零件将 DIE 零件层添加到 die 页面的零件列表中。此时 die 工具几何定义完成，die 标签由红色变为黑色，如图 4.47 所示。

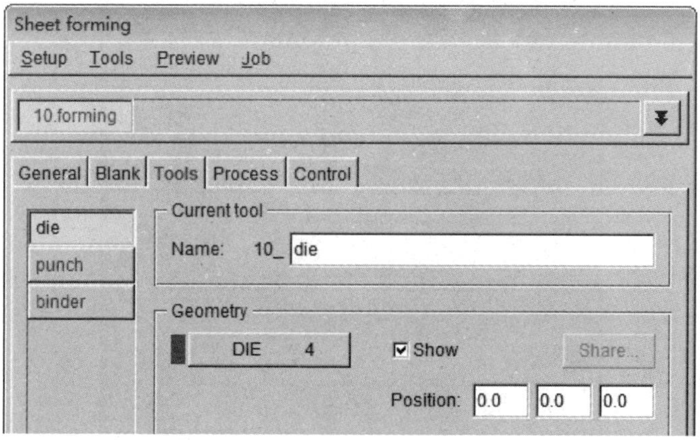

图 4.47　定义工具零件 die

③ 单击 Direction 后的 ... 选项，弹出如图 4.48 所示的对话框，定义凹模的初始运动方向。

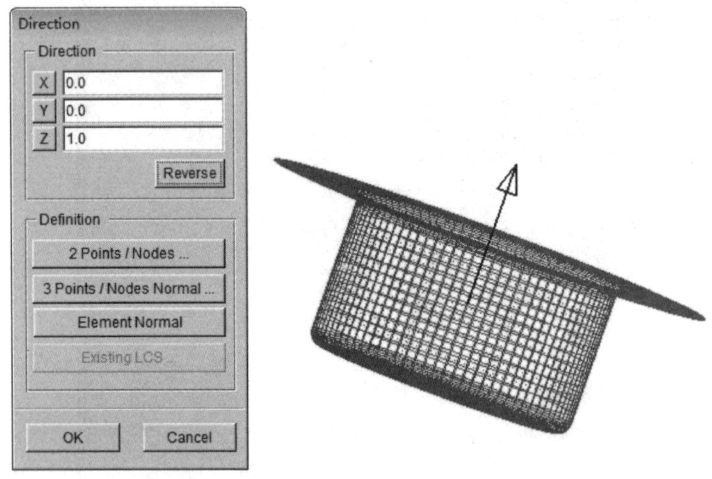

图 4.48　定义 DIE 零件初始运动方向

④ 用户可以根据筒形件实际过程的经验自定义工具零件的摩擦系数。

punch 零件层和 binder 零件层的设置与 die 零件层相同，各零件层都设置完成后，工具零件定义的对话框如图 4.49 所示，Positioning 选项被激活，可以对各个工具零件的相对位置进行设定。

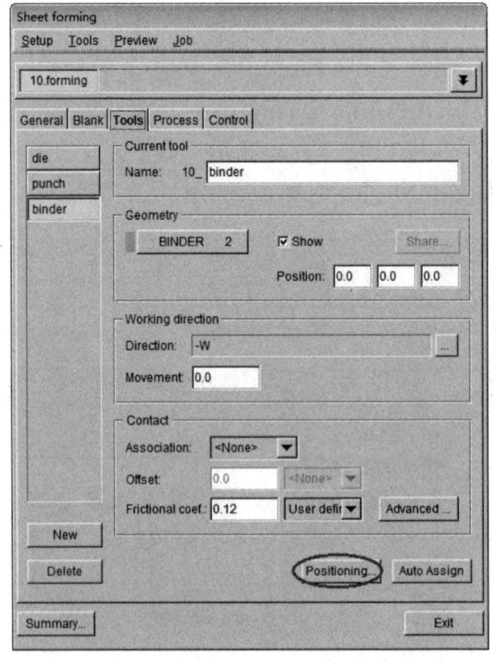

图 4.49　Sheet forming 对话框

⑤ 单击 Positioning 按钮，调整工具零件间的相对位置，如图 4.50 所示。本例的毛坯及工具零件在三维建模过程中是以毛坯为参考面建立的，在 Movement 选项中以毛坯定位，即在定位操作中毛坯是固定不动的，输入一定的数值，以使模具与毛坯在模拟计算前有一定的间隔，避免工具零件间相互接触穿透影响计算(在后续设置模具运动距离时需要计入此数值)。用户可根据自己建模中工具零件间的相对距离来设置具体数值进行调整。单击 OK 返回 AutoSetup 主页面。

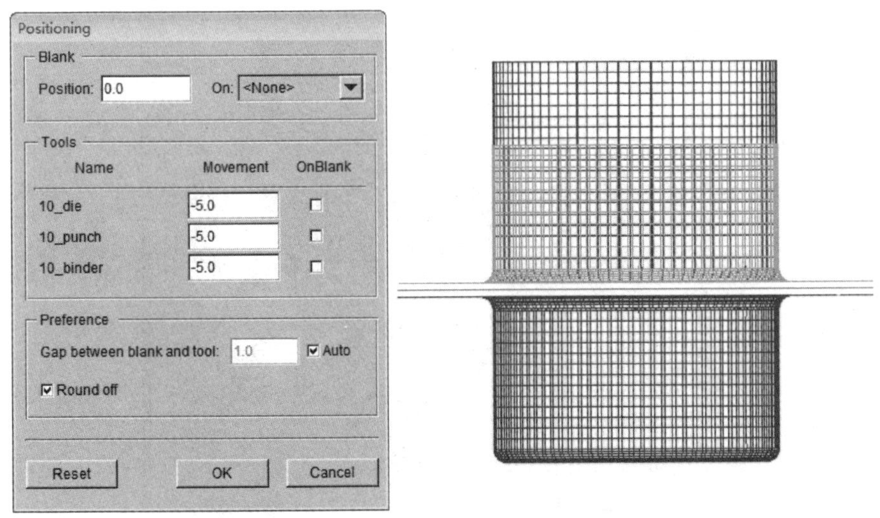

图 4.50　工具零件间相对位置调整对话框

(5) 工序定义(Process)

工序定义的目的是方便用户设置当前模拟需要的工序个数、每个工序所需要的时间以及工具在每个工序中的状态等。用户可以单击 Sheet forming 对话框上的 Process 标签进入 Process 选项卡进行工序设置，如图 4.51 所示。在此选项卡中，对于典型的工艺，产生的工序基本上不需要做修改或修改很少就可以计算，这样可以大大减少用户设置的时间。

本例的筒形件模拟选择的是单动成形，因此默认产生了两个工序：压边工序和拉深工序。这两个工序都已经定义好，用户只需要设置必要的参数即可。如果系统默认的工序设置与实际工序步骤不同，则可以通过 New 或 Delete 按钮来调整工序。

1) 合模工序的设置

在 Tool control(工具控制)选项区域中可以定义工具零件的运动参数。一般定义工具零件的运动方式有 6 种，如图 4.52 所示。

其中：

Non-active：不参与模拟过程，仅显示几何模型，通常用来与模拟结果进行对比；

Stationary：参与模拟过程，在模拟中保持不动；

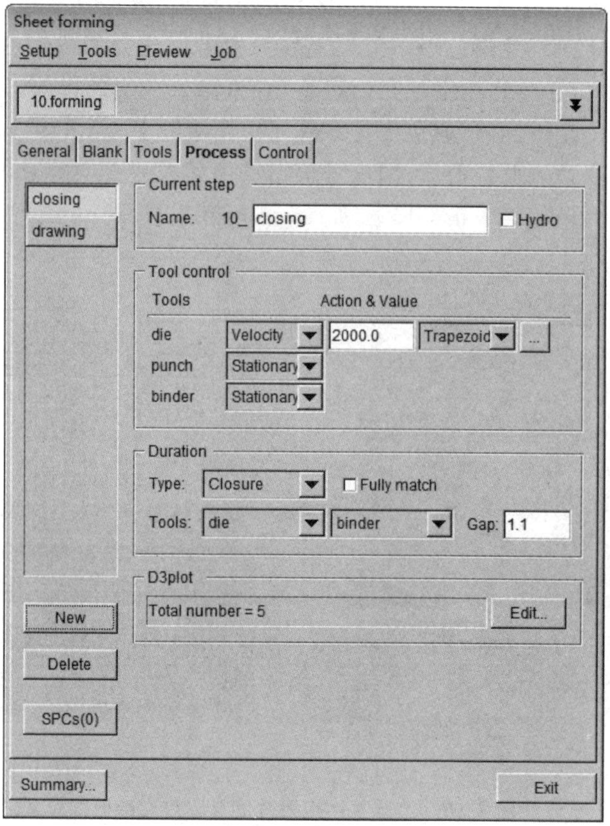

图 4.51　工序设置页面

Velocity：通过速度来控制工具零件的运动；

Displcmnt：通过位移来控制工具零件的运动；

Force：通过力来控制工具零件的运动；

Pressure：通过压力来控制工具零件的运动。

对于本例的筒形件模拟，第一步合模过程为：凹模与凸模不动，选择 Stationary 选项；压边圈采用速度控制，速度大小可作适当调整，保持匀速，如图 4.53 所示。

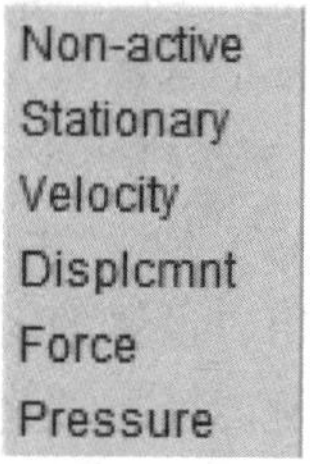

Non-active
Stationary
Velocity
Displcmnt
Force
Pressure

图 4.52　模具的运动方式

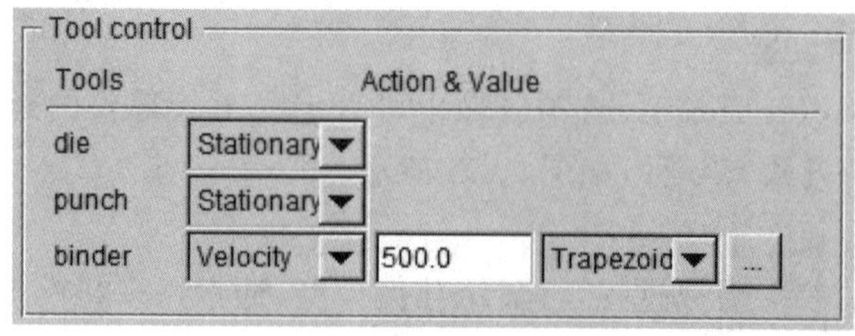

图 4.53　工具零件控制参数设置

通常采用三种类型来控制工具零件运动的持续性、时间、位移以及间隙。本例采用压边圈与凹模的间隙来确定工具零件运动的结束，通常拉深的压边间隙值设为板料厚度的 1.1 倍，如图 4.54 所示。

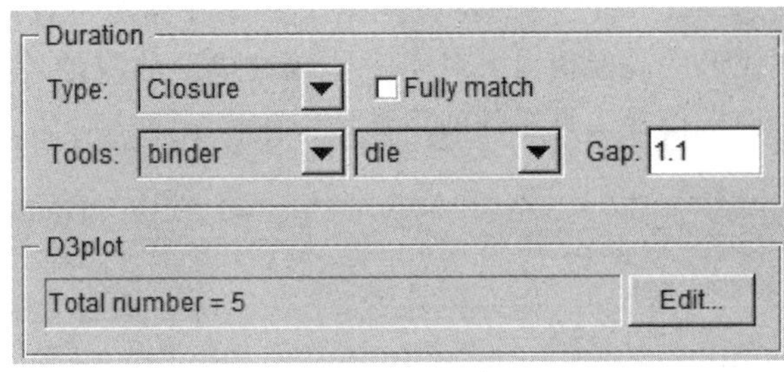

图 4.54　工具零件运动结束条件的设置

2）拉深工序的设置

单击 Process 选项卡中的 drawing 标签进入拉深工序设置界面，如图 4.55 所

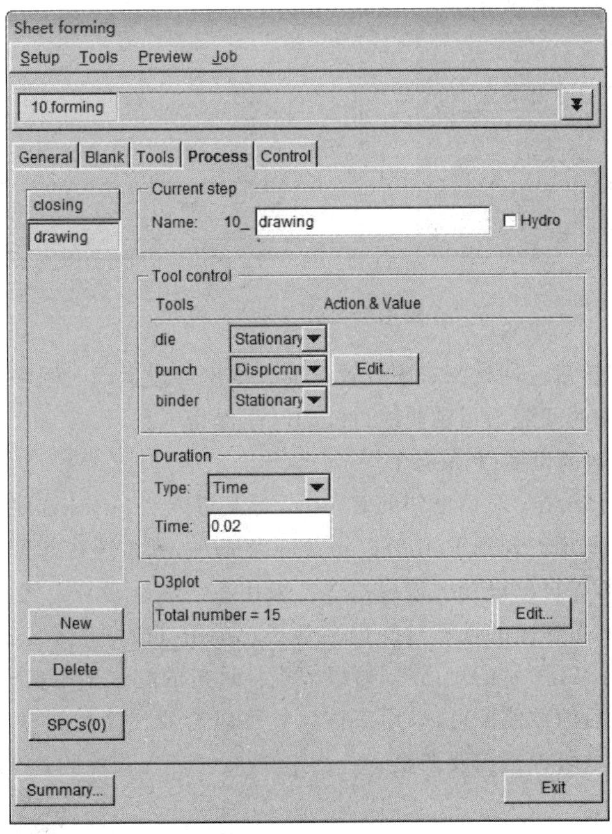

图 4.55　拉深工序设置界面

示。对于筒形件的拉深,第一步合模后,在第二步拉深工序中保持压边圈与凹模不动,选择 Stationary 选项,凸模采用位移控制,选择 Displcmnt 选项。单击 Displcmnt 后的 Edit 按钮,弹出如图 4.56 所示对话框。通过输入凸模位移运动曲线来控制凸模在模拟过程中的运动,凸模下降的位移根据工具零件相对位置设定(Positioning)中的数值以及毛坯成形的高度得出。对于一些较难成形的零件,有时需要通过改变曲线斜率(多段曲线)来设置工具零件的运动。

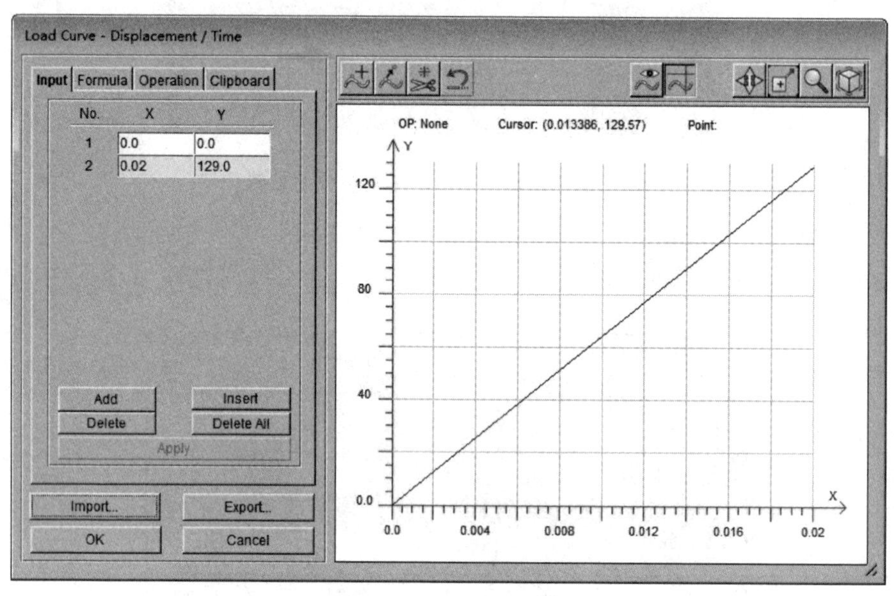

图 4.56 凸模位移曲线

单击 OK 按钮后返回拉深工序设置页面。本例通过运动时间来确定工具零件运动的结束,此处的时间应与运动曲线持续的时间保持一致。

(6) 控制参数的设置(Process)

单击 Sheet forming 对话框中的 Control 标签进入 Control 选项卡进行控制参数设置,如图 4.57 所示。勾选 Refining meshes 复选项,则系统在计算过程中考虑自适应,自适应参数可以自己设置。建议初学者采用系统默认设置。考虑自适应后模拟结果会更加精确,但相应的计算时间也会延长。单击 Time step size 后的 Advanced 按钮,弹出如图 4.58 所示的对话框,可以根据计算机的配置采用多核来进行模拟,修改 PARALLEL 后的数值即可,采用多核计算可以有效提高计算速度。关于控制参数页面的其他参数可根据需要调整。

(7) 动画显示

设置完成后,用户可以在提交计算前对设置的模型进行动画显示,以便检查各个工具零件所定义的运动情况。

Sheet forming
Setup　Tools　Preview　Job
10.forming
General | Blank | Tools | Process | Control
General
Accuracy:　　Selective mass scaling
Time step size (DT2MS): -1.2e-006　...　Advanced...
Refining meshes
Refining meshes　Exclusion...
Time steps (ENDTIM/ADPFREQ): 40
Minimum element size (ADPSIZE): 1.0
Max. refinement levels (MAXLVL): 4　Advanced...
Output ascii file
Tool interface forces　Interval
Material energies　Interval
Global data　Interval
Sliding interface energy　Interval
Load...
Summary...　Exit

图 4.57　Control 选项卡

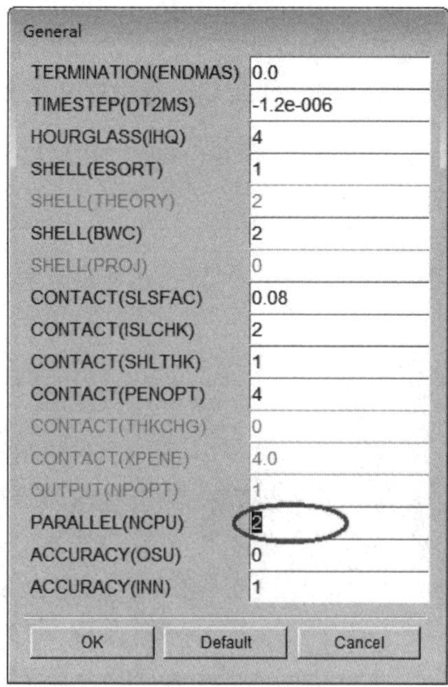

图 4.58　设置多核计算

1）选择 Preview→Animation 菜单项，单击 Play 按钮 ▷，工具将以动画的形式显示其运动状态，如图 4.59 所示。

```
FRAME = 17    TIME = 3.3466665E-002 STAGE = forming(drawing)
10_DIE      POSI = 0.000000
10_PUNCH    POSI = 94.600000
10_BINDE    POSI = 8.899999
```

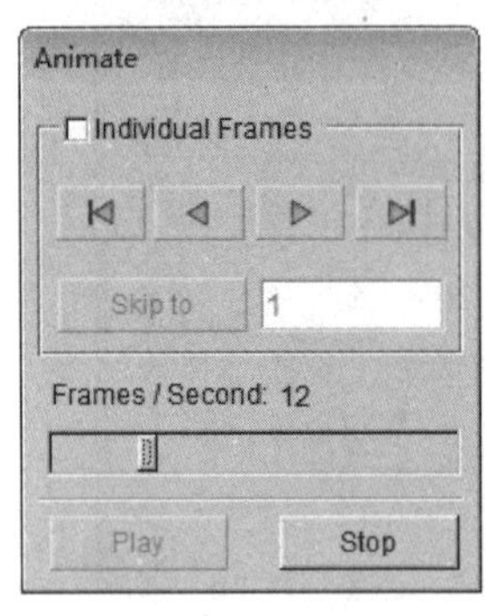

图 4.59　动画显示

2）用户可以勾选 Individual Frames 选项，单击 ⏮ ◁ ▷ ⏭ 中的按钮来逐步地显示运动状态。

(8) 提交计算任务

在验证了工具零件运动的正确性后，可以对已完成的设置进行任务提交计算。

① 选择 Job→Job Submitter 菜单项，弹出如图 4.60 所示对话框，设定文件输出目录，选择单精度求解器及计算内存，单击 OK 按钮提交任务。

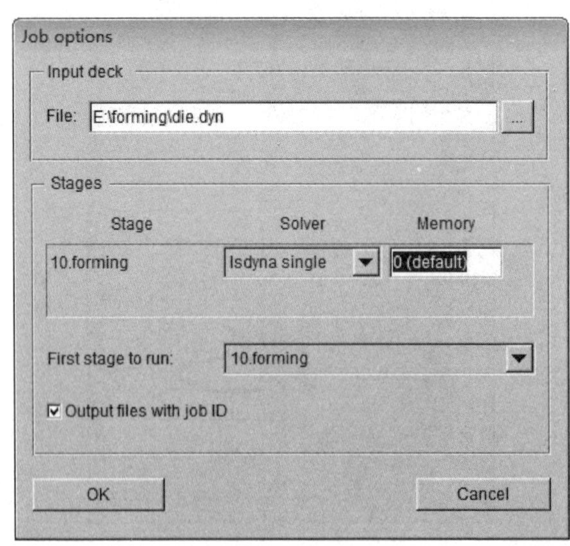

图 4.60　计算选项参数设置

② 如果在 Job submitter 任务列表中有其他的任务正在计算，那么当前的任务需要等待，状态为 Waiting；如果没有其他任务，系统则会计算所提交的任务，状态为 Running（如图 4.61 所示），并弹出 LS-DYNA 的计算窗口，如图 4.62 所示。

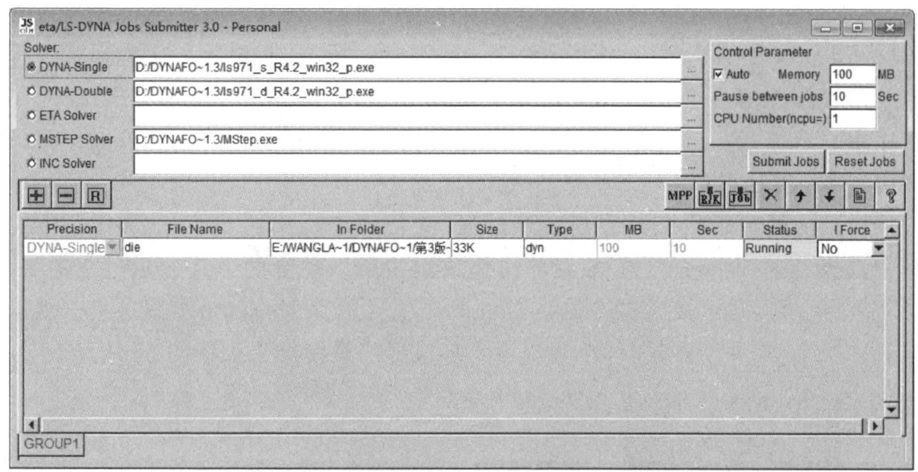

图 4.61　任务提交管理器

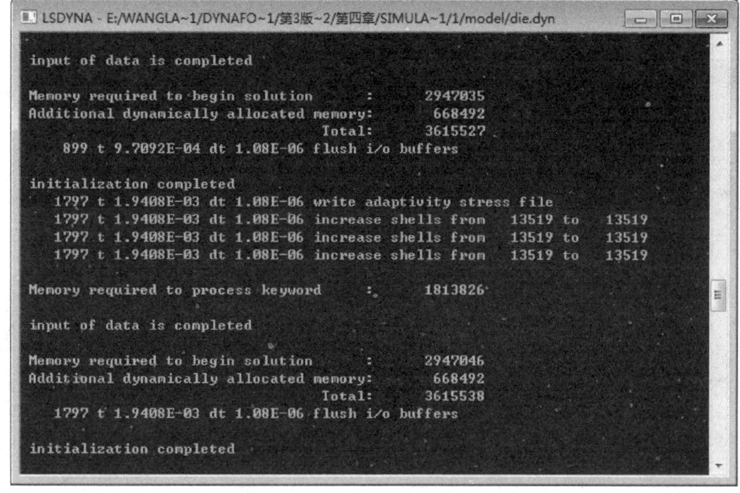

图 4.62　求解器计算窗口

③ 在计算过程中，用户可以在键盘输入 Ctrl+C 刷新估算的时间，当提示. enter sense swith 时，用户可以输入相应的命令，各命令功能如下：

- sw1—输出一个重启动文件，然后终止计算；
- sw2—刷新估计完成计算的时间，并且继续进行计算；
- sw3—输出一个重启动文件，并且继续进行计算；
- sw4—输出一个 d3plot 结果文件，并且继续进行计算。

4. 后处理(PostProcess)

单击菜单栏中的 PostProcess 进入 Dynaform 后处理界面。选择 File→Open 菜单项,浏览到保存结果文件的目录,结果文件包括 d3plot、d3drlf 和 dynain 格式的文件,其中:d3plot 是成形模拟的结果文件,包括拉深、压边、翻边等工序和回弹过程的模拟结果,d3drlf 模拟重力作用的结果文件;dynain 文件是板料变形结果文件,用于多工序中。选择 d3plot 文件,单击 Open 按钮读入结果文件。

(1) 绘制变形过程

系统默认的绘制状态是绘制变形过程(Deformation),可在 Frames(帧)下拉列表框中选择 All Frames 选项,然后单击播放按钮用以动画的形式显示过程的变化,如图 4.63 所示。也可以选择 Single Frame 选项对过程中的每个步骤进行观察。选择最后一个工步,并隐藏模具,单独显示毛坯成形的最终结果如图 4.64 所示。

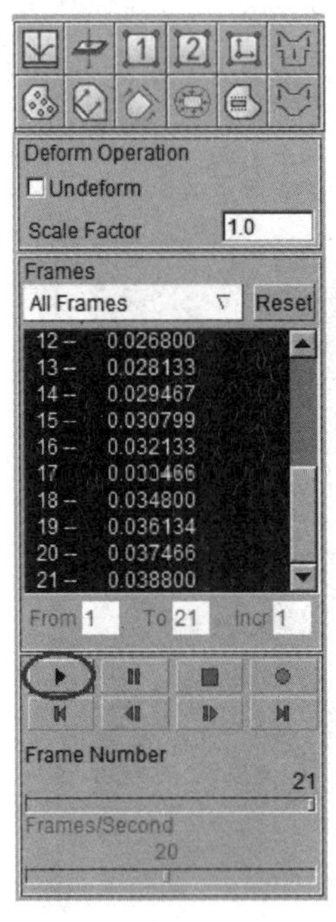

图 4.63 绘制变形过程

图 4.64 筒形件第一次拉深成形图

(2) 测量零件尺寸

单击"标尺"按钮,测量工件的直径和拉深高度,如图 4.65 所示。直径数值约为 210.864 mm,由于是以毛坯的中间层进行计算的,加上第一次计算结束后零件的厚度 0.8 mm,直径约为 211.664 mm;拉深高度约为 97.927 mm,计算结果与 3.1 小节中的工艺分析理论值相近。

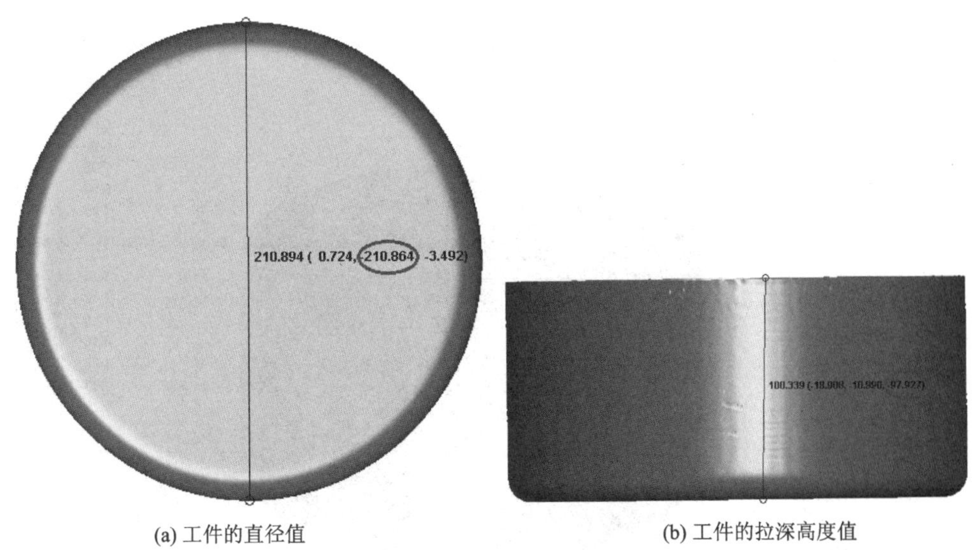

(a) 工件的直径值　　(b) 工件的拉深高度值

图 4.65　工件结果的测量

(3) 绘制厚度变化过程和成形极限图

分别单击 Forming Limit Diagram 按钮和 Thickness 按钮，可绘制成形过程中工件的成形极限图和工件厚度的变化过程，分别如图 4.66 和 4.67 所示。选择单帧对过程中的步骤进行观察，查看成形结果。

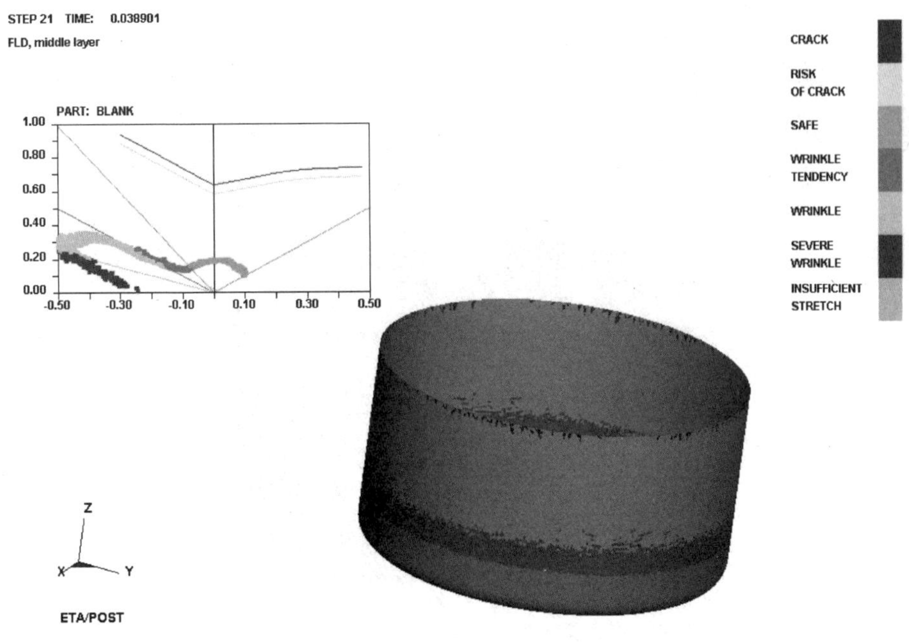

图 4.66　筒形件第一次拉深成形后的 FLD

图 4.67 筒形件第一次拉深成形后的壁厚分布情况

4.3 第二次拉深分析

1. 数据库操作

(1) 导入第一次成形件

选择 File→New 菜单项，修改文件名，将所建立的数据库保存在自己设定的目录下。选择 File→Import 工具按钮，将第一次拉深生成的"＊.dynain"格式的模型文件导入到数据库中，形成第二次拉深的毛坯件，如图 4.68 所示。

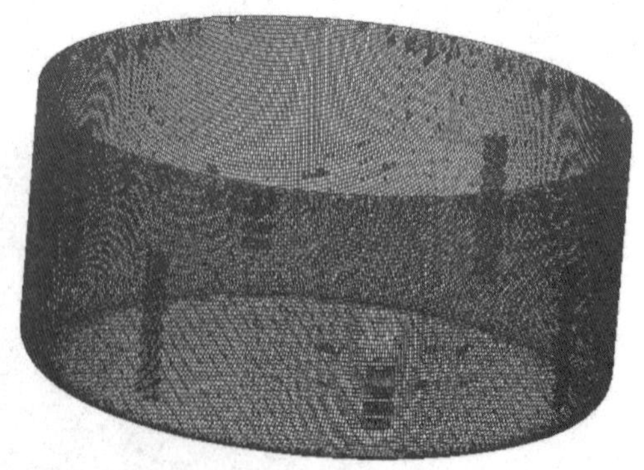

图 4.68 导入第一次拉深 dynain 文件形成的毛坯件

(2) 导入模型

根据第一次拉深工件的尺寸在CAD软件中建立第二次拉深需要的工具零件，建立过程中需注意参考面的选取，由于凸模在成形过程中与工件的内表面接触，所以其几何尺寸与工件的内表面尺寸相一致。同理，凹模的几何尺寸与工件的外表面尺寸相一致。建立完成后的实体模型图如图4.69所示。选择File→Import工具按钮，将第二次拉深的凸模、凹模以及压边圈“*.igs”模型文件导入到数据库，其相对位置如图4.70所示。

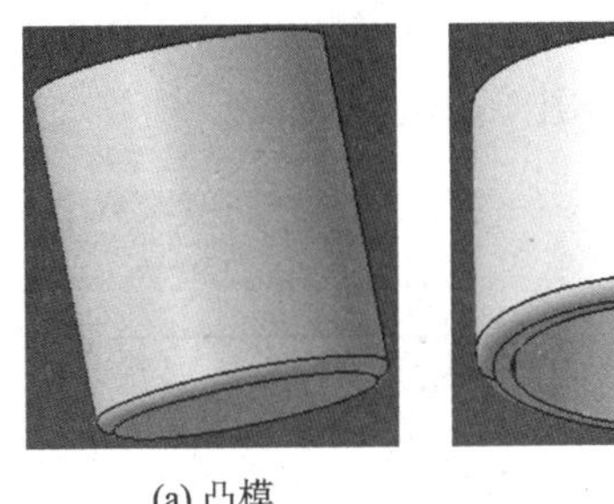

(a) 凸模

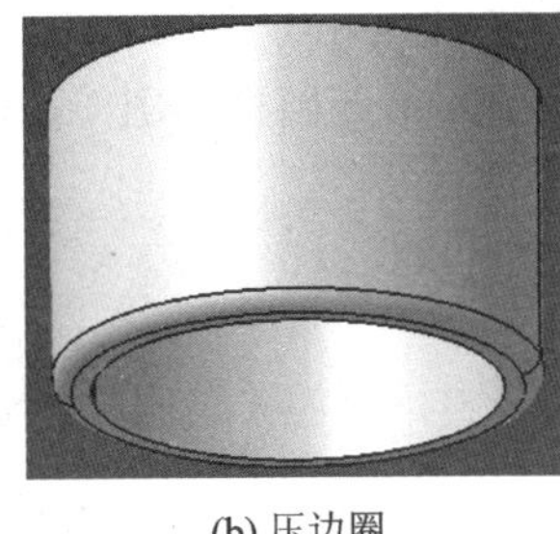

(b) 压边圈

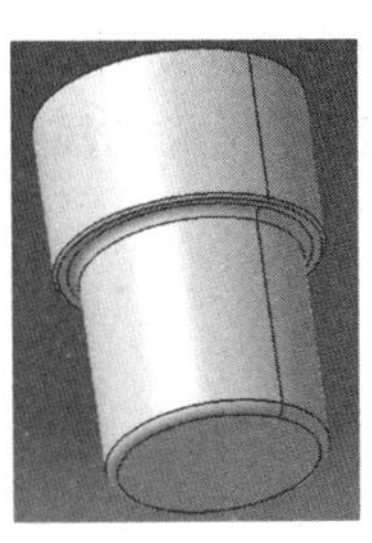

(c) 凹模

图4.69　第二次拉深工具零件实体模型

选择Parts→Edit菜单项，弹出如图4.71所示的Edit Part对话框（编辑零件层）。编辑修改各零件层的名称、编号（注意编号不能重复）和颜色，将毛坯层命名为BLANK，凸模层命名为PUNCH，压边圈层命名为BINDER，凹模层命名为DIE，单击OK按钮确定。

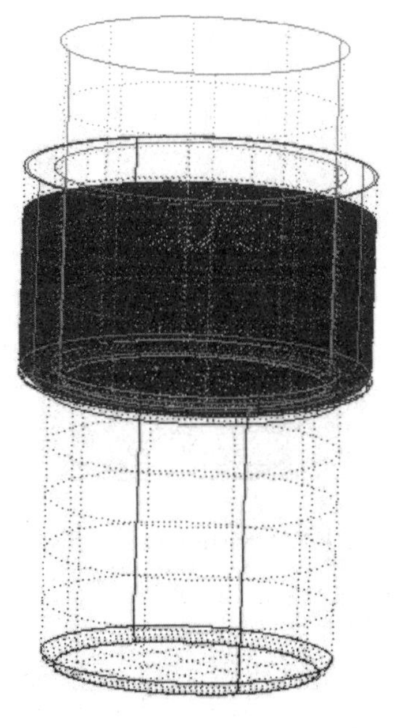

图4.70　导入模型文件

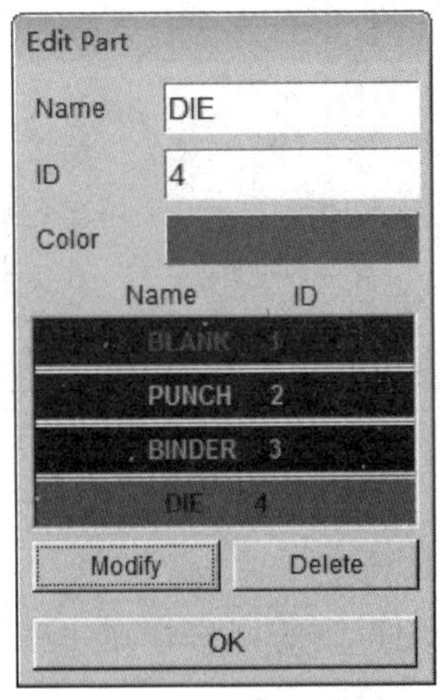

图4.71　Edit Part对话框

2. 网格划分

(1) 工具网格划分

设定当前零件层为 PUNCH 层,选择 Preprocess→Element 菜单项,弹出如图 4.72 所示的 Element 工具栏。单击图中 Surface Mesh 按钮,弹出如图 4.73 所示的 Surface Mesh 对话框,选择 Mesher 下拉列表框中的 Tool Mesh 选项,设定最大单元值(Max. Size)为 8,其他各项的值采用默认值。单击 Select Surfaces 按钮,选择需要划分的凸模零件层,分别如图 4.74 和图 4.75 所示。同理,可以划分压边圈层 BINDER 和凹模层 DIE 的网格,最后得到的单元网格如图 4.76 所示。

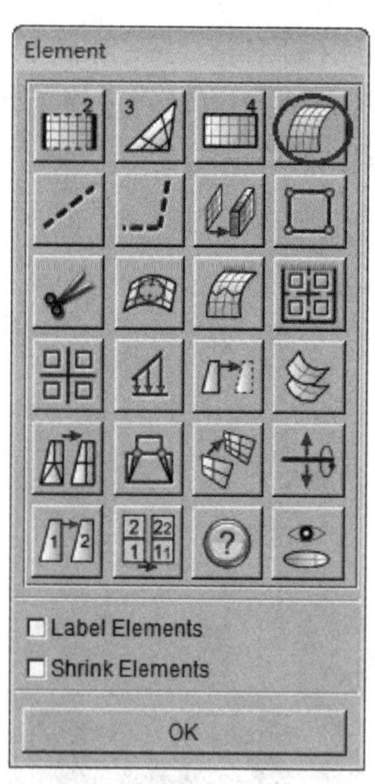

图 4.72　Element 工具栏

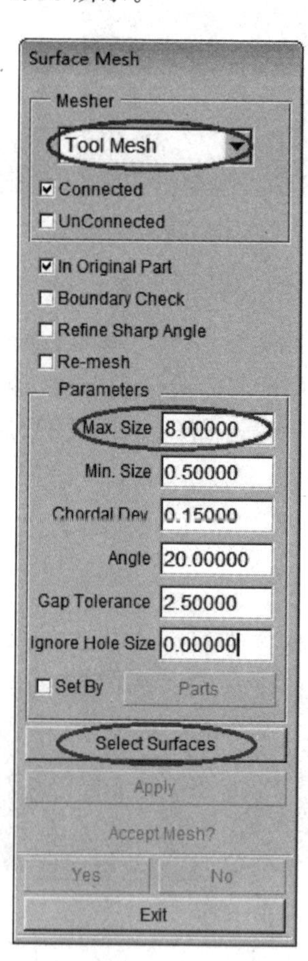

图 4.73　Surface Mesh 对话框

(2) 网格检查

为了避免得到的网格存在一些影响分析结果的潜在缺陷,需要对得到的网格单元进行检查。选择 Preprocess→Model Check/Repair 菜单项,弹出如图 4.77 所示的 Model Check/Repair 对话框。最常用的检查为以下两项。

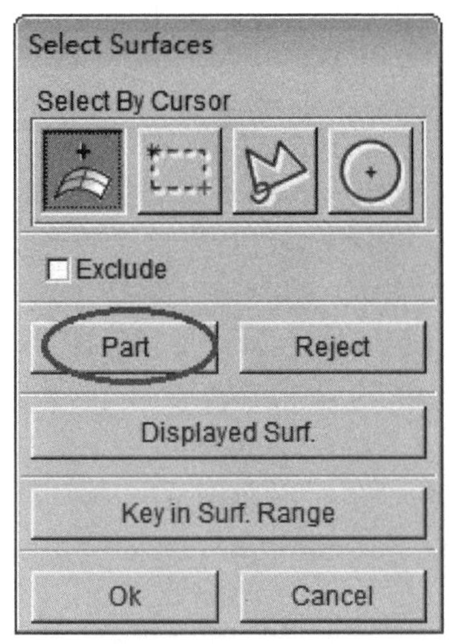

图 4.74　选择划分网格的曲面

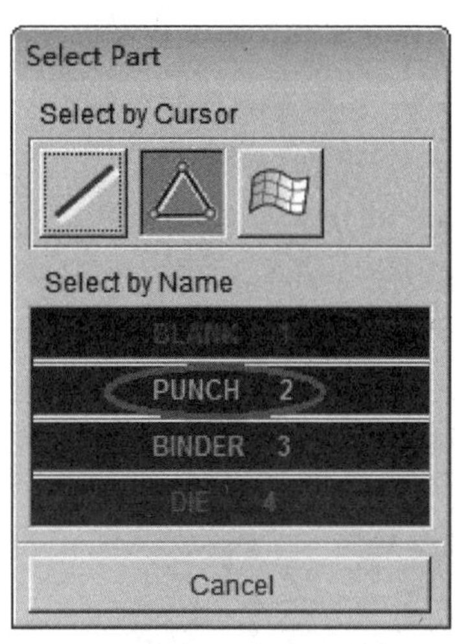

图 4.75　选择 PUNCH 层的曲面划分网格

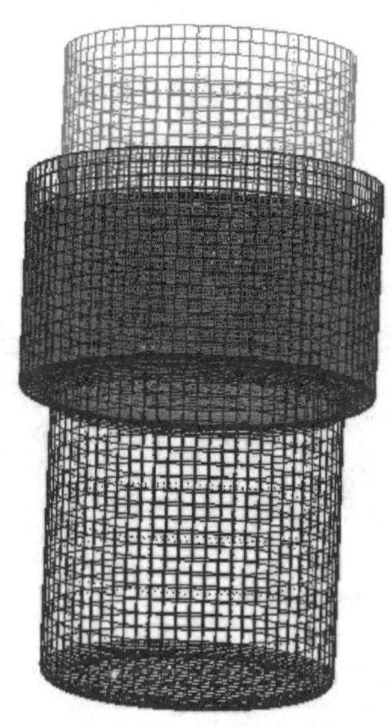

图 4.76　划分单元网格后的各工具零件层

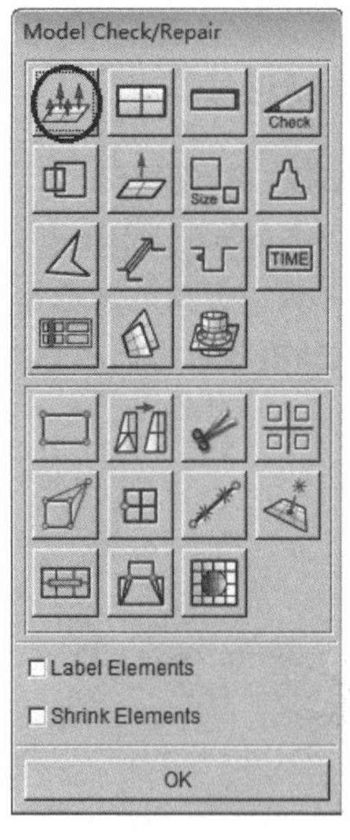

图 4.77　自动翻转单元法向检查

① 在图 4.77 中，单击 Auto Plate Normal（自动翻转单元法向）工具按钮，弹出如图 4.78 所示的对话框，单击 CURSOR PICK PART 选项，选择工具面确定法线的方向，如图 4.79 所示。

② 在图 4.77 中，单击 Boundary Display（边界线显示）工具按钮，所得结果如

图 4.80 所示。在观察边界线显示结果时，为更好地观察结果中存在的缺陷，可将曲线、曲面、单元和节点都不显示，

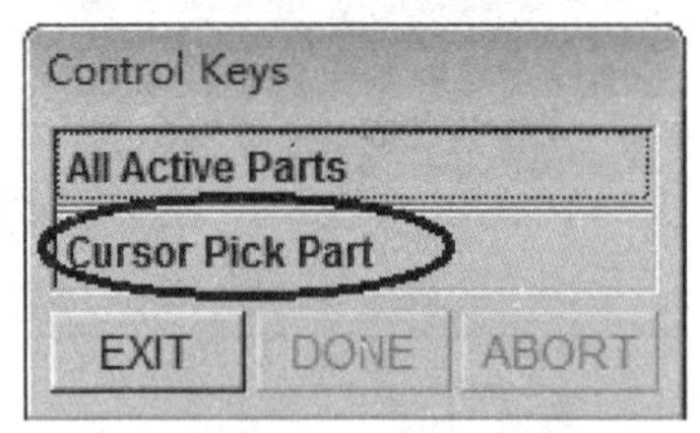

图 4.78　单元的选取方式

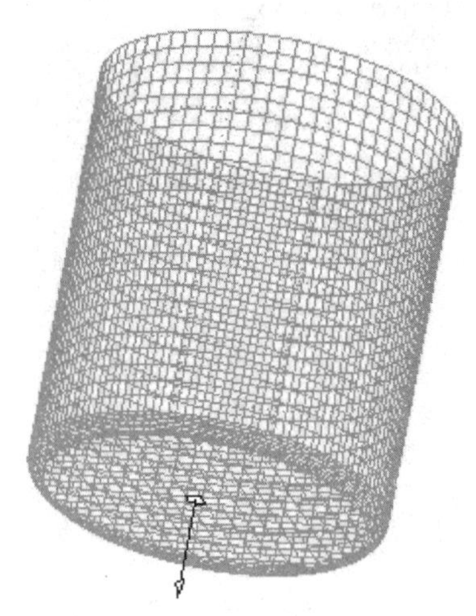

图 4.79　单元法向的选择

3. 自动设置

(1) 新建自动设置

选择 Setup→AutoSetup 菜单项，弹出如图 4.81 所示的对话框，用户可以定义基本的设置参数。模拟类型选择板料成形，毛坯厚度设定为 0.8 mm，工艺类型选择单动成形模拟，模具参考面选择 Upper&Lower 选项。

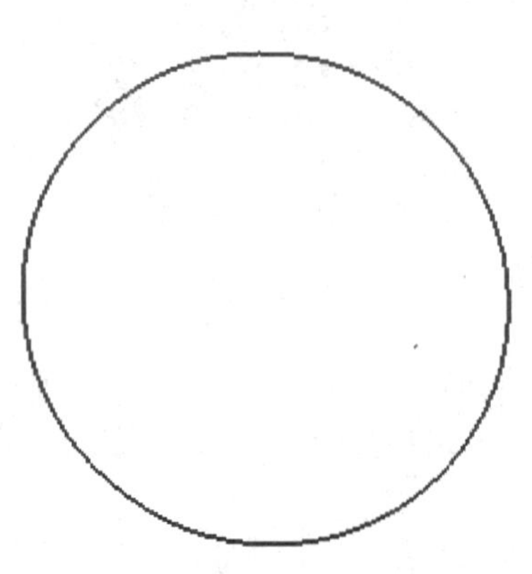

图 4.80　边界线显示项检查结果

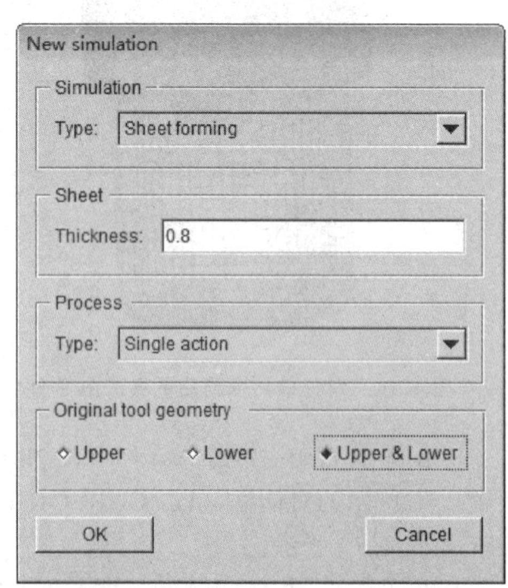

图 4.81　新建毛坯 AutoSetup 设置

(2) 毛坯设置(Blank)

单击 Sheet forming 对话框中的红色 Blank 标签,系统会进入到定义毛坯的 Blank 选项卡中,如图 4.82 所示。在该选项卡中,用户定义第二次拉深成形的毛坯部件(Part)、材料(Material)、厚度(Thickness)和属性(Property)。

① 单击 Define geometry,添加零件层 BLANK 来定义毛坯。

② 从材料库中选择毛坯的材料为不锈钢 304。

③ 厚度值为 0.8 mm,与新建自动设置时的数值一致。

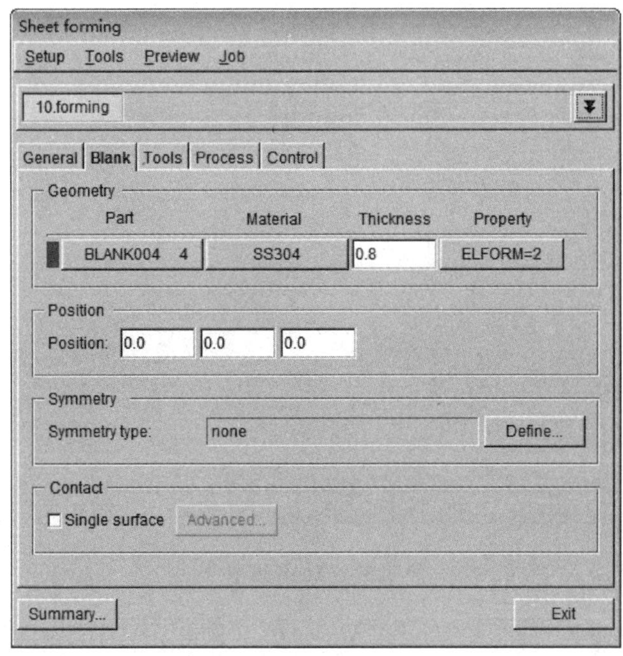

图 4.82　Blank 选项卡

(3) 工具定义(Tools)

① 单击 Sheet forming 对话框中的红色 Tools 标签,系统进入到定义工具零件的 Tools 选项卡中,如图 4.83 所示。在工具页面的左侧,系统默认定义了三个工具零件选项,die、punch 和 binder,用户分别为三个工具零件进行定义。单击 Define geometry 按钮,将三个工具零件分别添加到各自的零件层中,定义各工具零件的初始运动方向。为了使筒形件更易成形到所需要的尺寸,用户可以自定义摩擦系数来改善成形条件。对于本例而言,为了便于材料的流动,将凸模的摩擦系数设为 0.13,凹模与压边圈的摩擦系数设为 0.11。

② 三个工具零件设置完成后,单击 Position 按钮,调整工具零件间的相对位置。用户可根据自己建模中零件间的相对距离来设置具体数值进行调整,本例的设置如图 4.84 所示,单击 OK 按钮返回 AutoSetup 主页面。

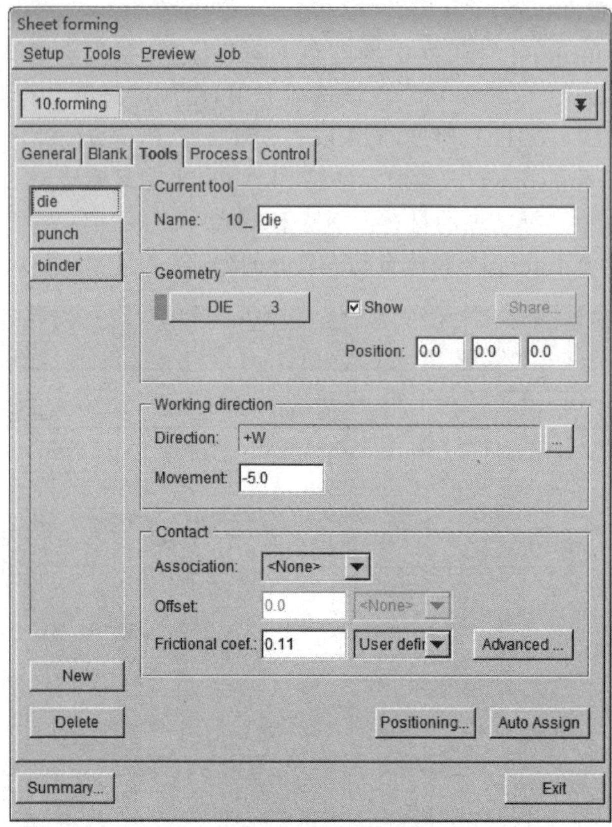

图 4.83　Tools 选项卡

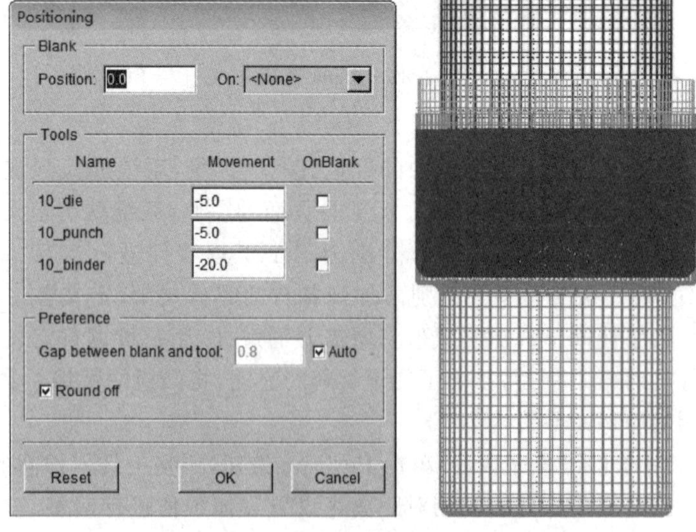

图 4.84　工具零件间相对位置调整对话框

(4) 工序定义(Process)

用户可以单击设置 Sheet forming 对话框中的 Process 标签进入设置工序的 Process 选项卡,如图 4.85 所示。本例的筒形件模拟选择的是单动成形,因此默认产生了两个工序,一个合模工序,一个是拉深工序。这两个工序都已经定义好,用户只需要设置必要的参数即可。

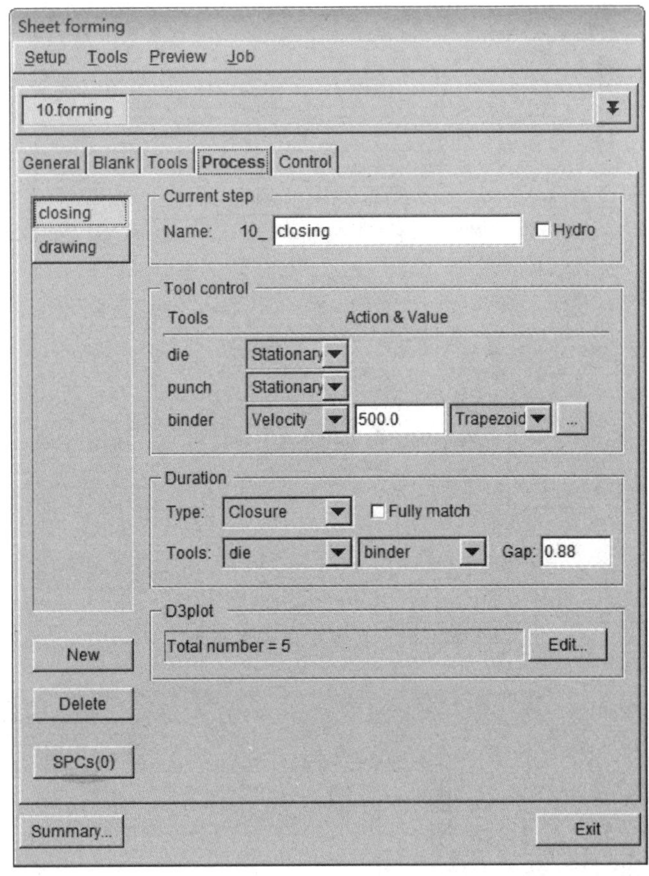

图 4.85 工序设置页面

1) 合模工序的设置

对于本例的筒形件模拟,第一步合模过程为:凹模与凸模不动,选择 Stationary 选项;压边圈采用速度控制,速度大小可作适当调整,保持匀速。采用压边圈与凹模的间隙来确定模具运动的结束,通常拉深的压边间隙值设为板料厚度的 1.1 倍,即间隙为 0.88 mm,参数设置如图 4.85 所示。

2) 拉深工序的设置

单击 drawing 选项进入拉深工序设置界面,如图 4.86 所示。对于筒形件的拉深,第一步合模后,在第二步拉深工序中,保持压边圈与凹模不动,选择 Stationary 选项，凸模采用位移控制，选择 Displcmnt 选项。单击 Displcmnt 后的 Edit 按钮，弹出如图 4.87 所示对话框。通过输入凸模位移运动曲线来控制凸模在模拟过程中的运动，凸模下降的位移根据工具零件相对位置设定(Positioning)中的数值以及毛坯成形的高度得出。

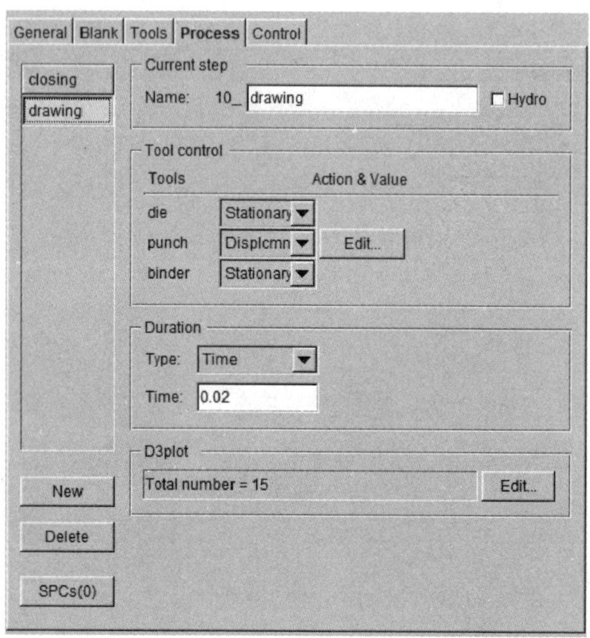

图 4.86　拉深工序设置页面

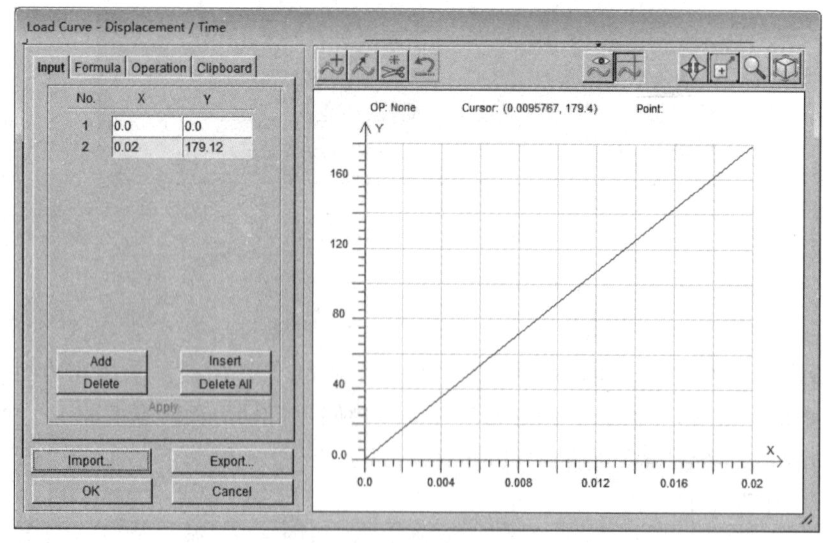

图 4.87　凸模位移曲线

单击 OK 按钮后返回拉深工序设置页面。本例通过运动时间来确定工具零件运动的结束，此处的时间应与运动曲线持续的时间保持一致。

(5) 设置控制参数并提交计算任务

勾选“自适应”选项，并预览工具零件的运动，在验证了工具零件运动的正确性后，可以对已完成的设置进行任务提交计算。

① 选项 Job→Job Submitter 菜单项，弹出“计算选项参数设置”对话框，设定文件输出目录，根据计算机配置选择计算内存，单击 OK 按钮提交任务。

② 系统计算所提交的任务时，状态显示为 Running，弹出 LS-DYNA 的计算窗口后进行后台的模拟计算。

4. 后处理

单击菜单栏中的 PostProcess 选项进入 DYNAFORM 后处理界面。选择 File→Open 菜单项，浏览到保存结果文件的目录，选择 d3plot 文件，单击 Open 按钮读入结果文件。

(1) 绘制变形过程

系统默认的绘制状态是绘制变形过程（Deformation），可在 Frames（帧）下拉列表框中选择 All Frames 选项，然后单击“播放”按钮用以动画的形式显示过程的变化，也可以选择 Single Frame 选项对过程中的每个步骤进行观察，如图 4.88 所示。选择最后一个工步，并隐藏工具零件，单独显示工件的最终结果如图 4.89 所示。

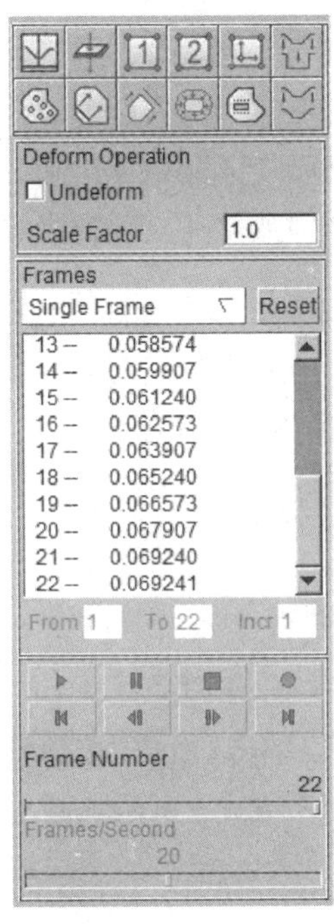

图 4.88　绘制变形过程

图 4.89　筒形件最终成形图

(2) 测量工件最终成形尺寸

单击标尺按钮,测量工件的直径和拉深高度,如图 4.90 所示。直径数值约为 174.095 mm,由于是以材料的中间层进行测量的,加上计算结束后工件的厚度 0.7 mm,直径约为 174.795 mm,拉深高度约为 149.454 mm,模拟计算结果与筒形件设计尺寸相近。

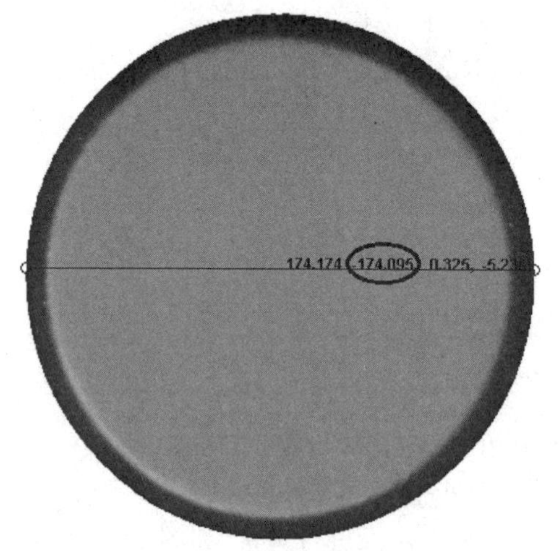

(a) 工件的直径值

(b) 工件的拉深高度值

图 4.90 工件结果的测量

(3) 绘制厚度变化过程和成形极限图

分别单击图 4.91 中 Forming Limit Diagram 按钮和 Thickness 按钮,可绘制成形过程中工件的成形极限图和毛坯厚度的变化过程,分别如图 4.92 和图 4.93 所示。选择单帧对过程中的步骤进行观察,查看成形结果。

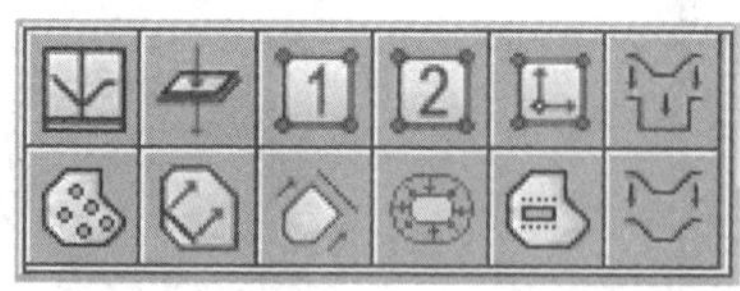

图 4.91 成形过程控制工具按钮

(4) 导出筒形件成形过程动画

在 Frames(帧)下拉列表框中选择 All Frames 选项,单击"播放"按钮 ▶ ,待工件成形过程演示一遍后,红色"录像"按钮 ● 亮显,如图 4.94 所示。单击此按钮,选择动画录像保存的路径进行保存,如图 4.95 所示。

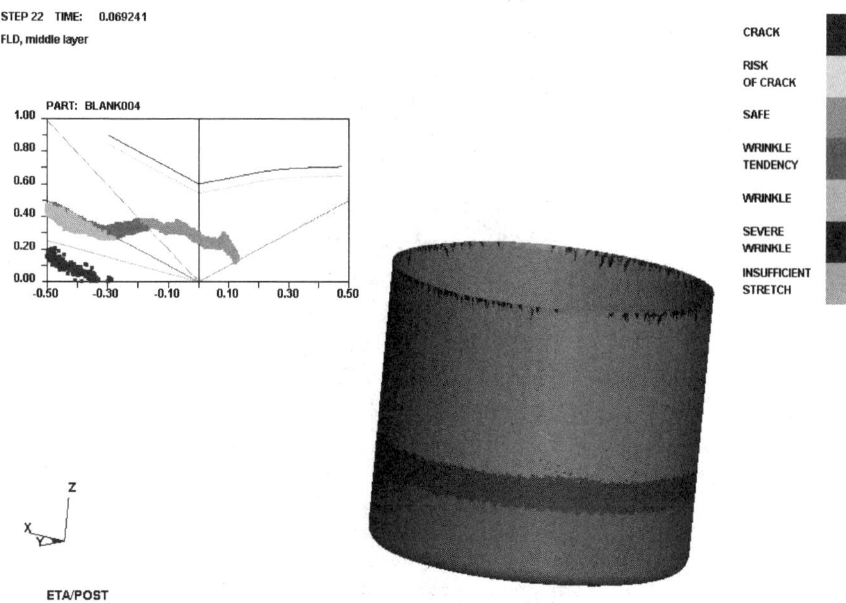

图 4.92　筒形件第二次拉深成形后的 FLD

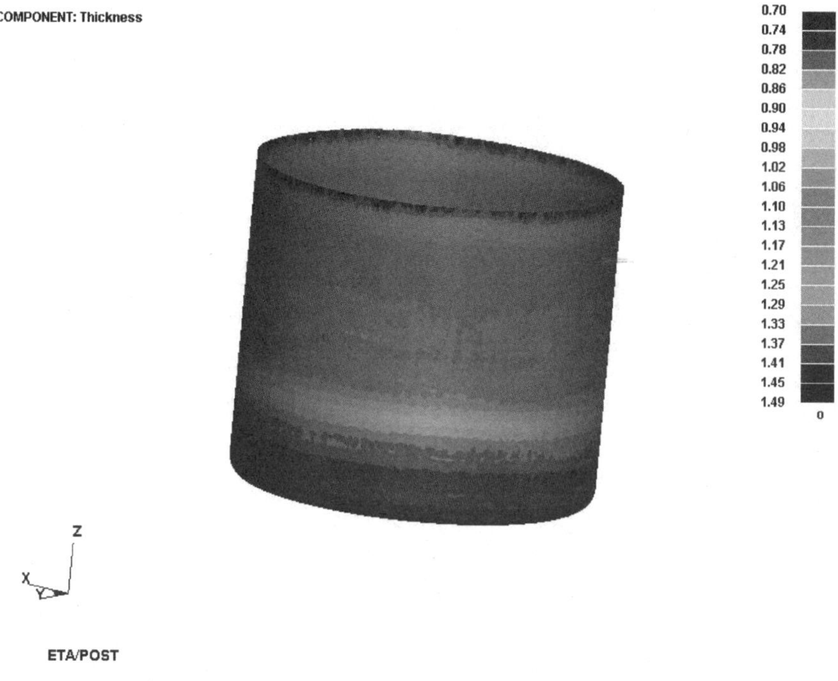

图 4.93　筒形件第二次拉深成形后的壁厚分布情况

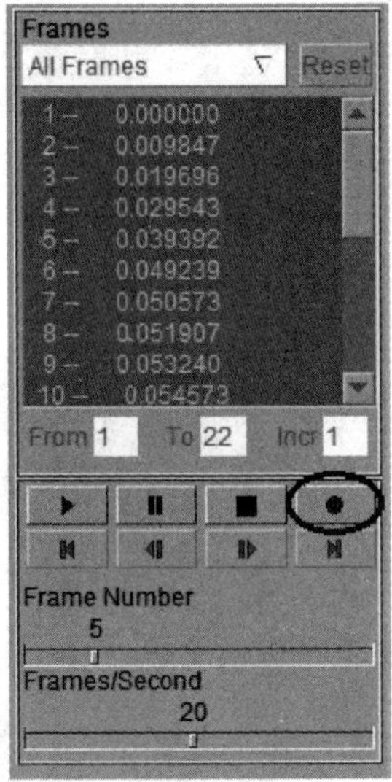

图 4.94　变形过程绘制选项

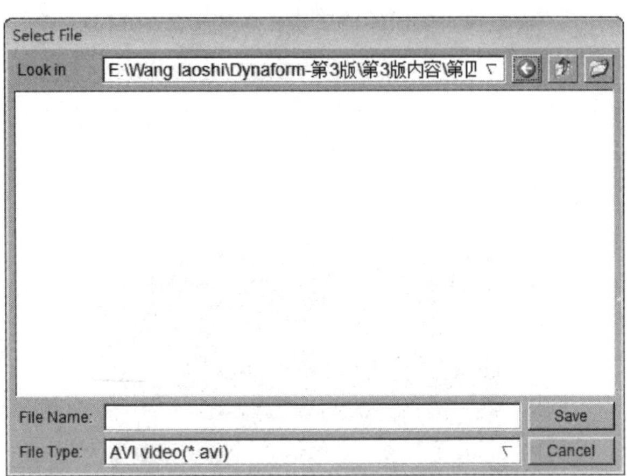

图 4.95　动画录像保存路径

第5章　V形件弯曲回弹过程分析

在板料成形中，回弹是模具设计中要考虑的关键因素，工件的最终形状取决于成形后的回弹。回弹现象主要表现为整体卸载回弹、切边回弹和局部卸载回弹。当回弹量超过允许容差后，就成为成形缺陷，影响工件的几何精度。因此回弹一直是影响、制约模具和产品质量的重要因素。随着汽车工业和航空工业的发展，对薄板壳类工件成形精度的要求越来越高，特别是近来由于高强度薄钢板和铝合金板材的大量应用，回弹问题更为突出，成为汽车和飞机等行业关注的热点问题。

5.1　V形件弯曲回弹的工艺分析

弯曲回弹是研究材料回弹的常用方法。弯曲回弹是指当外加弯矩卸去后，板料产生弹性恢复，消除一部分弯曲变形的效果。弯曲回弹的表现形式有以下两种[1]。

1. 曲率减小

卸载前板料中性层的曲率半径为ρ，卸载后增加至ρ_0。曲率则由卸载前的$\frac{1}{\rho}$，减小至卸载后的$\frac{1}{\rho_0}$。如以Δk表示曲率的减少量，则

$$\Delta k=\frac{1}{\rho}-\frac{1}{\rho_0}$$

其中：

$$\rho_0=\frac{\rho}{1-\frac{D}{E}-\frac{3\sigma_c}{E}\cdot\frac{\rho}{t}}$$

式中，ρ为曲率半径；D为材料的应变强化模数；E为弹性模量；σ_c为材料应力-应变曲线方程中细颈点处切线在纵坐标轴上的截距；t为厚度。

2. 弯角减小

卸载前板料变形区的张角为α，卸载后减小至α_0，所以角度的减小为$\Delta\alpha=\alpha-\alpha_0=\left(\frac{3\sigma_c}{E}\cdot\frac{\rho}{t}+\frac{D}{E}\right)\alpha$。

Δk与$\Delta\alpha$即为弯曲板料的回弹量。影响回弹的因素很多，主要包括：① 材料的机械性能，② 相对弯曲半径$\frac{\rho}{t}$，③ 弯曲角度α，④ 弯曲条件，⑤ 模具几何参数，⑥ 弯

曲件的几何形状。

在 DYNAFORM 中有如下两种回弹分析方法。

① Dynain 法:分两个步骤,在工件的成形阶段用有限元显示算法求解,得到最终的成形结果。然后把计算结果(dynain 文件)导入到软件中,设置回弹模型并采用有限元隐式算法进行回弹计算。

② Seamless 法:在工件进行成形分析时设置 Seamless,在成形计算完成后,无须人为地把计算结果导入到软件中,solver 会自动进行回弹计算。

本章以常用的 V 形件为研究对象,以 Dynain 法为例讲述运用 DYNAFORM 进行弯曲回弹的分析过程。V 形件材料为 LY12M,规格为 100 mm×30 mm,厚度为 1.4 mm,弯曲角度为 90°,曲率半径为 8 mm。弯曲过程如图 5.1 所示。

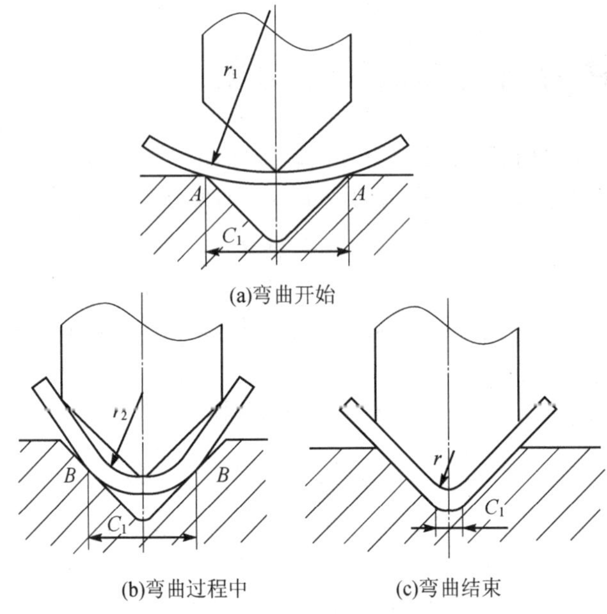

图 5.1　弯曲过程示意图

5.2　创建三维模型

利用 CATIA、Pro/ENGINEER、SolidWorks 或者 Unigraphics 等 CAD 软件建立毛坯轮廓线和下模 DIE(实际为下模 DIE 和压边圈 BINDER 的集合体)的实体模型,分别如图 5.2 和图 5.3 所示。将所建立模型的文件以“*.igs”格式进行保存。由于所建立的下模在成形过程中与工件的外表面接触,所以其几何尺寸与工件的外表面尺寸一致。

图 5.2　毛坯轮廓线

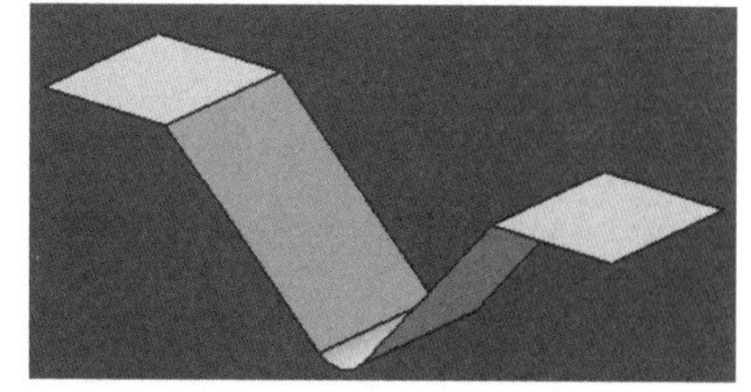

图 5.3　下模模型图

5.3　数据库操作

数据库操作步骤如下所述。

1. 创建 DYNAFORM 数据库

选择 File→New 菜单项，再选择 File→Save as 菜单项，修改默认文件名，将所建立的新的数据库保存在自己设定的目录下。

2. 导入模型

选择 File→Import 菜单项，将上面所建立的"*.igs"下模模型文件和毛坯轮廓线文件导入到数据库中，如图 5.4 所示。选择 Parts→Edit 菜单项，弹出如图 5.5 所示的 Edit Part 对话框，编辑修改各零件层的名称、编号(注意编号不能重复)和颜色，将毛坯层命名为 BLANK，将下模层命名为 DIE，单击 OK 按钮确定。

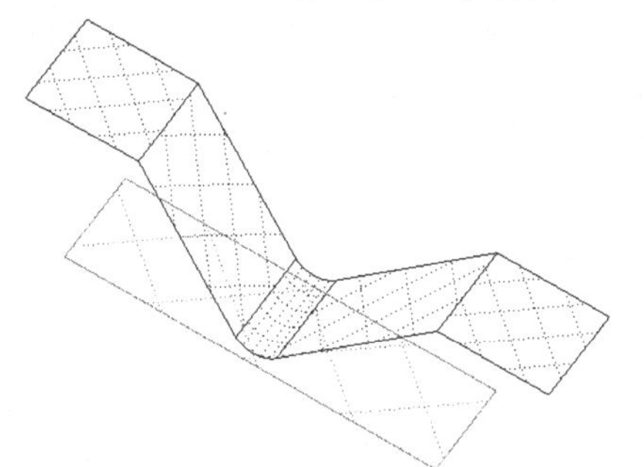

图 5.4　导入模型文件

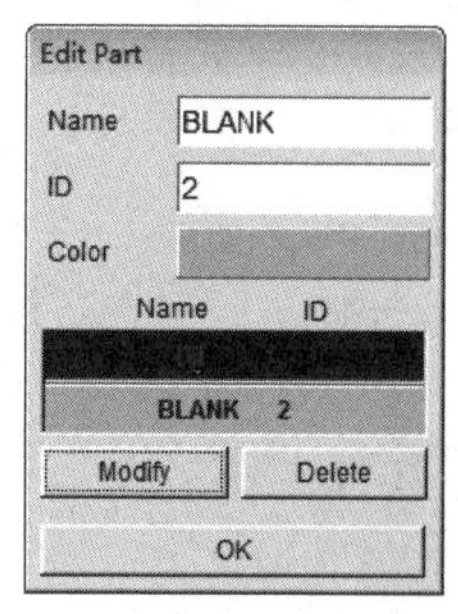

图 5.5　编辑工具零件层

5.4　网格划分

网格划分的操作步骤如下所述。

1. 毛坯网格划分

在确保当前文件层为毛坯零件层的前提下，选择 BSE→Preparation 菜单项，弹出如图 5.6 所示的 BSE Preparation 对话框。单击 Part Mesh 选项，弹出如图 5.7 所示的 Surface Mesh 对话框，单击 Select Surfaces 按钮，弹出如图 5.8 所示的 Select Surfaces 对话框，单击 Part 按钮，弹出如图 5.9 所示的 Select Part 对话框，选择 BLANK，单击 Apply 按钮接受网格划分，得到的毛坯网格如图 5.10 所示。

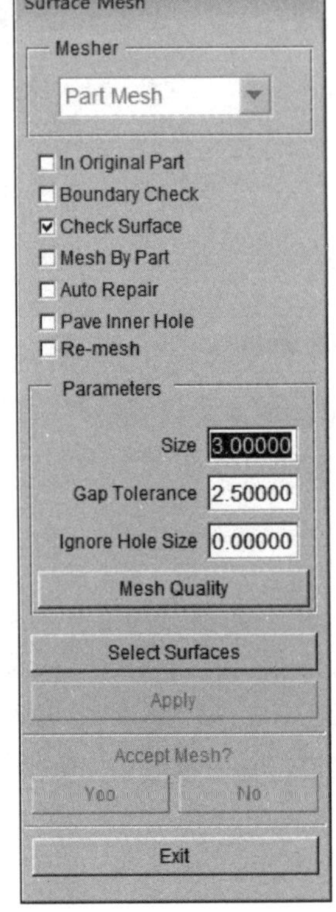

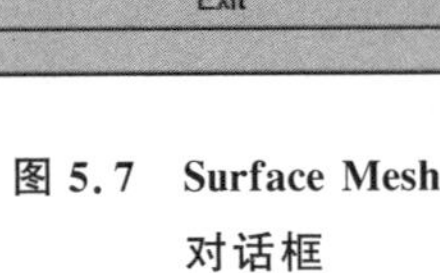

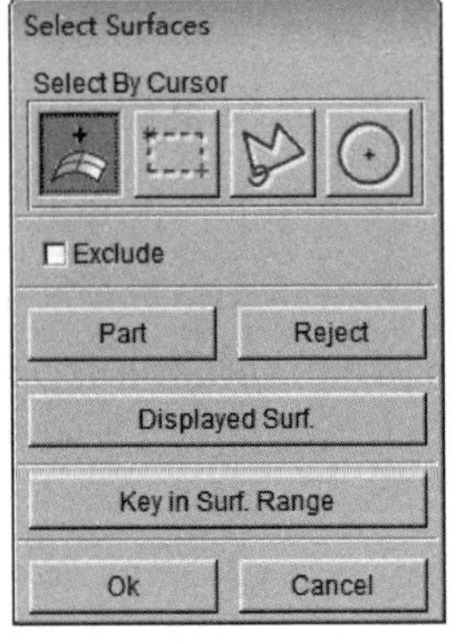

图 5.6 BSE Preparation 对话框

图 5.7 Surface Mesh 对话框

图 5.8 Select Surfaces 对话框

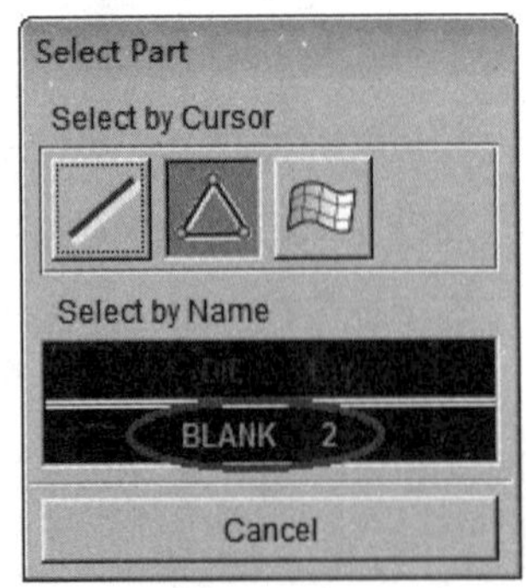

图 5.9 Select Part 对话框

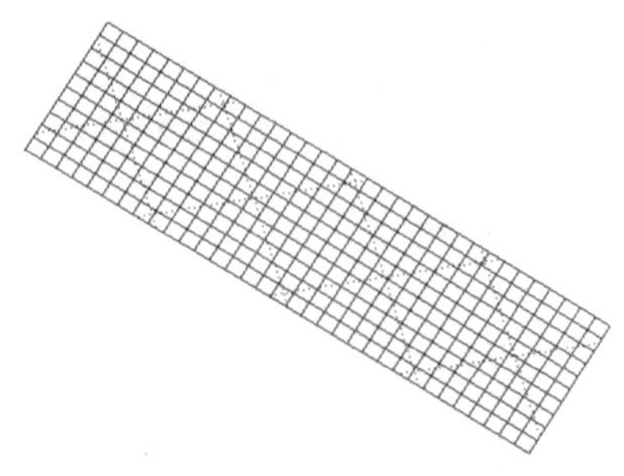

图 5.10 毛坯单元网格

2. 工具零件网格划分

设定当前零件层为 DIE 层，选择 Preprocess→Element 菜单项，弹出如图 5.11 所示的 Element 工具栏。单击工具栏中所圈的 Surface Mesh 按钮，弹出如图 5.12 所示的 Surface Mesh 对话框。一般划分模具网格采用的是连续的工具网格划分(Connected Tool Mesh)。上述在对毛坯进行网格单元划分时也可采用这里的 Part Mesh 网格划分。在 Surface Mesh 对话框中设定 Max. Size(最大单元值)为 2，其他各项的值采用默认值。单击 Select Surfaces 按钮，选择需要划分的曲面，操作如图 5.13 和图 5.14 所示，最后所得到的网格单元如图 5.15 所示。

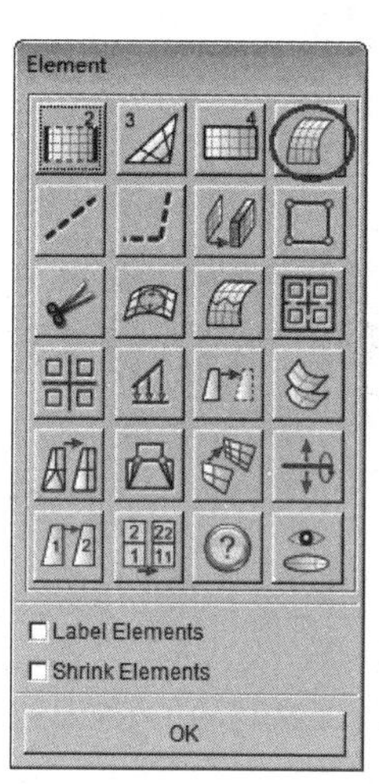

图 5.11　Element 工具栏

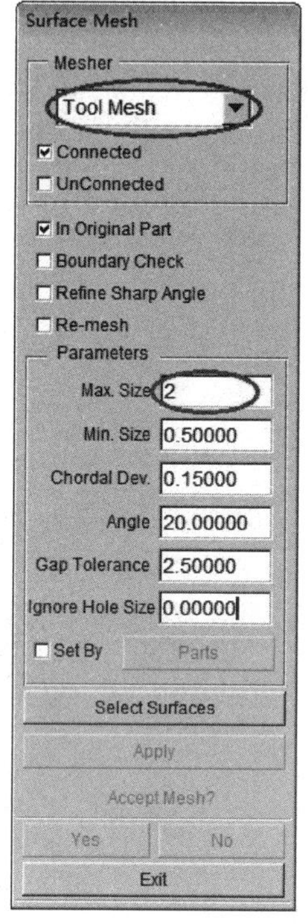

图 5.12　Surface Mesh 对话框

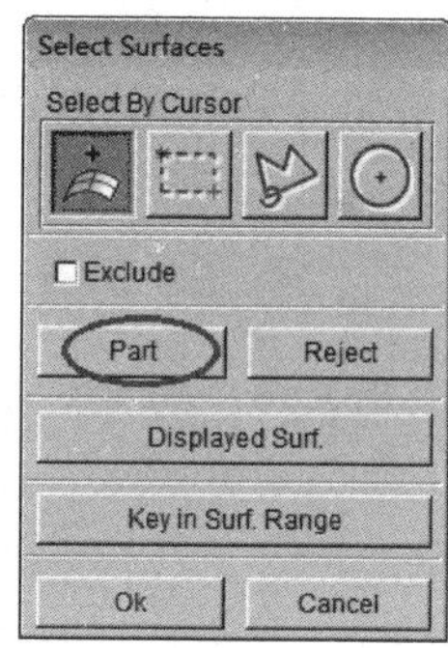

图 5.13　选择划分网格的曲面

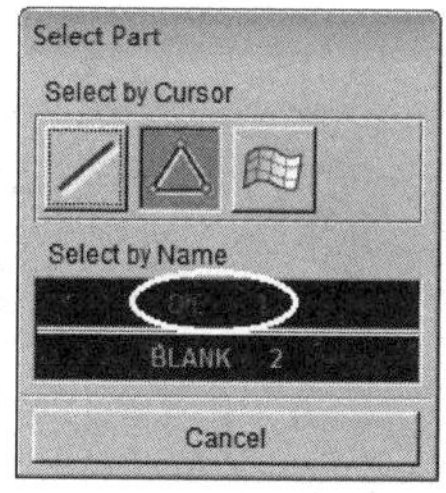

图 5.14　选择 DIE 层的曲面划分网格

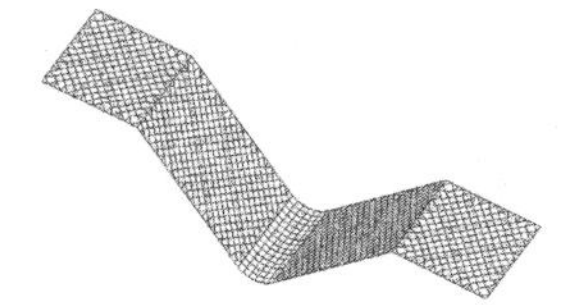

图 5.15　DIE 划分网格单元

3. 网格检查

为了防止自动划分所得到的网格存在一些影响分析结果的潜在缺陷,需要对得到的网格单元进行检查。选择 Preprocess→Model Check/Repair 菜单项,弹出如图 5.16 所示的 Model Check/Repair 工具栏。最常用的检查为以下两项。

① 在 Model Check/Repair 工具栏中,单击 Auto Plate Normal(自动翻转单元法向)工具按钮,弹出如图 5.17 所示的 Control Keys 对话框。单击 Cursor Pick Part 选项,拾取工具面,弹出如图 5.18 所示的对话框,单击 Yes 按钮确定法线的方向。

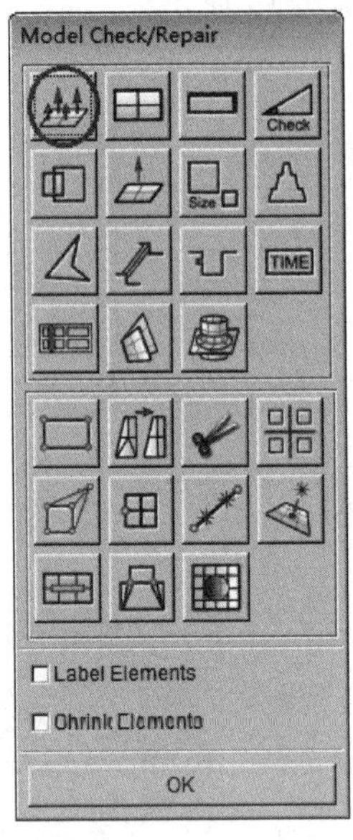

图 5.16 自动翻转单元法向检查

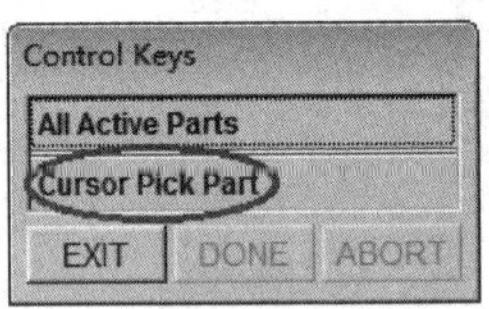

图 5.17 单元的选取方式

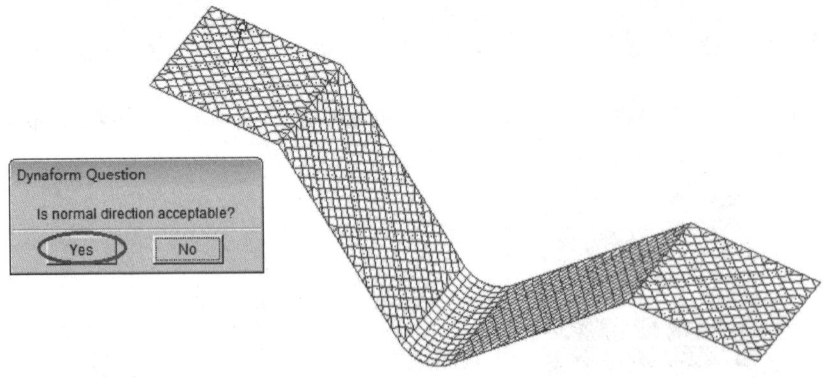

图 5.18 单元法向选择的操作

② 在 Model Check/Repair 工具栏中，单击 Boundary Display（边界线显示）工具按钮，弹出如图 5.19 所示的 Model Check/Repair 工具栏，此时边界线高亮显示。在观察边界线显示结果时，为更好地观察结果中存在的缺陷，可将曲线、曲面、单元和节点都不显示，所得结果如图 5.20 所示。

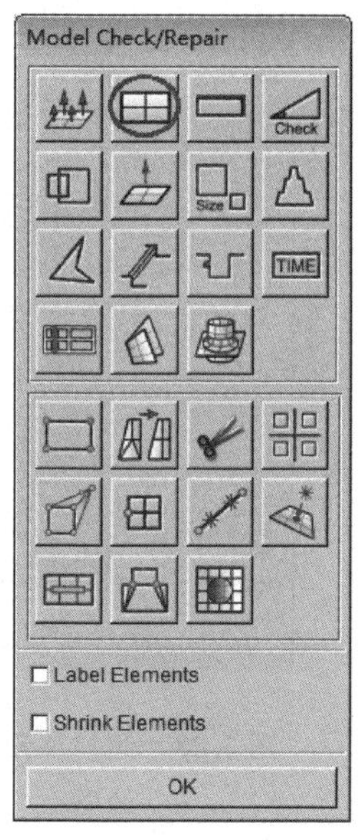

图 5.19　边界线显示项检查

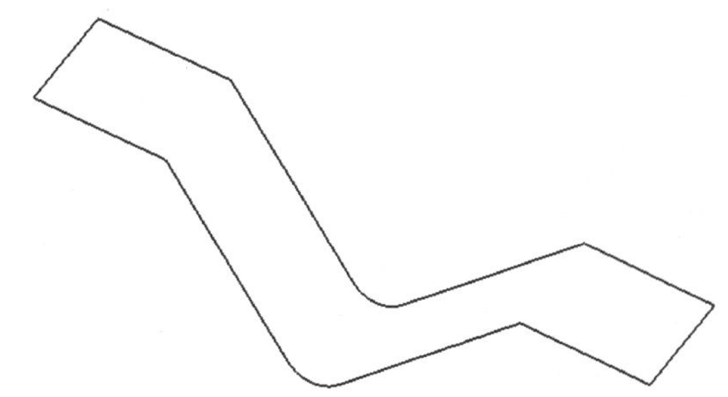

图 5.20　边界线显示项检查结果

5.5　快速设置

快速设置的操作步骤如下所述。

1. 创建 BINDER 层及网格划分

选择 Parts→Create 菜单项，弹出如图 5.21 所示的 Create Part 对话框，创建一个新工具零件层，命名为 BINDER 作为压边圈零件层，同样系统自动将新建的工具零件层设置为当前工具零件层。选择 Parts→Add... to Part 菜单项，弹出如图 5.22 所示的 Add... To Part 对话框，单击 Element(s)选项，选择下模的法兰部分，添加网格到 BINDER 零件层，弹出如图 5.23 所示的对话框。单击 Spread 按钮，选择通过向四周发散的方法，与 Angle 滑动条配合使用，如果被选中的单元的法矢量和与其相邻单元的法矢量之间的夹角不大于给定的角度 1°，相邻的单元就被选中。选择 BINDER 作为目标工具零件层，网格划分的最终结果如图 5.24 所示。

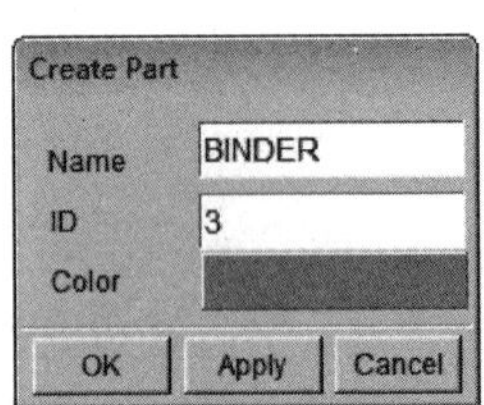

图 5.21 创建 BINDER 零件层

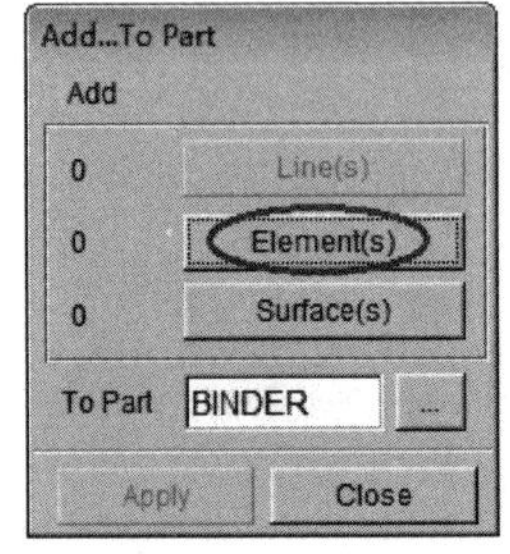

图 5.22 Add... To Part 对话框

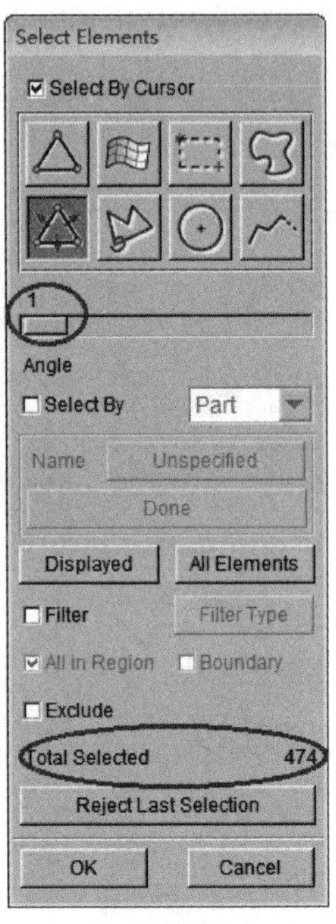

图 5.23 添加单元的选取

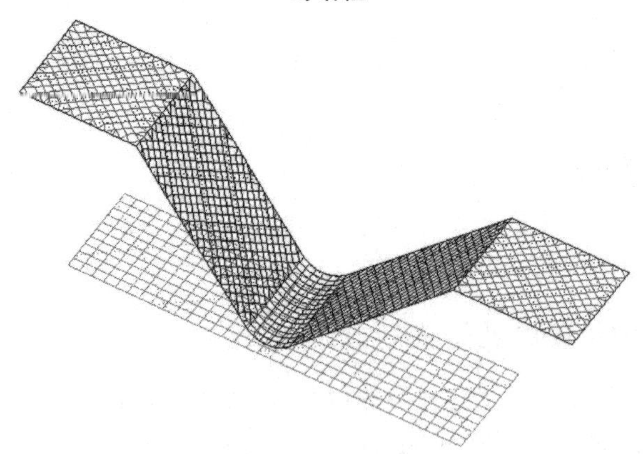

图 5.24 网格划分的最终结果

2. 分离 DIE 和 BINDER 层

经过上述的操作后，DIE 和 BINDER 零件层拥有了不同的单元组，但是它们沿着共同的边界处还有共享的节点，因此需要将它们分离开来，使得它们能够拥有各自独立的运动。选择 Parts→Separate 菜单项，弹出如图 5.25 所示的 Select Part 对话框，分别单击 DIE 和 BINDER 零件层，单击 OK 按钮结束分离。关闭除 BINDER 外

的所有零件层，察看所得的压边圈，结果如图 5.26 所示。

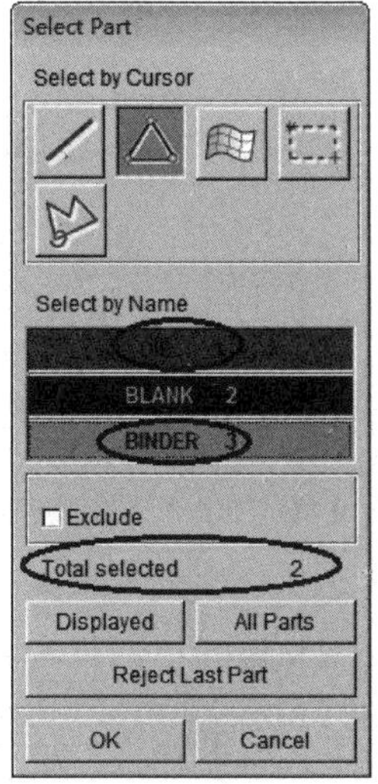

图 5.25　分离 DIE 和 BINDER 零件层

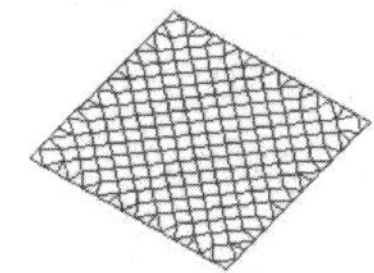

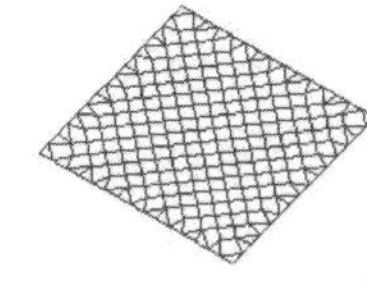

图 5.26　压边圈

3. 快速设置界面

选择 Setup→Draw Die 菜单项。如图 5.27 所示，未定义的工具以红色高亮显

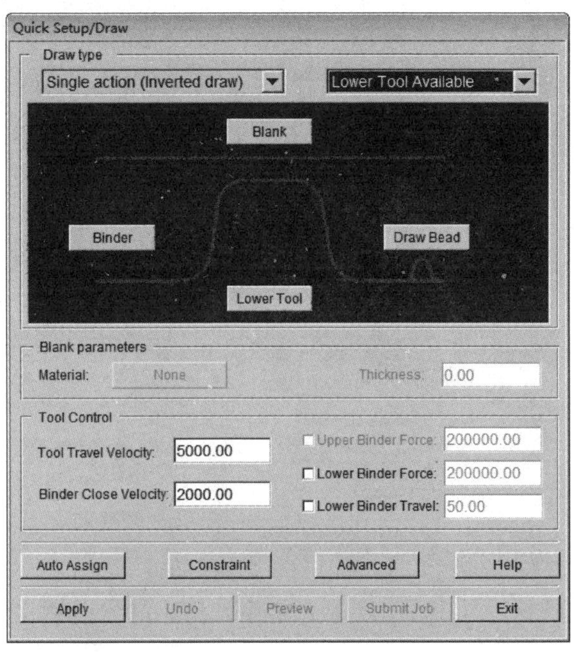

图 5.27　Quick Setup/Draw(快速设置)对话框

示。用户首先确定 Draw Type 和 Available tool 选项的类型。此例中拉延类型为 Single action(Inverted draw),Lower Tool Available(下模可用)。通过单击相应工具名称按钮来定义工具和材料。

4. 定义工具零件

由于在前面的工具零件编辑中,各工具零件层的命名与工具零件定义中默认的工具零件名相同,所以可以单击快速设置界面中的 Auto Assign 按钮自动定义工具零件。

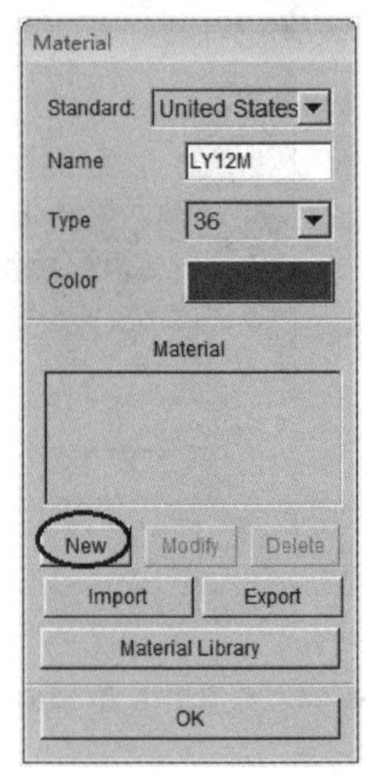

图 5.28　定义毛坯的操作

5. 定义毛坯材料

单击 Quick Setup/Draw 对话框中 Blank parameters 选项区域的 None 按钮,弹出如图 5.28 所示的 Material 对话框。单击 New 按钮弹出"材料属性输入"对话框。将 LY12M 的材料属性输入对应的文本框,单击 OK 按钮确认退出。在 Thickness 文本框中输入 1.4 mm,作为材料厚度。参数定义完成后的设置界面如图 5.29 所示。

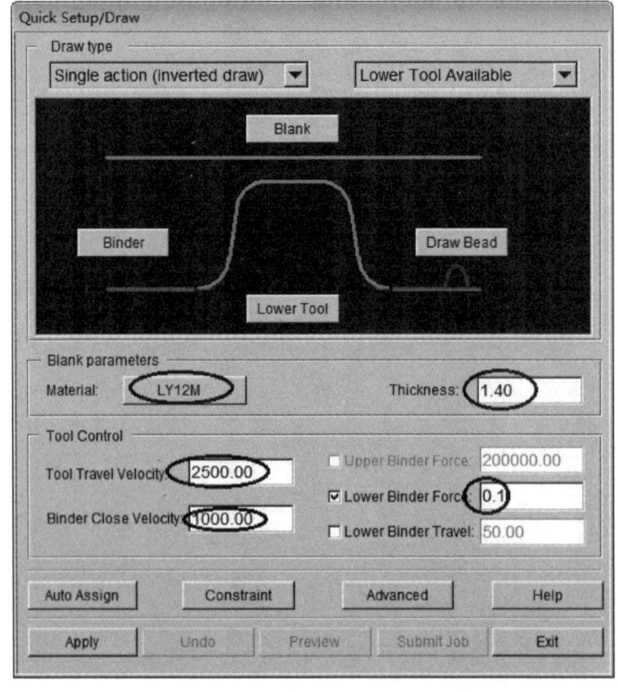

图 5.29　参数定义完成后的设置界面

5.6　分析求解

单击图 5.29 中的 Submit Job 按钮弹出 Analysis 对话框，如图 5.30 所示。单击 Analysis 对话框中的 Control Parameters按钮，弹出如图 5.31 所示的 DYNA3D CONTROL PARAMETERS 对话框。对于新用户，建议使用默认控制参数，单击 OK 按钮。对于 Adaptive Parameters选项，同样采用默认值。

Analysis 对话框中的 Analysis Type 下拉列表框中选择 Job Submitter 选项以提交作业。选中 Specify Memory 复选项，输入内存数量为 256 MB，然后单击 OK 按钮开始计算。

等计算完成后，保存计算结果并继续下面的操作。

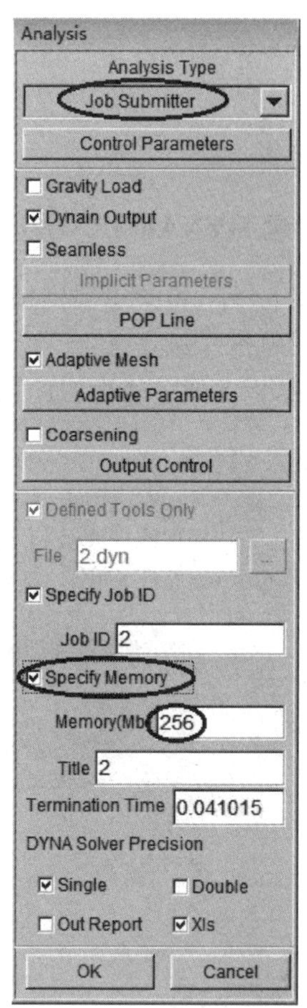

图 5.30　Analysis 对话框

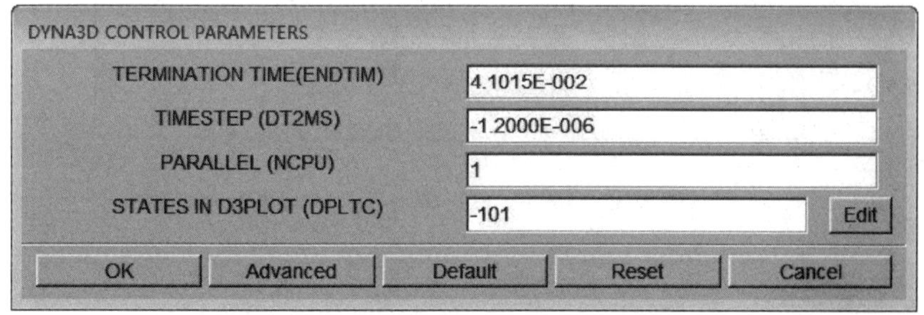

图 5.31　CONTROL PARAMETERS 对话框

5.7 回弹计算

具体操作步骤如下所述。

1. 创建 DYNAFORM 数据库

选择 File→New 菜单项,然后选择 File→Save as 菜单项,修改默认文件名,将所建立的新的数据库保存在自己设定的目录下,注意该目录应该与上面进行成形计算的目录不同,以免覆盖前面的计算结果,发生错误。

2. 导入模型

选择 File→Import 菜单项,修改文件类型为 DYNAIN(*. dynain),找到上步计算得到的 dynamic 文件,如图 5.32 所示。

图 5.32 Import File(模型导入)对话框

3. 定义毛坯

选择 Setup→Spring Back 菜单项,弹出“回弹设置”对话框。单击 Blank 按钮,弹出Define Blank 对话框,单击 Select Part 选项和 Add 按钮(分别如图 5.33(a)和(b)所示),弹出 Select Part 对话框(如图 5.33(c)所示),选择刚才导入的工件,单击 OK 按钮,然后退出毛坯定义。主要过程如图 5.33 所示。

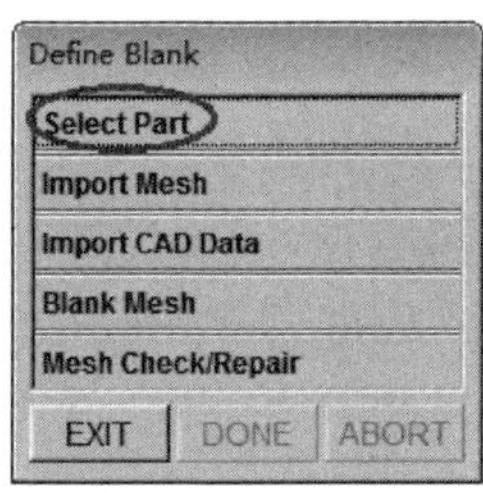

(a) 选择Select Part选项

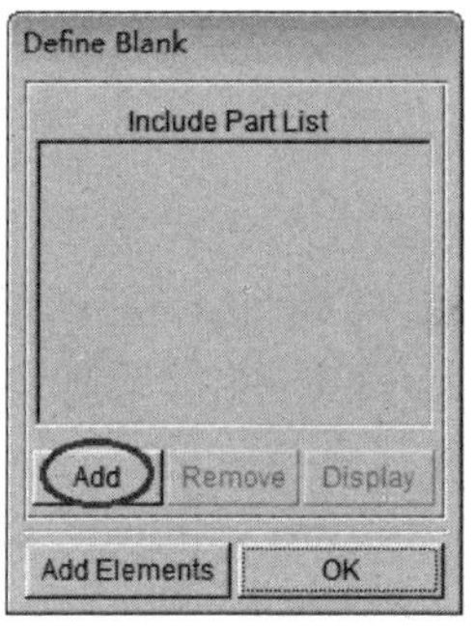

(b) 单击Add按钮

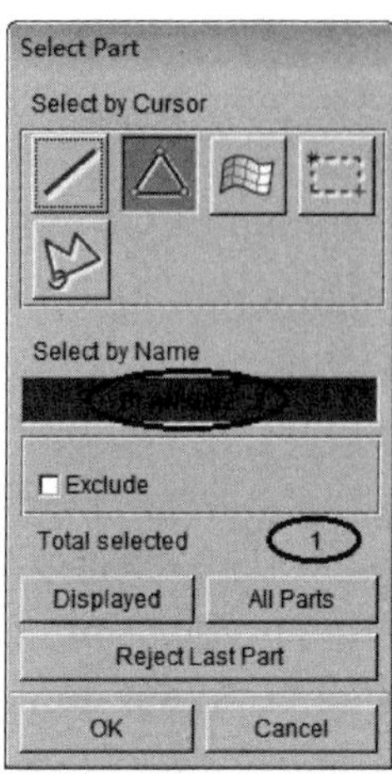

(c) 选择毛坯

图 5.33　毛坯定义过程

4. 设置材料参数

单击 Material 选项的 None 按钮，弹出如图 5.34 所示的 Material（材料选择）对话框。单击 New 按钮弹出 Material（材料属性）对话框，如图 5.35 所示，输入 LY12M 的材料参数，注意材料参数必须与成形过程的材料参数相同。修改材料厚度为 1.4 mm。

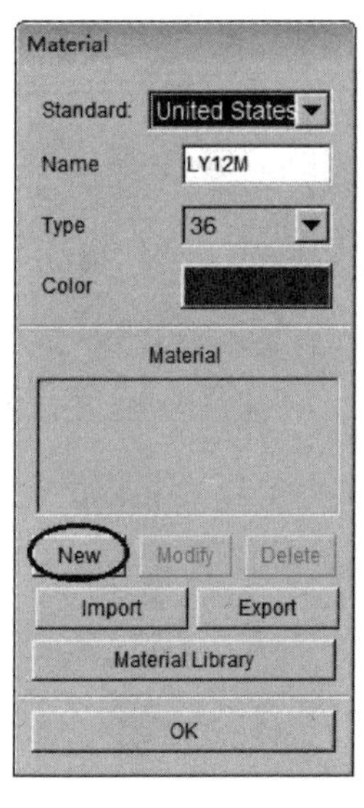

图 5.34　Material 对话框

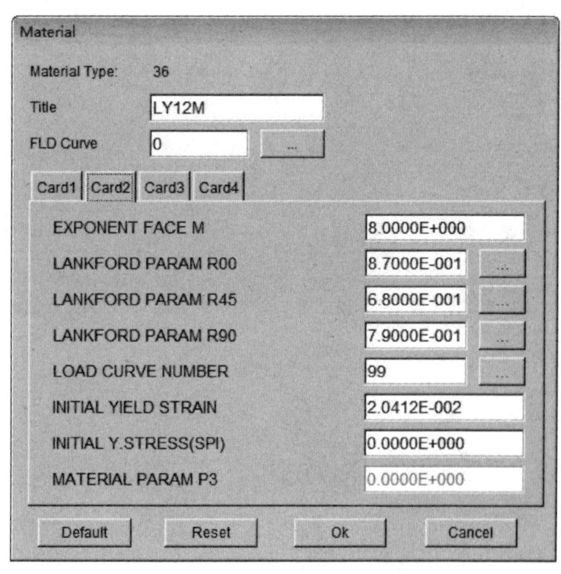

图 5.35　材料属性设置对话框

5. 求解算法选择

在回弹计算中，DYNAFORM 提供了两种算法：Sing-Step Implicit（单步隐式）和 Multi-step Implicit（多步隐式），这里选择 Sing-Step Implicit 算法，参数定义完成后的设置界面如图 5.36 所示。

6. 自适应网格处理

在 Spring Back 对话框中，选中 Coarsening（网格粗化）复选框，粗化允许把相邻的法向夹角小于给定角度的单元合起来，粗化后的网格可以减少计算时间和不稳定性，有利于回弹计算的收敛。设置完成后，单击 Submit Job 按钮，弹出 Analysis 对话框（如图 5.37 所示），在 Analysis Type（分析类型）下拉列表框中选择 Job Submitter 选项，在 Title 文本框中输入“90 - 8”，单击 OK 按钮进行计算。

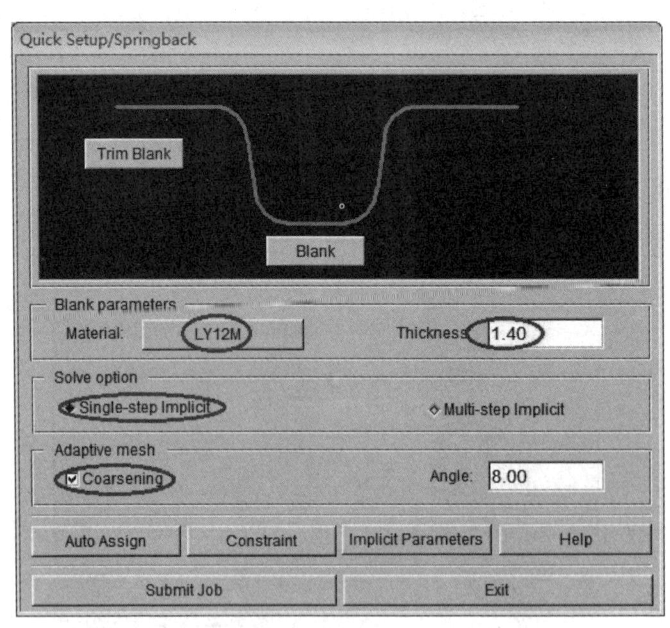

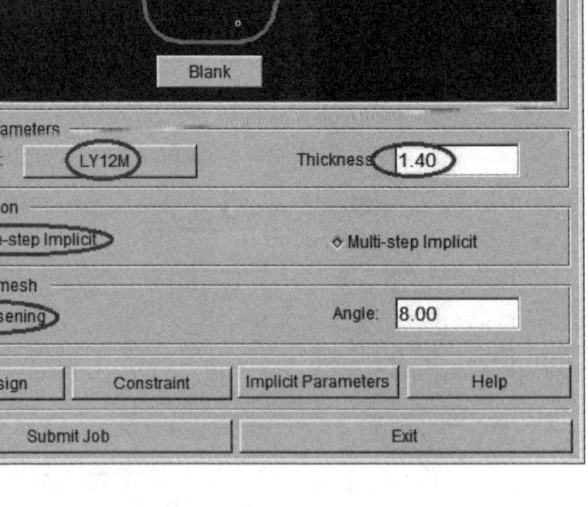

图 5.36 Quick Setup/Spring back 对话框

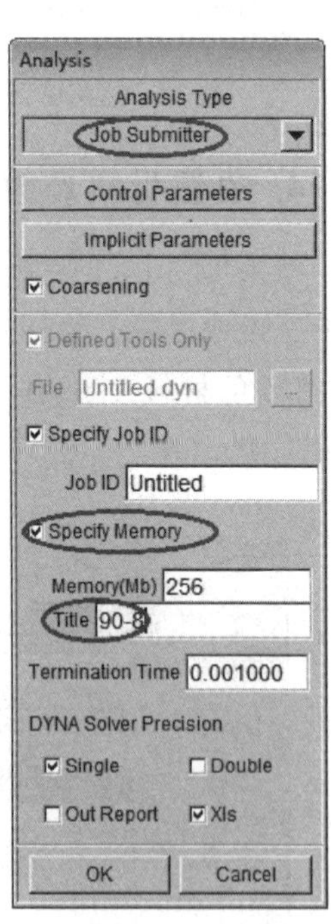

图 5.37 Analysis 对话框

5.8 回弹结果分析

1. 导入结果到后处理器

打开后处理器，选择 File→Open 菜单项，选择上步计算得到的 d3plot 文件，如

图 5.38 所示。由于回弹计算采用的是单步隐式算法，所以 d3plot 文件中只有两帧，分别单击两帧查看变化，其中第一帧为回弹前的结果，第二帧为回弹后的结果。

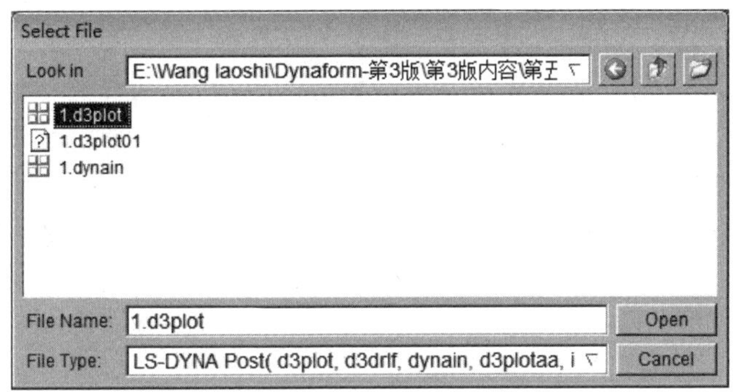

图 5.38　Select File(文件选择)对话框

2. 获取截面线

为了更加清楚地表现回弹，可以在工件上取一个截面来观看回弹结果。选择 Tool→Section Cut 菜单项进行截面切割。在右侧工具栏单击 Define Cut Plane 工具按钮弹出 Control Option 对话框。选择 W along＋Y Axis 选项，在工件上要做截面的位置选择两个节点，如图 5.39 所示。节点选定后，单击 Exit 和 Accept 按钮自动创建一条截面线，结果如图 5.40 所示。单击 Apply 按钮，查看第一帧和第二帧的变化。

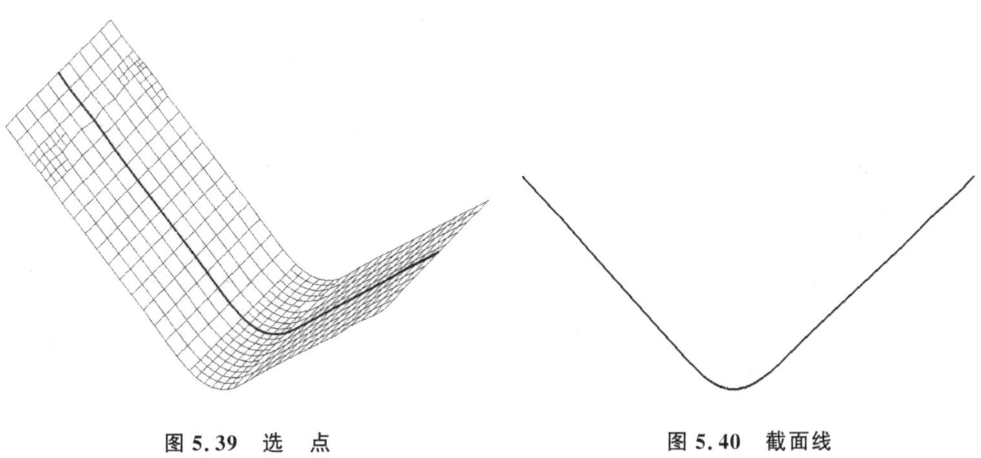

图 5.39　选　点　　　　**图 5.40　截面线**

3. 测量计算结果

为得到具体的回弹数值，可采用测量的方法测量回弹前、后的数值。“后处理”工具栏右部有“测量”工具按钮，如图 5.41 所示。

图 5.41 “后处理”工具栏

在 Frames 下拉列表框中选择 Single Frame 选项，并选择第一帧。单击 Angle Between Two Lines(两线间的夹角)按钮，如图 5.41 中圈中的工具按钮。用鼠标在截面线上选择四个节点，节点选定后，系统自动计算出两线间的夹角，结果如图 5.42 所示。单击 Exit 按钮退出测量，选择第二帧；用同样的方法，测量回弹后两线的夹角，结果如图 5.43 所示。

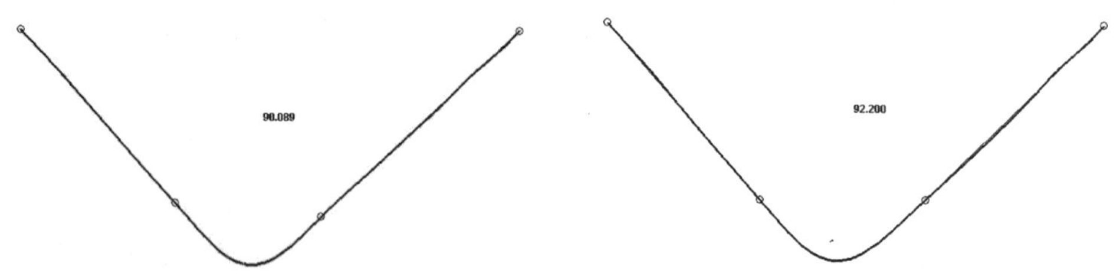

图 5.42 回弹前两线的夹角　　图 5.43 回弹后两线的夹角

单击 Radiu Between Three Nodes(通过三个节点圆的半径)工具按钮，如图 5.41 中圈中的工具按钮。用鼠标在截面线上选择三个节点，节点选定后，系统自动计算出通过这三个节点的圆的半径，结果如图 5.44 所示。单击 Exit 按钮退出测量，选择第二帧，用同样的方法，测量三节点间的半径，结果如图 5.45 所示。

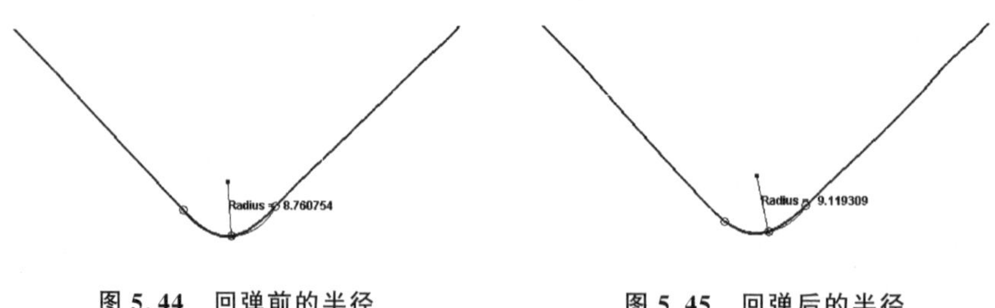

图 5.44 回弹前的半径　　图 5.45 回弹后的半径

读者可以通过修改 V 形件的弯曲角度、相对弯曲半径以及材料来研究这些影响因素对弯曲回弹的影响。

第 6 章　板料液压拉深成形过程分析

随着现代工业的发展，产品的种类越来越多，特别是人们审美情趣的提高，对产品的外观提出越来越多的要求，产品的个性化生产越来越多地出现在工业生产中，因此工件的复杂性大大增大。同时由于需求量不大，使得产品的生产由大批量逐渐向多品种和小批量发展。此时若采用传统的冲压方法成形，一是难度较大，同时所需的费用高，二是模具的设计和制造以及调试也需要大量的时间和费用，这使得人们迫切希望能够采用更为先进的成形工艺。

板料液压成形是采用液体作为传力介质代替刚性凸模或凹模传递载荷，使毛坯在传力介质压力作用下贴靠凸模或凹模以实现金属板材工件的成形。研究对象涉及筒形件、盒形件、复杂曲面件及覆盖件等。板料液压成形分为主动式（如图 6.1(a)所示）和被动式（如图 6.1(b)所示）。其中被动式的成形过程如下：首先将毛坯放置在凹模上方，压边圈下行压边，然后凸模下行拉深，同时液室加压直至结束，最终毛坯完全贴合在凸模上得到成形工件。

与传统板料成形加工相比，液压成形技术具有以下特点。

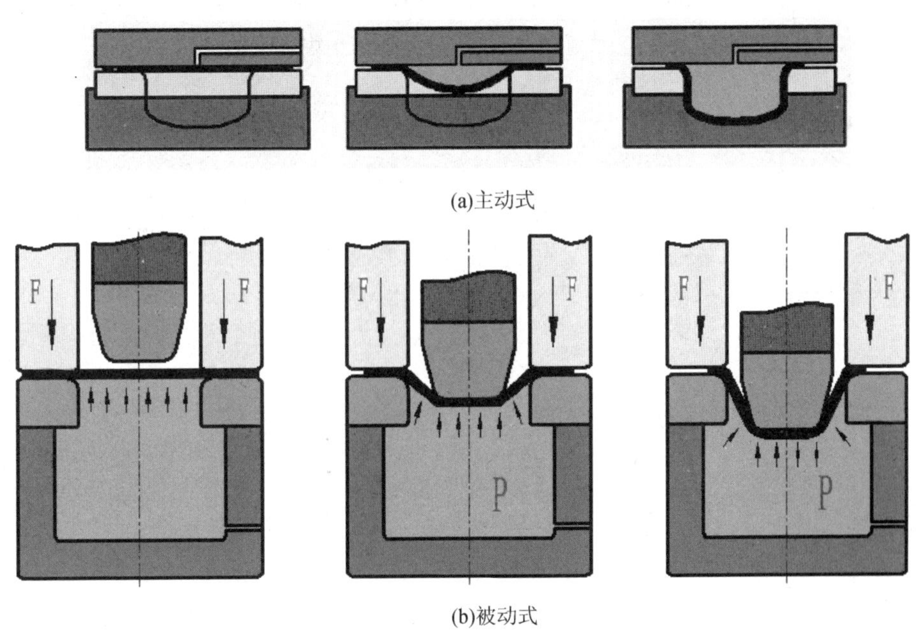

图 6.1　液压成形原理图

① 仅仅需要一套模具中的一半(凹模或凸模)。流体介质取代凹模或凸模来传递载荷以实现板料成形,这样不仅降低了模具成本,而且缩短了生产准备周期。

② 提高了产品质量,显著提高了产品性能:质量轻、刚度好、尺寸精度高、承载能力强、残余应力低、表面质量优良。

③ 可以成形复杂薄壳件,减少中间工序,尤其适合一道工序内成形具有复杂形状的工件,甚至制造传统加工方法无法成形的工件,材料利用率高。

④ 通过液压控制系统对流体介质的控制,易于实现工件性能对成形工艺的要求,材料成形极限高,成形件壁厚均匀。

⑤ 模具具有通用性,不同材质、不同厚度的毛坯可用一副模具成形。

汽车领域中采用液压成形技术来成形复杂薄壁结构件和跑车、仿古车件等小批量、多品种的产品,其中主要用于汽车覆盖件的成形。典型代表为GM公司2006年3月份推出的批量生产的跑车Solitice液压车以及克尔维特Z06全铝合金液压成形概念车。日本丰田汽车厂已建成了以40 000 kN超级大型液压拉深机为中心的冲压生产线,成形重达7 kg,平面尺寸达到950 mm×1300 mm的大型钣金覆盖件,引起世人关注。

6.1 阶梯圆筒形件的工艺分析

阶梯圆筒形件的壁厚为1 mm,形状尺寸如图6.2所示。若按传统的阶梯形件拉深,通过工艺计算得知需经过两次拉深才能成形,如果采用液压拉深成形则可一次拉深成形。

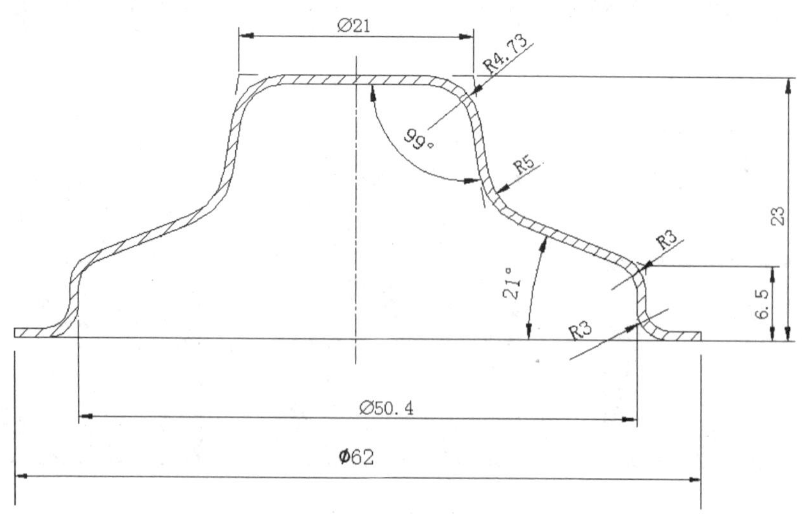

图6.2 阶梯圆筒形件

在板材的液压成形过程中，最为关键的问题是压边力和液体压力的控制。若压边力过小，工件的法兰边易起皱，而且成形所需的液体压力难以形成；反之，由于压边力过大，造成材料难以流动，导致拉裂。对于液体压力，若其值过小，则凸模和板料之间的摩擦力也会很小，造成凸模和毛坯之间的相对滑动，致使毛坯在成形过程中变薄，与传统的拉深相差无几；若其值过大，成形过程中毛坯又极有可能胀破。压边力和液体压力之间也有相互联系。压边力的大小影响着液体压力的大小，如果压边力控制得当，在成形过程中液体可通过工件法兰处溢出，溢出的液体能有效地润滑凹模上表面，降低毛坯边缘的阻力，使得毛坯更易成形。因此，对压边力和液体压力的控制就决定了工件成形的成功与否。

在传统的拉深过程中，摩擦力小会使材料在冲头头部自由流动，导致局部变薄，容易撕裂。液压成形过程中，摩擦力大增加了毛坯的拉深阻力，不容易导致撕裂。在传统的拉深过程中，毛坯被冲头和凹模紧紧压住，流动性比较差，容易局部变薄撕裂。液压成形过程中，液体有润滑作用，不容易导致撕裂。液压成形过程中，当液体的压力超过溢流阀的设定压力，液体就会通过溢流阀和毛坯边缘溢出。溢出的液体能有效润滑凹模上表面，降低毛坯边缘的阻力，使材料很容易流入凹模中。液压成形还能够提高延展率，简化工艺，将传统工艺的几道工序合并成一步。与传统工艺相比其优越性如下：

① 成形极限提高，减少了工件的成形次数和退火次数，以及配套的模具数量和成本。

② 成形工件的回弹性小，工件的表面质量和尺寸精度得到提高。

③ 模具结构简单，加工精度要求较低，通用性好，配套的模具数量少。非常适合于现代小批量、多品种的柔性加工的要求。

④ 由于液体的应用，可以成形室温下一些难成形的材料，如镁合金、铝合金、钛合金、高温合金以及复杂结构拼焊板等。

⑤ 可以成形形状复杂的工件。

本章以如图 6.2 所示的阶梯圆筒形件为例，对运用 DYNAFORM 软件进行板料液压拉深成形过程的有限元方法展开介绍。

6.2 创建三维模型

利用 CATIA、Pro/ENGINEER、SolidWorks 或者 Unigraphics 等 CAD 软件建立毛坯、凸模、压边圈和凹模的实体模型(保证它们同轴，并且轴线方向为运动方向)，然后删除多余的面，留下成形中的接触面，分别如图 6.3～图 6.6 所示。将上述文件另存为“ * . igs”格式。由于所建立的凸模在成形过程中与工件的内表面接触，所以其几何尺寸与工件的内表面尺寸相一致。

图 6.3 毛 坯

图 6.4 凸 模

图 6.5 压边圈

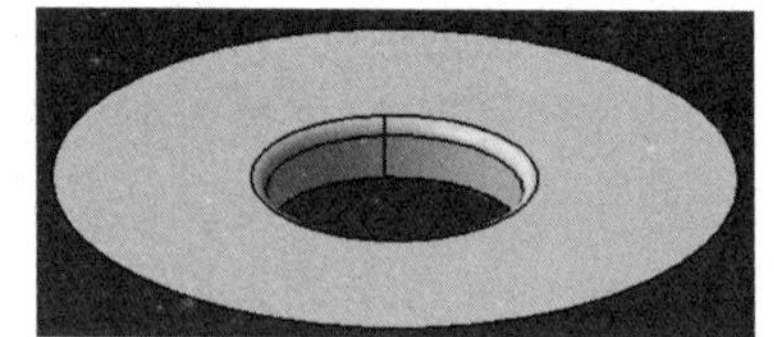

图 6.6 凹 模

6.3 数据库操作

数据库操作的步骤如下所述。

1. 创建 DYNAFORM 数据库

启动 DYNAFORM 软件后，程序自动创建默认的空数据库文件 Untitled. df。选择 File→Save as 菜单项，修改文件名，将所建立的数据库保存在自己设定的目录下。

2. 导入模型

选择 File→Import 选项，将上面所建立的"＊. igs"模型文件导入到数据库中，如图 6.7 所示。选择 Parts→Edit 菜单项，弹出如图 6.8 所示的 Edit Part 对话框，编辑修改各零件层的名称(Name)、编号(ID，注意 ID 不能重复)和颜色(Color，尽量将各个图层设置为不同的颜色，以便于区分)，将毛坯层命名为 BLANK，凸模层命名为 PUNCH，压边圈层命名为 BINDER，凹模层命名为 DIE，单击 OK 按钮完成设置。

3. 参数设定

选择 Tools→Analysis Setup 菜单项，弹出如图 6.9 所示的 Analysis Setup 对话框。默认的单位系统是长度单位为 mm(毫米)、质量单位为 TON(吨)、时间单位为 SEC(秒)和力单位为 N(牛顿)。成形类型选单动(Single action)。默认的毛坯和所有工具接触界面类型为单面接触(Form One Way S. to S.)。默认的冲压方向为 Z 向。默认的接触间隙为 1.0 mm，接触间隙是指自动定位后工具零件和毛坯之间在

冲压方向上的最小距离，在定义毛坯厚度后此项设置的值将被自动覆盖。上述设置项的下拉列表框中各项的含义详见第2章。

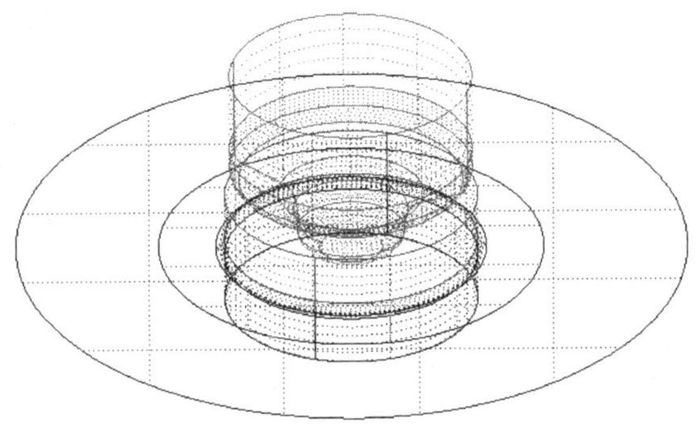

图6.7　导入模型文件

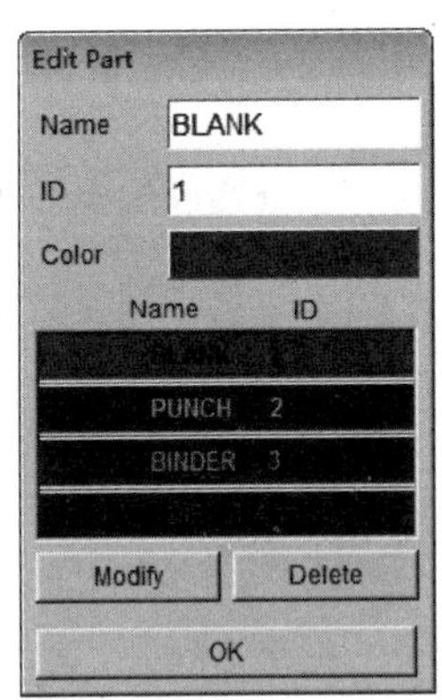

图6.8　编辑工具零件层

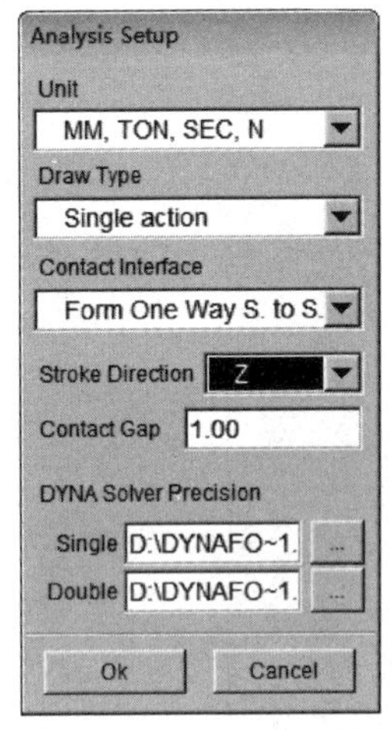

图6.9　Analysis Setup 对话框

6.4　网格划分

在划分网格时一定要注意对当前工具零件进行网格划分，并且保证所要划分的面可见。图6.10所示代表当前工具零件层为BLANK，保证复选框Surfaces要选中。

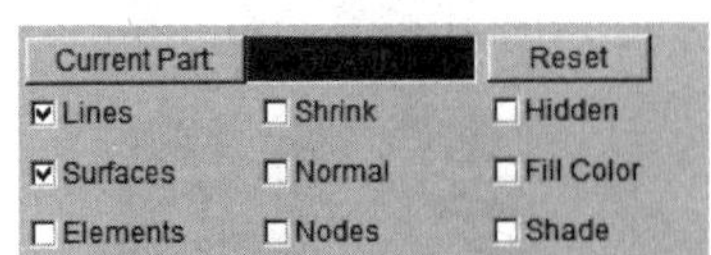

图6.10　当前零件层的设定

1. 毛坯网格划分

在确保当前文件层为毛坯零件层的前提下，可选择Preprocess→Element菜单项,弹出如图 6.11 所示的 Element 工具栏。单击图中椭圆所示的 Surface Mesh 工具按钮,弹出如图 6.12 所示的 Surface Mesh 对话框。其中 Mesher 选项区域包含 Tool Mesh、Part Mesh 和 Triangle Mesh 三种方式,一般划分工具零件网格采用 Tool Mesh,划分毛坯网格采用 Part Mesh,划分为三角网格采用 Triangle Mesh。选择 Part Mesh 选项,设置网格大小 Size(数值越小,则网格越密,计算量会越大,但是结果相对要准确;数值越大,则网格越粗大,计算量越小,但是结果误差会偏大)为 2,其他各项的值采用默认值。单击 Select Surfaces 按钮,选择需要划分的曲面,如图 6.13 和图 6.14 所示,最后所得到的网格单元如图 6.15 所示。

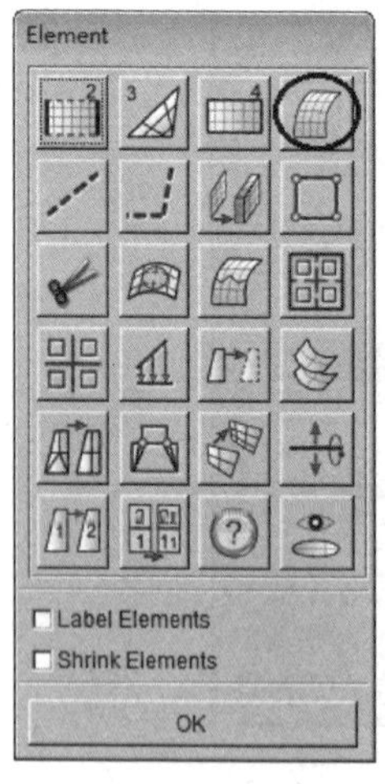

图 6.11 Element 工具栏

Surface Mesh
Mesher
Part Mesh
In Original Part
Boundary Check
Check Surface
Mesh By Part
Auto Repair
Pave Inner Hole
Re-mesh
Parameters
Size 2.00000
Gap Tolerance 2.50000
Ignore Hole Size 0.00000
Mesh Quality
Select Surfaces
Apply
Accept Mesh?
Yes No
Exit

图 6.12 Surface Mesh 对话框

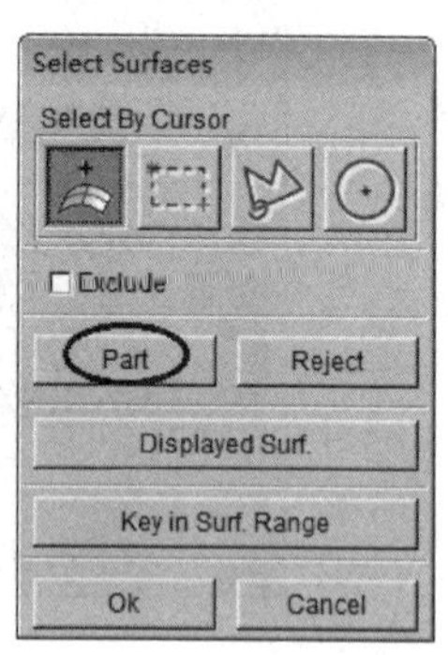

图 6.13 选择工具零件

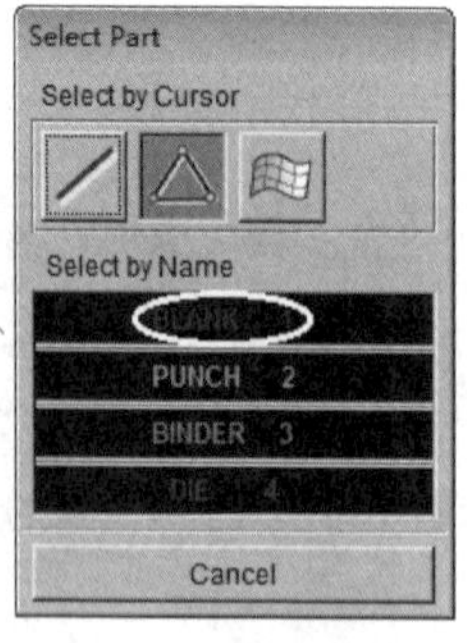

图 6.14 选取 Blank 零件

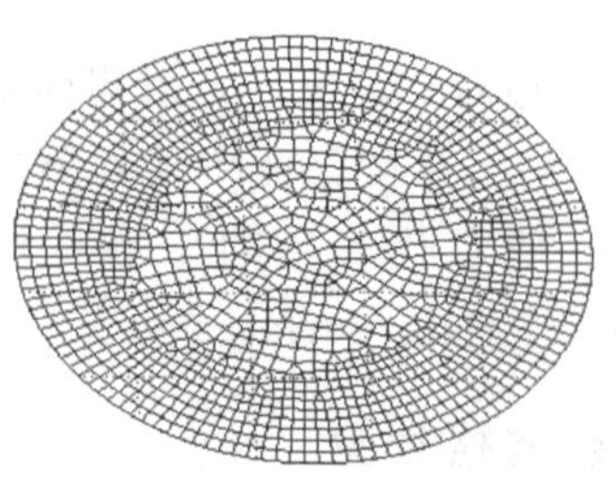

图 6.15 毛坯划分的网格

2. 凸模的网格划分

单击图 6.10 中所示 Current Part 按钮选择 PUNCH 零件，设定当前工具零件层为 PUNCH 层，如图 6.16 所示。图 6.12 中的 Mesher 选项区域选中 Tool Mesh 选项，进行凸模网格划分，设置 Max. Size 大小为 3，如图 6.17 所示。之后的方法同毛坯的网格划分方法，最后所得到的网格单元如图 6.18 所示。

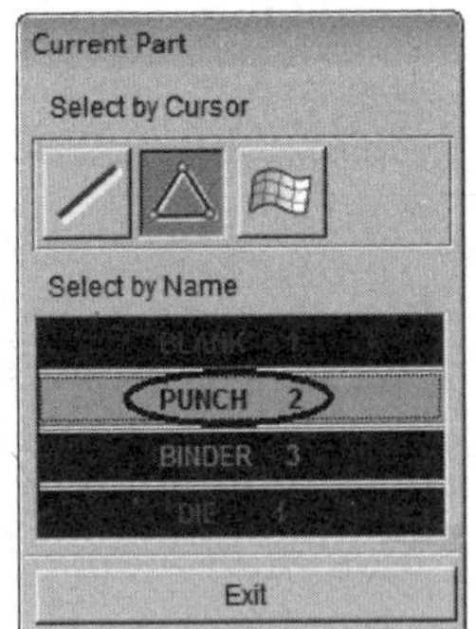

图 6.16　设置当前工具零件层

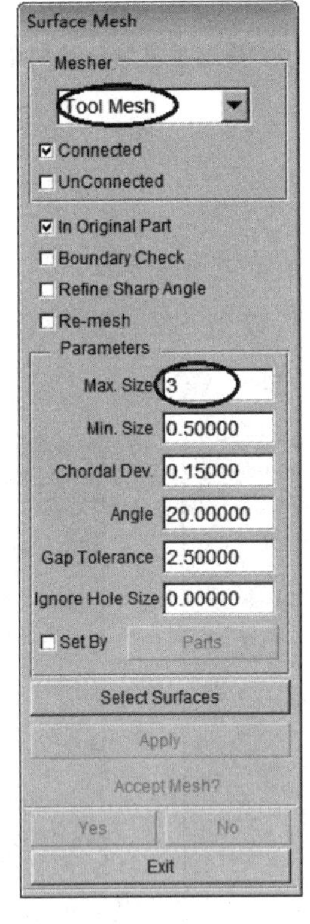

图 6.17　划分 PUNCH 网格

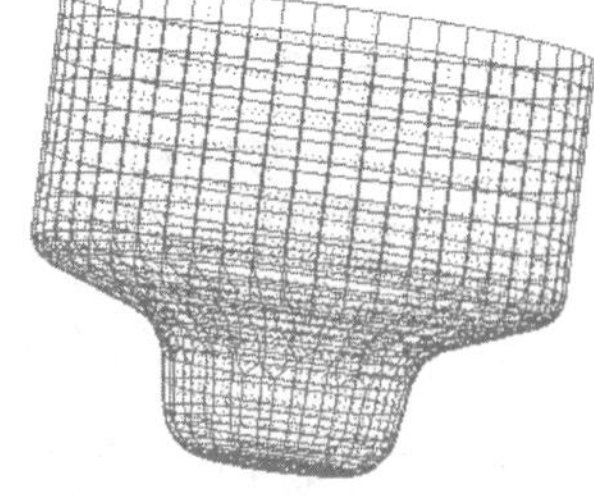

图 6.18　PUNCH 划分的网格

其他两个工具零件 DIE 和 BINDER 的网格划分方法同 PUNCH 的网格划分方法，最后得到全部的网格，如图 6.19 所示。

3. 网格检查

网格缺陷会严重影响成形的模拟结果，甚至使计算无法进行。因此，必须对网格单元进行检查。参考第 3 章网格检查方法对各个工具零件层中的网格进行检查。

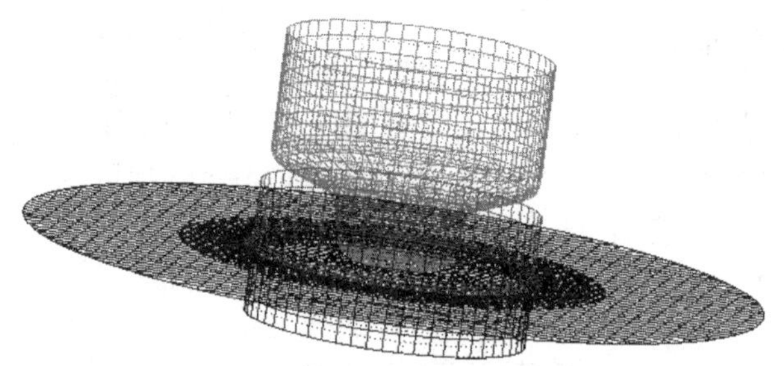

图 6.19　全部工具零件的网格

6.5　自动设置

选择 Setup→AutoSetup 菜单项，弹出如图 6.20 所示的对话框。在 Type 下拉列表框中选择 Sheet forming 选项，设置 Sheet 的厚度为 1，单击 OK 按钮，弹出如图 6.21 所示的对话框，定义任务名称。

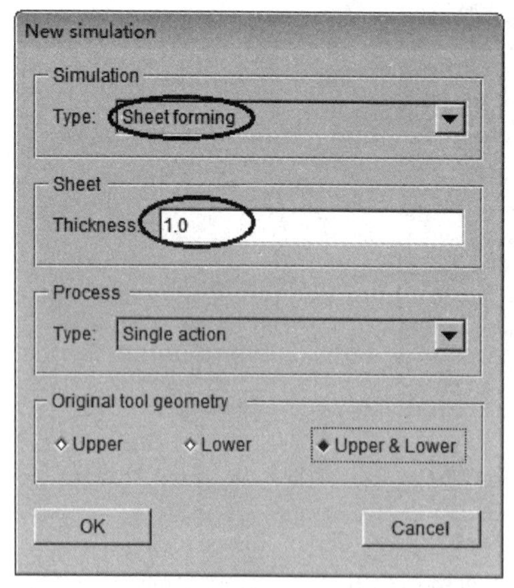

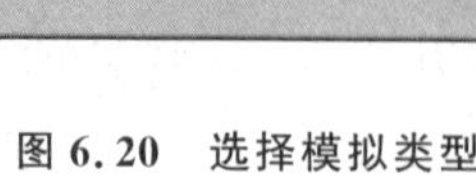

图 6.20　选择模拟类型

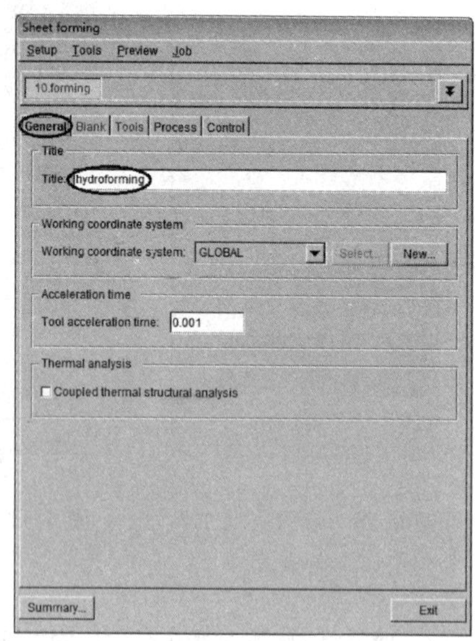

图 6.21　定义任务名称

1. 定义毛坯

单击图 6.21 中所示的 Blank 标签，弹出如图 6.22 所示的对话框。单击 Define geometry 工具按钮，弹出如图 6.23 所示的对话框，单击 Add Part 按钮拾取毛坯为定义几何，显示如图 6.24 所示的对话框。单击图中的 BLANKMAT 按钮，弹出如

图 6.25 所示的对话框定义材料属性，单击 Material Library 按钮，选择 Material 为 SS304 如图 6.26 所示，单击 OK 按钮，弹出应力-应变曲线如图 6.27 所示。厚度值默认与初始设置相同，如有需要可进行修改。

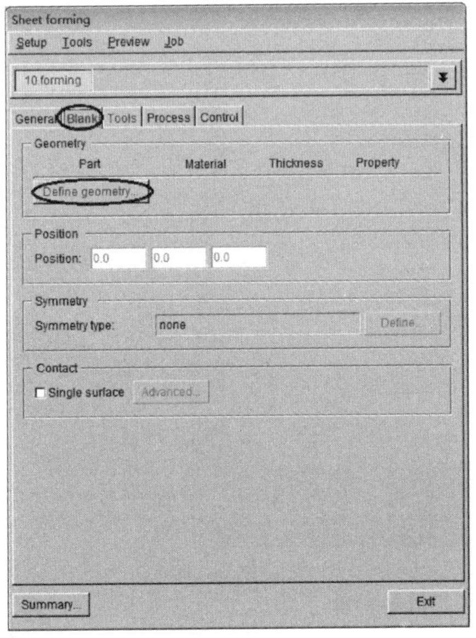

图 6.22　Blank 选项卡

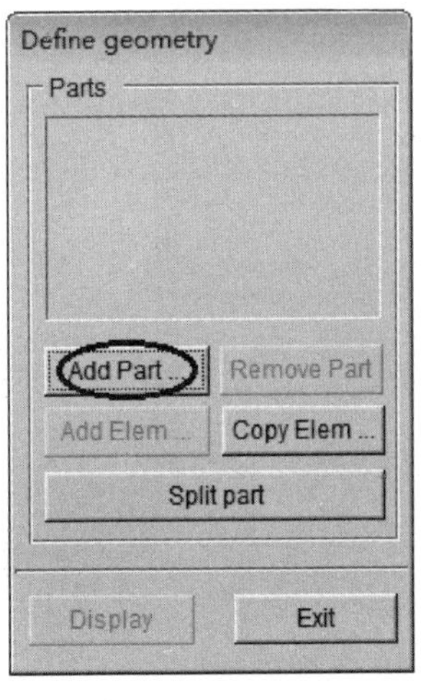

图 6.23　Define geometry 对话框

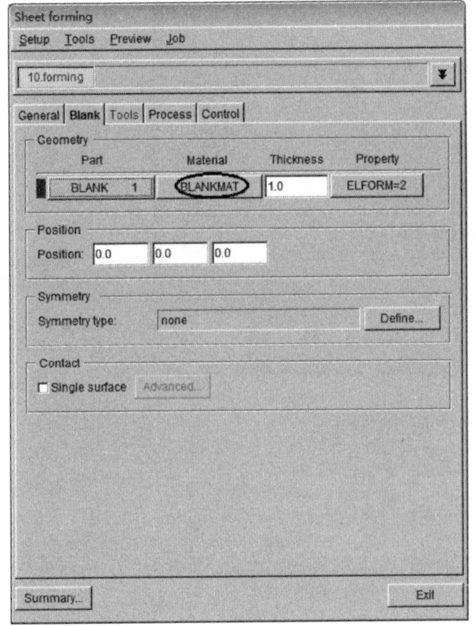

图 6.24　参数定义对话框

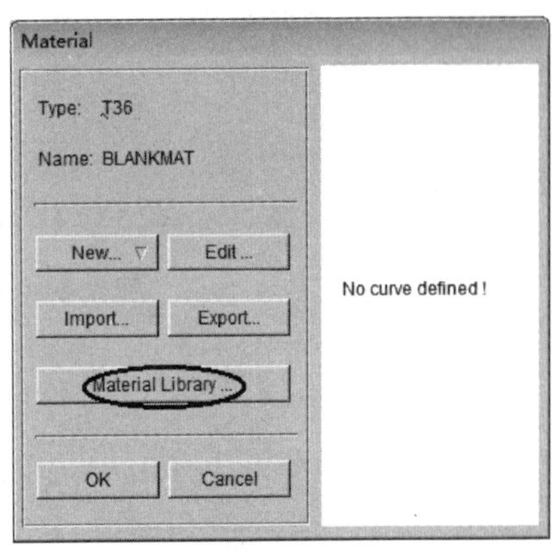

图 6.25　定义材料属性

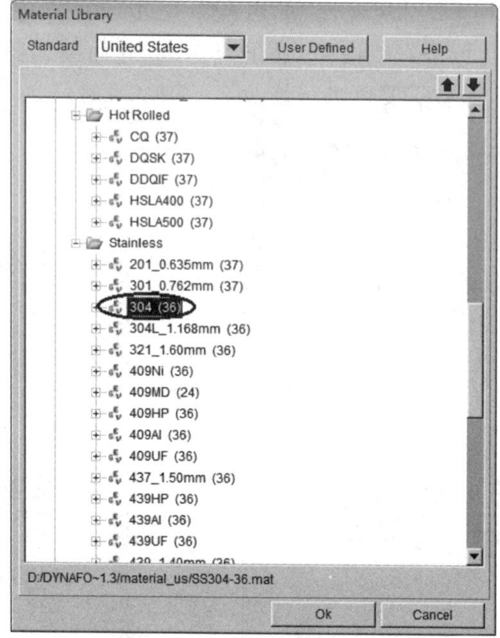

图 6.26　选取材料种类

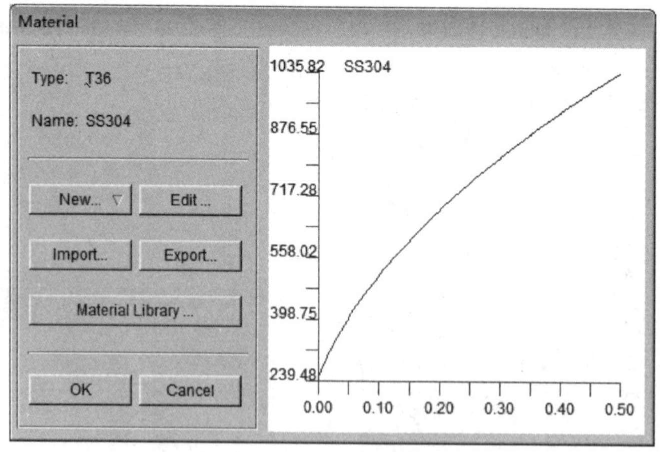

图 6.27　材料的应力应变曲线

2. 定义工具零件

单击图 6.21 中所示的 Tools 标签，弹出如图 6.28 所示的对话框。单击图中的 Define geometry 按钮，弹出如图 6.29 所示的对话框，单击 Add Part 按钮，在弹出的如图 6.30 所示的对话框中单击 DIE 4 选项，弹出如 6.31 所示的对话框，按图 6.32 所示定义凹模。定义凹模的移动方向沿 Z 轴正方向，如图 6.33 所示。

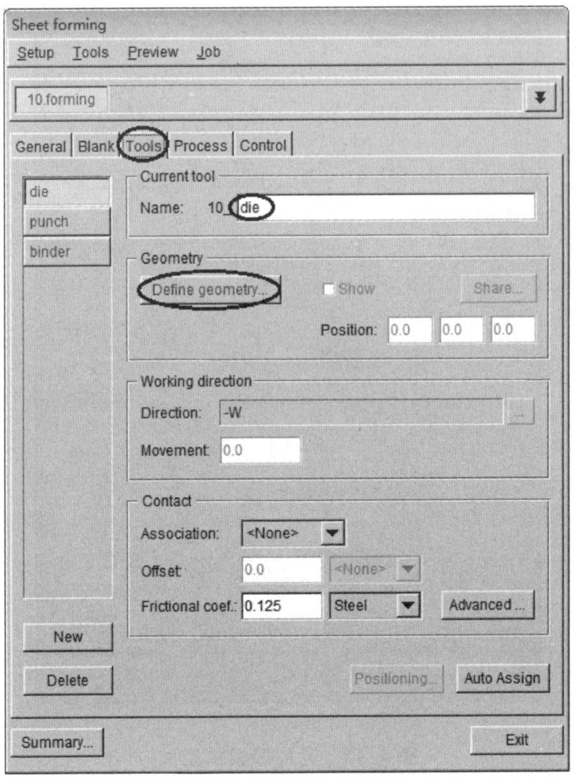

图 6.28　定义工具零件

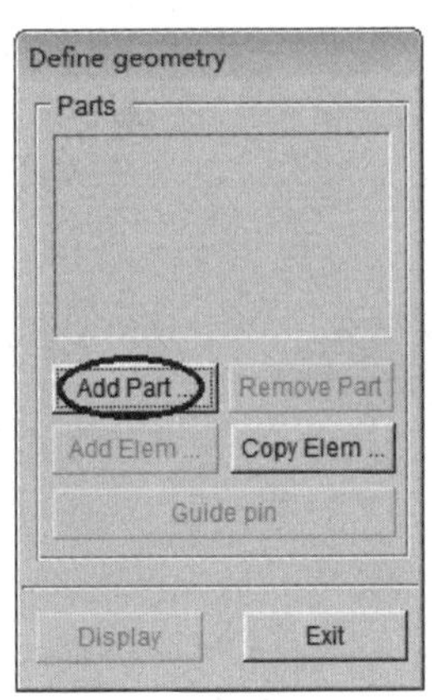

图 6.29　添加工具零件

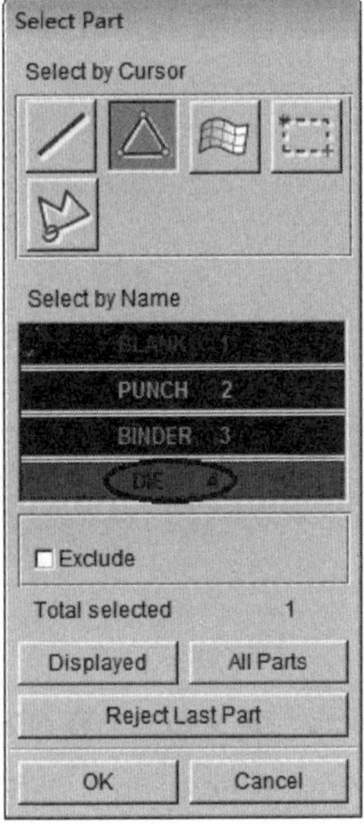

图 6.30　选择工具零件

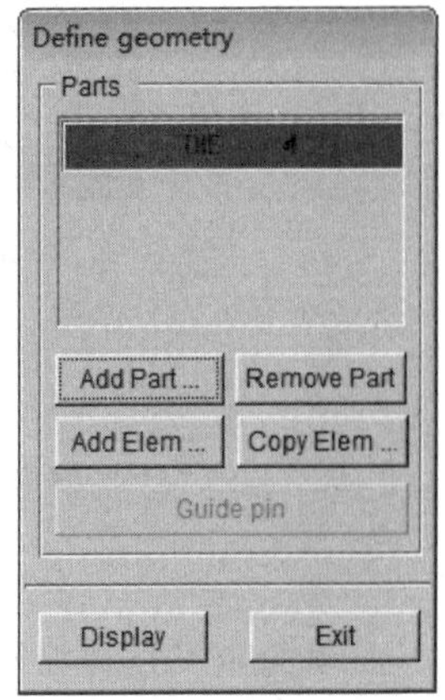

图 6.31　定义工具零件

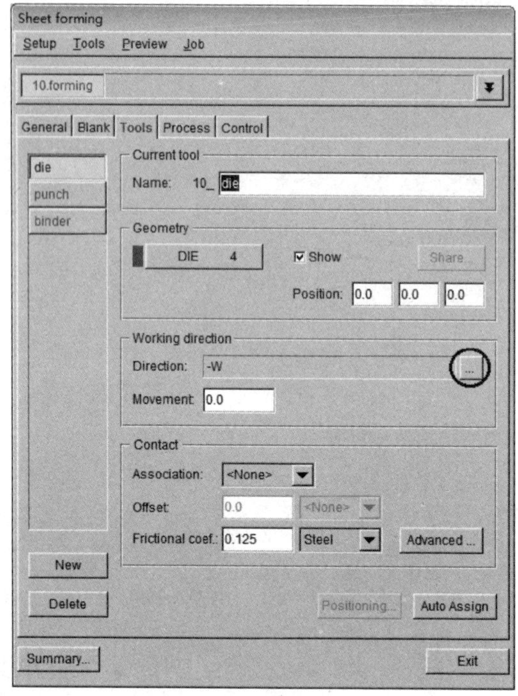

图 6.32　完成凹模的定义

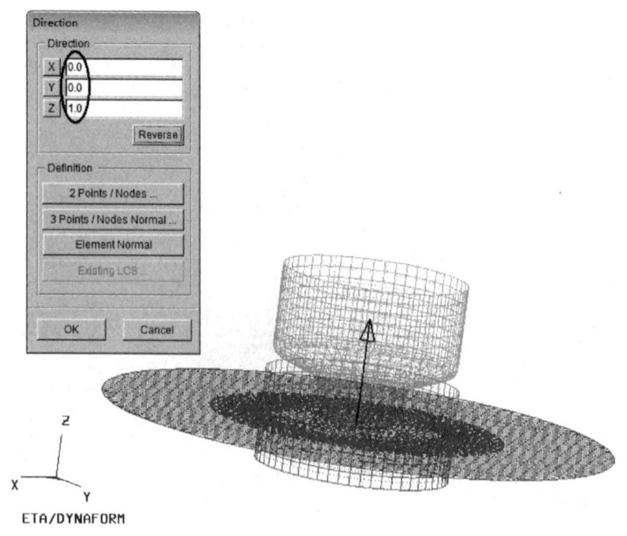

图 6.33　定义凹模的移动方向

凸模的定义过程如同凹模，完成凸模定义的对话框如图 6.34 所示。定义凸模的移动方向沿 Z 轴负方向，如图 6.35 所示。

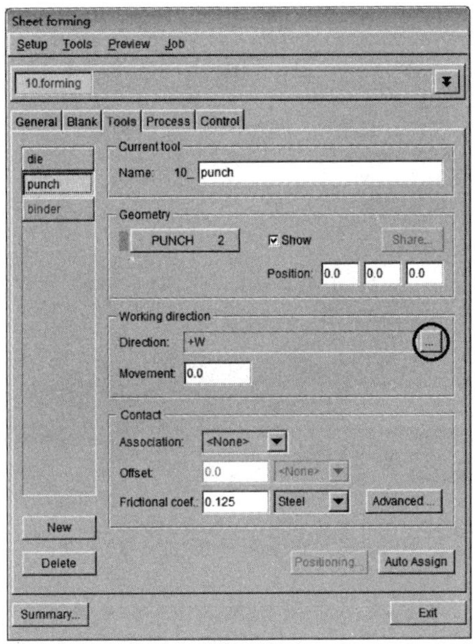

图 6.34　完成凸模的工具定义

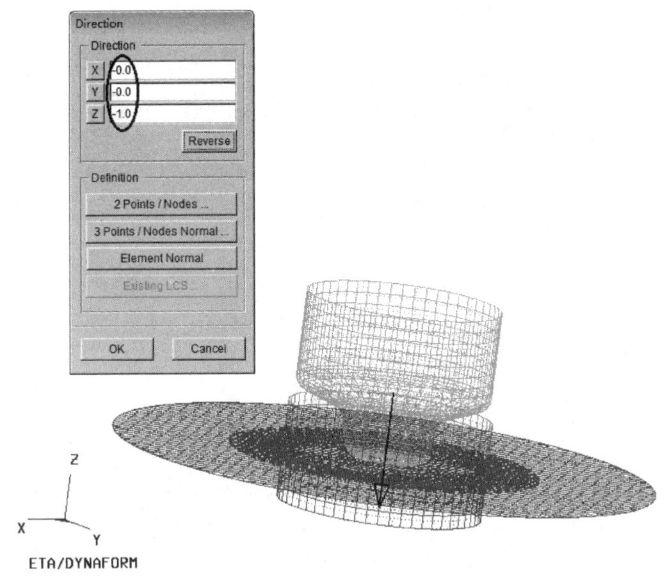

图 6.35　定义凸模的移动方向

压边圈的定义过程如同凸模，定义压边圈的移动方向沿 Z 轴负方向，如图 6.36 所示。

各工具零件零件层设置完成后，Positioning 按钮被激活，如图 6.37 所示。单击

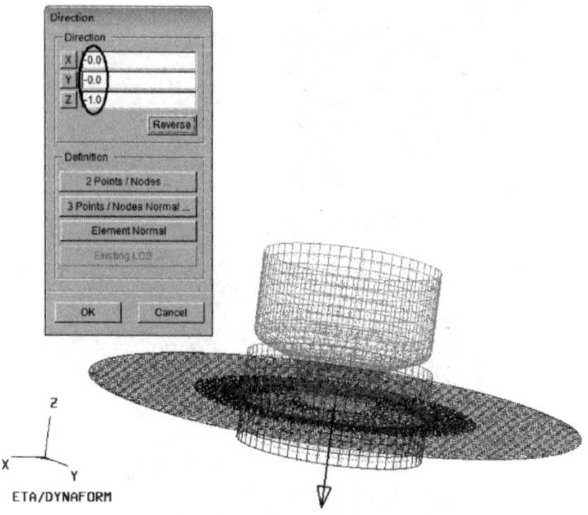

图 6.36　定义压边圈的移动方向

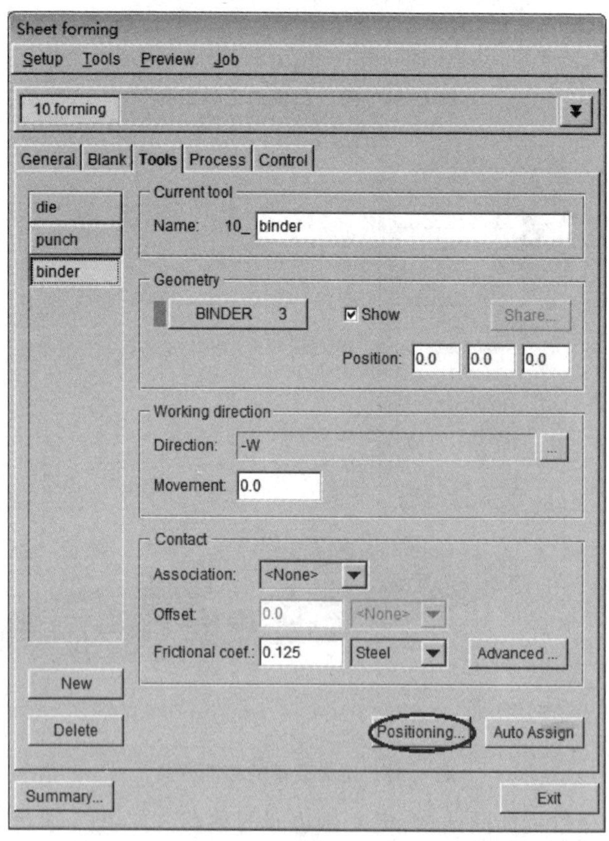

图 6.37　Sheet forming(工具零件定义)对话框

Positioning 按钮，调整工具零件间的相对位置，如图 6.38 所示。本例中的毛坯及工具零件在三维建模过程中是以毛坯为参考面建立的，在 Movement 选项组中以毛坯定位，即在定位操作中，毛坯是固定不动的，输入一定的数值，使工具零件与毛坯在模拟计算前有一定的间隔，避免工具零件间相互接触穿透影响计算(在后续设置工具零件运动距离时需要计入此数值)。用户可根据自己建模中工具零件间的相对距离来设置具体数值进行调整。

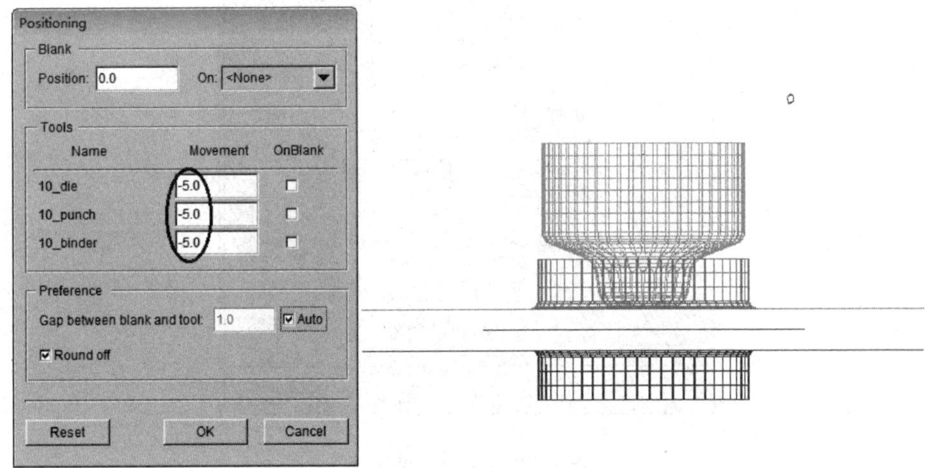

图 6.38　工具零件间相对位置调整对话框

3. 工序定义

单击图 6.21 中所示的 Process 标签，弹出如图 6.39 所示的对话框。本例板料液压拉深成形默认产生了两个工序：一个合模工序，一个拉深工序。

(1) 合模工序的设置

单击 closing 标签设置合模工序，分别在图 6.39 中的 die、punch 和 binder 下拉列表框中选择 Stationary、Stationary 和 Velocity 选项，表示凹模与凸模在合模过程中保持不动，压边圈运动，将压边圈的运动速度设置为 500。本例采用压边圈与凹模的间隙来确定工具零件运动的结束，在 Duration 选项区域中输入压边间隙值为毛坯厚度的 1.1 倍，如图 6.40 所示。

(2) 拉深工序的设置

单击 drawing 标签进入拉深工序设置界面，如图 6.41 所示。对于板料液压拉深成形，第一步合模后，在第二步拉深工序中需保持压边圈与凹模不动，即在 die 下拉列表框中选择 Stationary 选项，凸模采用位移控制，即在 punch 下拉列表框中选择 Displcmnt 选项。单击 Displcmnt 后的 Edit 按钮，弹出如图 6.42 所示对话框。通过输入凸模位移运动曲线来控制凸模在模拟过程中的运动，凸模下降的位移根据工具零件相对位置设定(Positioning)中的数值以及毛坯成形的高度得出。对于一些难成

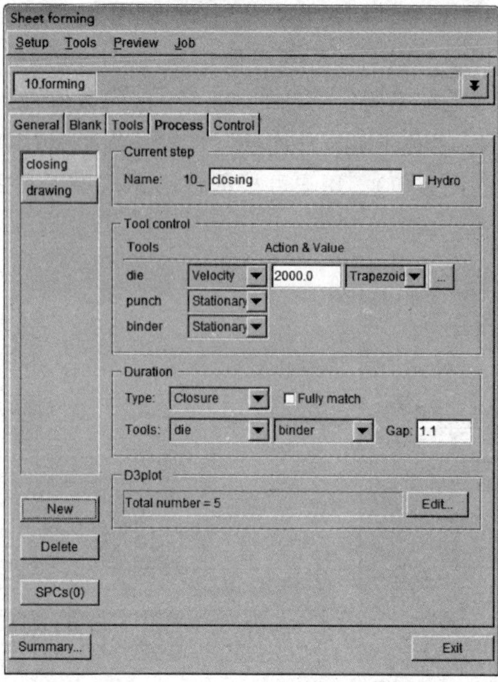

图 6.39 Process 选项卡

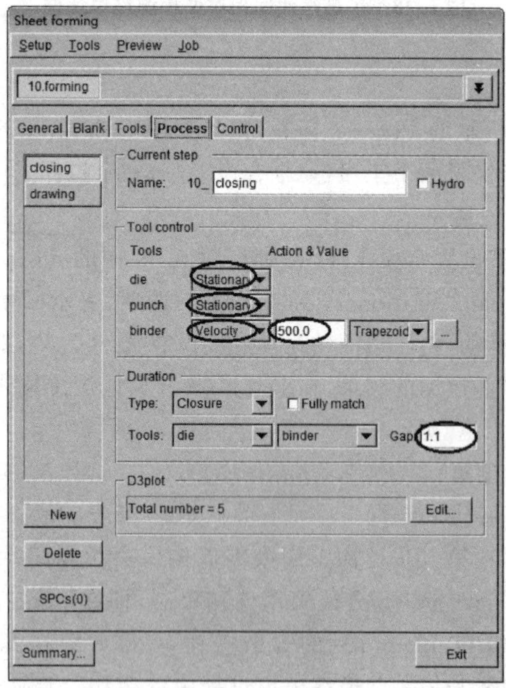

图 6.40 设置合模工序

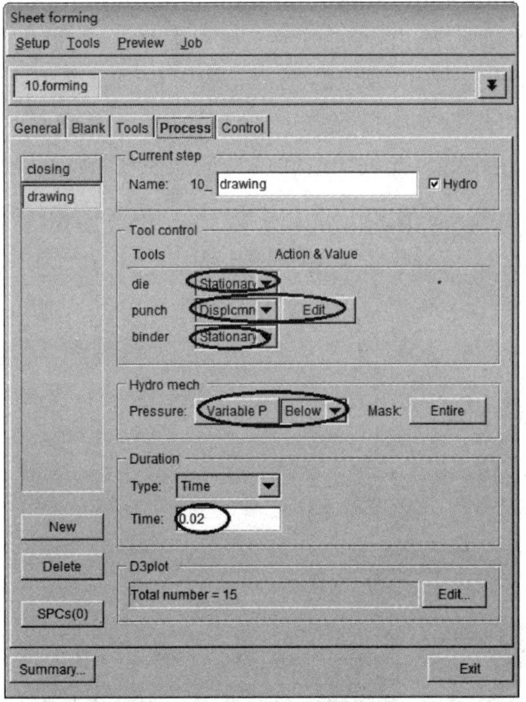

图 6.41　设置拉深工序

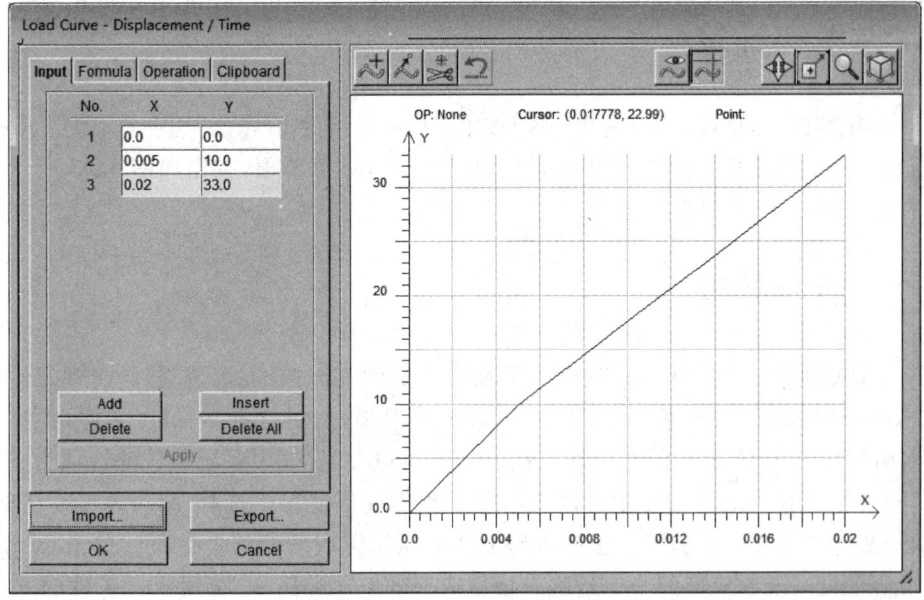

图 6.42　凸模位移控制曲线

形的工件，有时需要通过改变曲线斜率(多段曲线)来设置工具零件的运动。在图 6.41 中勾选 Hydro 选项添加液压力，单击 P=0 按钮编辑压力曲线，如图 6.43 所示。在图 6.41 中的 Hydro mech 选项区域的 Pressure 下拉列表框中选择 Below 选项，设定液压力方向，用户也可根据实际情况自主选择液压力作用范围。本例通过运动时间来确定工具零件运动的结束，此处的时间应与运动曲线持续的时间保持一致。

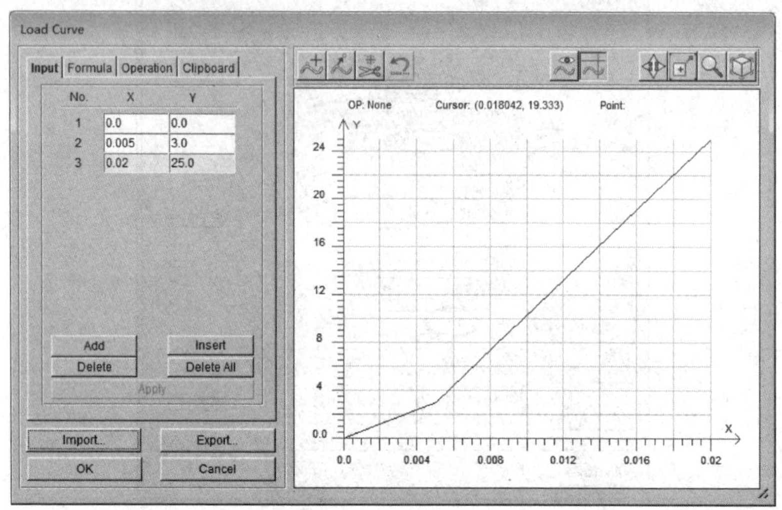

图 6.43 液压力曲线

6.6 求解计算

单击图 6.21 的 Control 标签，弹出如图 6.44 所示的 Control 选项卡，勾选 Refining meshes(自适应)选项，选择 Job→Job Submitter 菜单项，弹出如图 6.45 所示的对话框，单击 OK 按钮提交运算。

6.7 后置处理

计算结束后，单击 DYNAFORM 界面菜单上的 PostProcess 选项，会出现软件的 ETA/Post-Processor 界面，选择 File→Open 菜单项，然后选择 D3plot 文件，在屏幕右侧出现如图 6.46 所示的对话框。在 Frames 下拉列表框中系统默认的选项为 Single Frame，选择列表中的各项可以查看每一步的成形情况。选择 All Frames 选项，再单击"播放"按钮 ▶ ，可以连续查看毛坯液压拉深成形的整个过程。单击"录制"按钮 ● 可以录制成形的整个过程。最后成形的工件如图 6.47 所示。工件的 FLD 曲线如图 6.48 所示，最终壁厚分布情况如图 6.49 所示。根据计算数据分析成形的工件是否满足工艺要求。

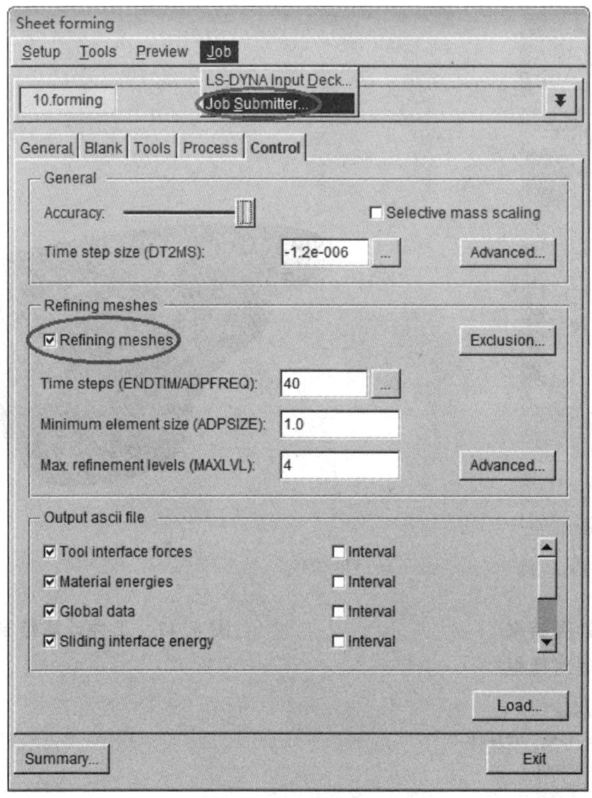

图 6.44　设定控制参数

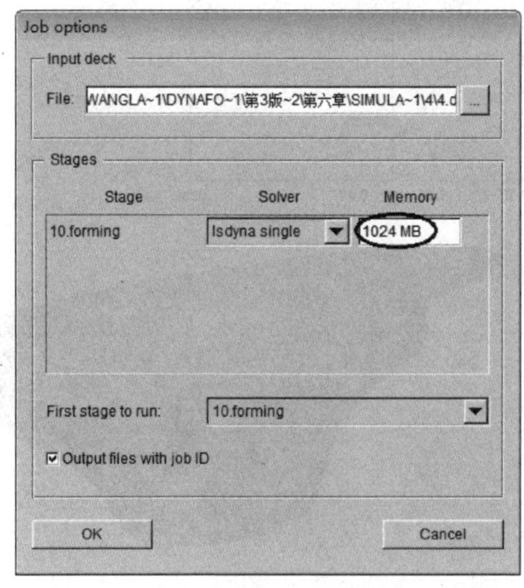

图 6.45　设定计算内存的大小

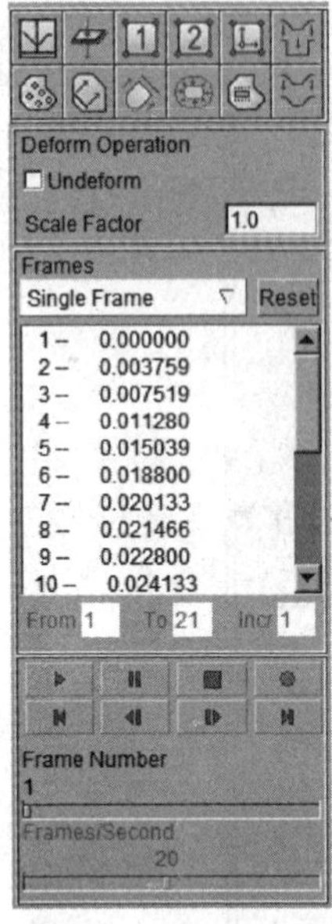

图 6.46　毛坯计算结果后处理对话框

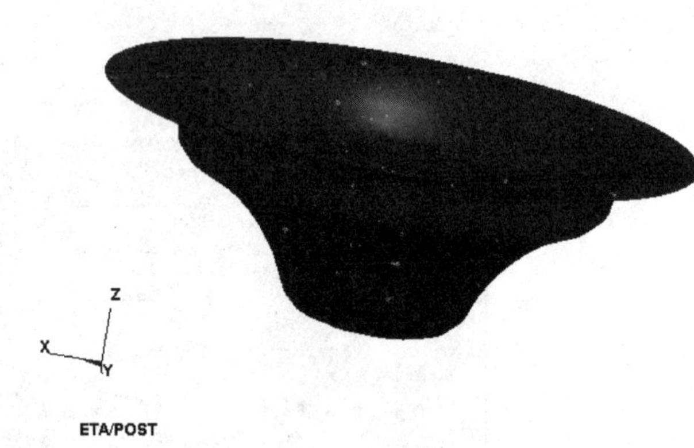

图 6.47　工件计算结果

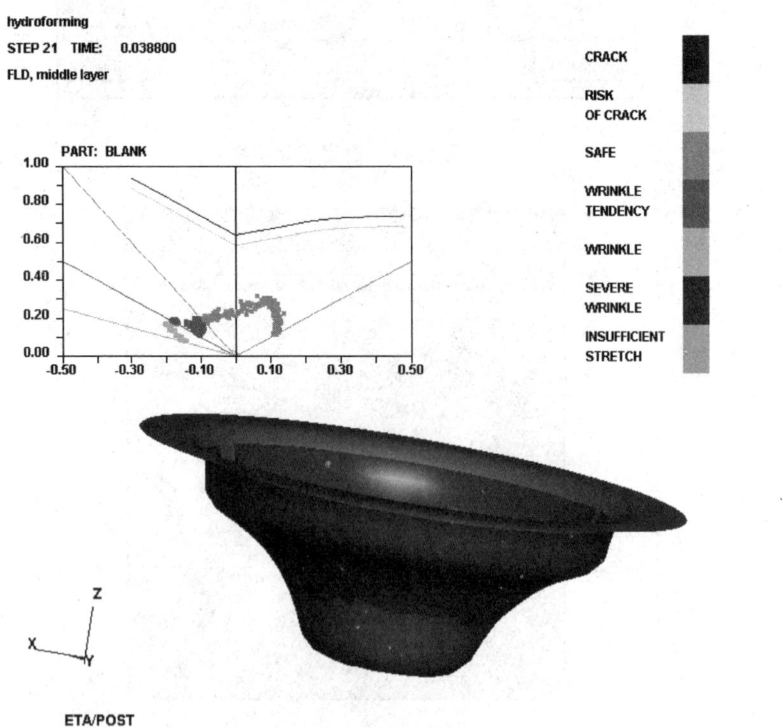

图 6.48　工件的 FLD 曲线

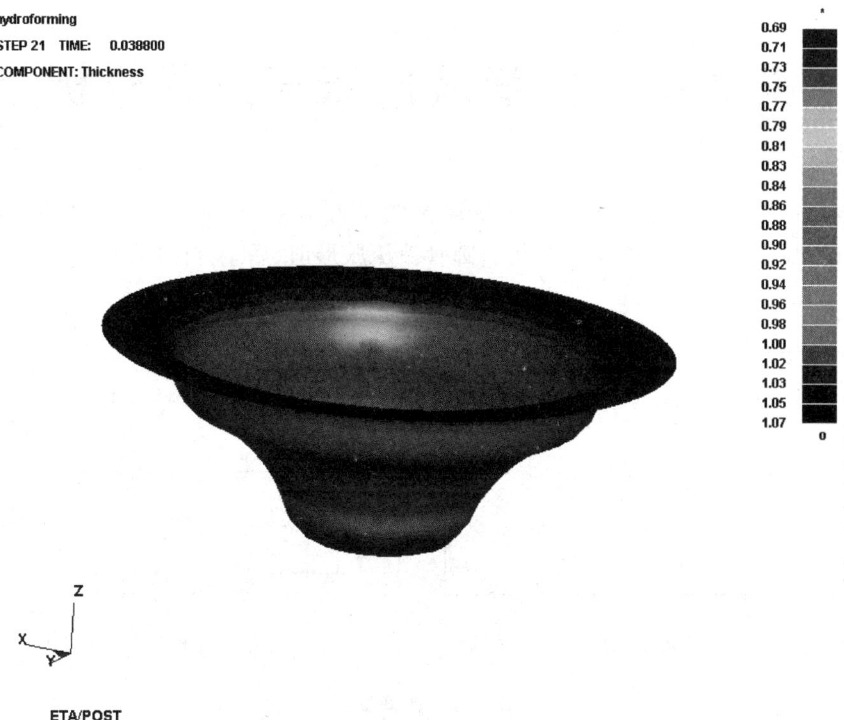

图 6.49　工件的壁厚分布情况

第7章　圆管液压胀形过程分析

本章以厚度为2 mm、材料为SS304圆管工件为例，运用DYNAFORM软件进行圆管液压胀形过程的有限元分析。圆管液压胀形前、后工件图如图7.1所示。

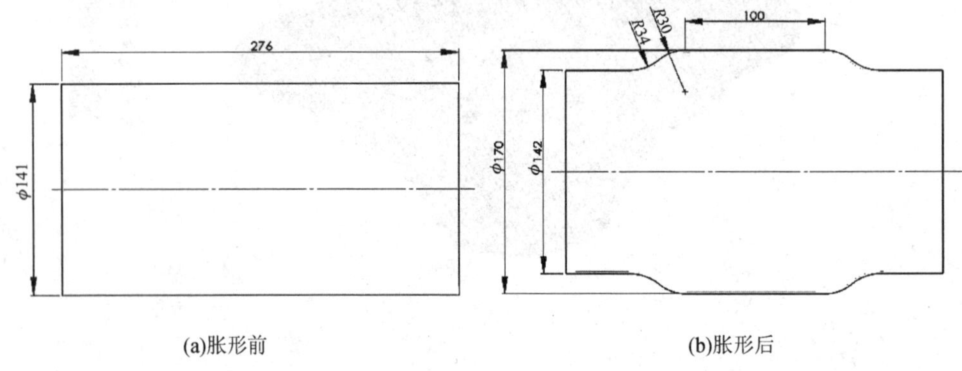

图7.1　圆管工件

7.1　圆管液压胀形的工艺分析

如图7.1(b)所示的工件，传统工艺是采用分半成形，然后焊接而成，显然不如整体成形效果好、精度高。近年来，随着汽车工业的发展，轻量化的汽车设计需要质量更轻、性能更好、整体性能更强的汽车零部件和结构件。液压胀形技术由于具备上述的优点，受到越来越多的关注。在国外，许多汽车制造商已经用液压胀形技术生产汽车的工件。

圆管在液压胀形过程中，最为关键的问题是两端推力和充液压力的控制。若两端推力过小，圆管在胀形过程中由于材料难以沿轴向进给流动，容易造成变薄严重，甚至破裂；推力过大圆管容易失稳起皱，难以贴管壁得到所需的成形精度。对于充液压力，若其值过小，则圆管难以胀形或胀形后尺寸不满足需求；若其值过大，胀形过程中需要更大的锁模力，使得工艺实施的难度增加。两端的推力和充液压力之间也有相互联系，只有匹配得当，才能使得工件更易胀形。因此，对两端推力和充液压力的控制决定了工件胀形的成功与否。

通过DYNAFORM软件进行圆管液压胀形过程的数值模拟，可以方便地为得到满意的胀形效果进行工艺参数的优化，为实际加工提供实用数据。

7.2　创建三维模型

利用 CATIA、Pro/ENGINEER、SolidWorks 或者 Unigraphics 等 CAD 软件建立胀形凹模、右推头、左推头和圆管坯的实体模型(保证它们同轴,并且轴线方向为运动方向),然后删除多余的面,留下胀形中的接触面,分别如图 7.2～图 7.5 所示。将上述文件另存为"＊.igs"格式。由于所在充液成形过程中液压力与工件的内表面接触,所以建立的胀形凹模的几何尺寸与圆管坯的外表面尺寸相一致。

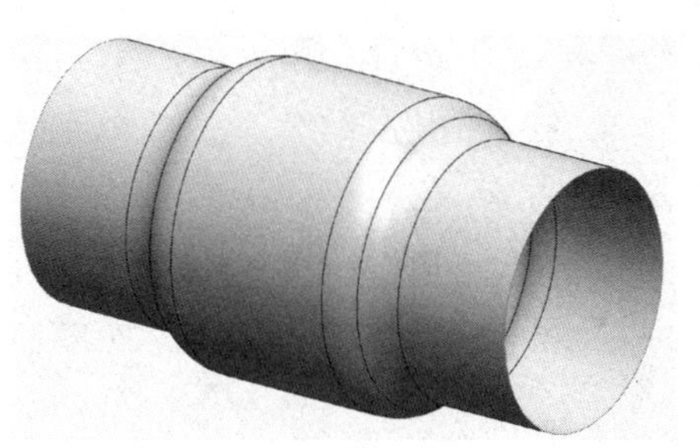

图 7.2　胀形凹模

图 7.3　右推头

图 7.4　左推头

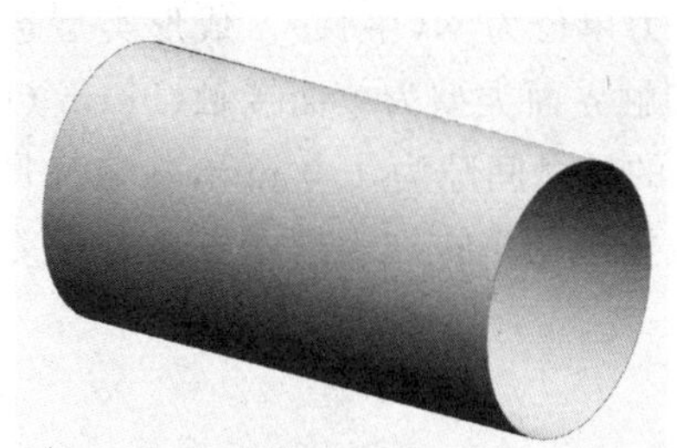

图 7.5　圆管坯

7.3　数据库操作

数据库操作的步骤如下所述。

1. 创建 DYNAFORM 数据库

启动 DYNAFORM 软件后,程序自动创建默认的空数据库文件 Untitled.df。选择 File→Save as 菜单项,修改文件名,将所建立的数据库保存在自己设定的目录下。

2. 导入模型

选择 File→Import 选项，将上面所建立的“*.igs”模型文件导入到数据库中，如图 7.6 所示。选择 Parts→Edit 菜单项，弹出如图 7.7 所示的 Edit Part 对话框，编辑修改各工具零件层的名称(Name)、编号(ID，注意 ID 不能重复)和颜色(Color，尽量将各个图层设置为不同的颜色，以便于区分)，将圆管坯层命名为 BLANK，胀形凹模层命名为 DIE，右推头层命名为 PUSH1，左推头层命名为 PUSH2，单击 OK 按钮，完成设置。

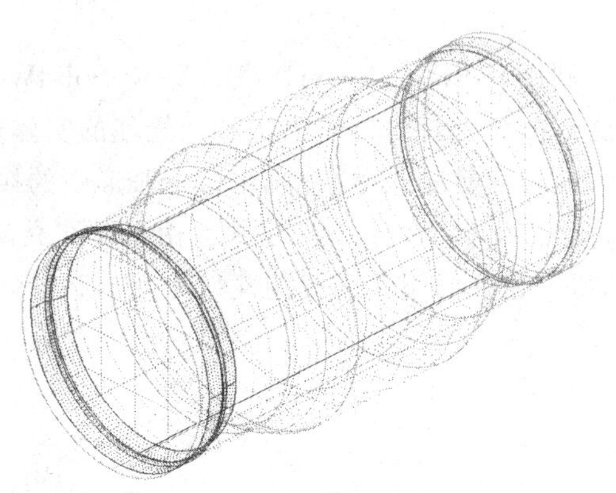

图 7.6　导入模型文件

3. 参数设定

选择 Tools→Analysis Setup 菜单项，弹出如图 7.8 所示的 Analysis Setup 对话框。默认的单位系统是长度单位为 mm(毫米)、质量单位为 TON(吨)、时间单位为 SEC(秒)和力单位为 N(牛顿)。成形类型选单动(Single action)。默认的圆管坯和所有工具接触界面类型为单面接触(Form One Way S. to S.)。默认的冲压方向为 Z 向。默认的接触间隙为 1.0 mm，在定义圆管坯厚度后此项设置的值将被自动覆盖。上述设置项的下拉列表框中各项的意义详见第 2 章。

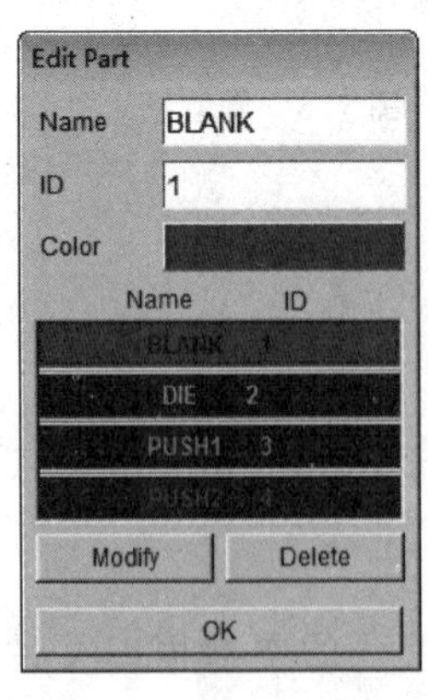

图 7.7　编辑工具零件层

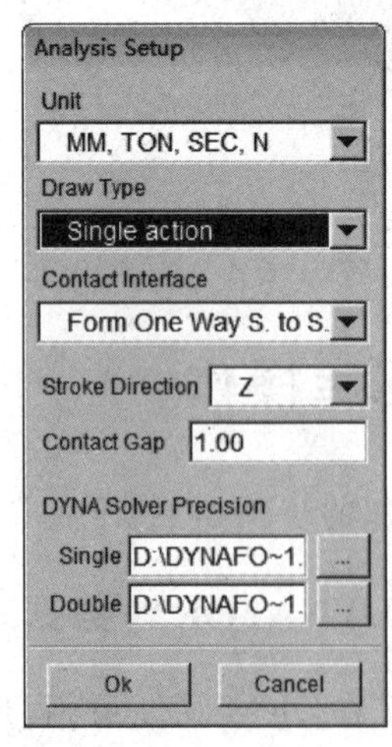

图 7.8　Analysis Setup 对话框

7.4　网格划分

1. 圆管坯网格划分

在确保当前文件层为圆管坯零件层的前提下，可选择 Preprocess→Element 菜单项，弹出如图 7.9 所示的 Element 工具栏。单击图中所圈的 Surface Mesh 工具按钮，弹出如图 7.10 所示的 Surface Mesh 对话框。在 Mesher 下拉列表框中选择 Part Mesh 选项，设置网格大小 Size 为 3，其他各项的值采用默认值。单击 Select Surfaces 按钮，在弹出的对话框中首先选择 Displayed Surf 选项（如图 7.11 所示），然后选择需要划分的曲面（如图 7.12 所示），所得到的网格单元如图 7.13 所示。

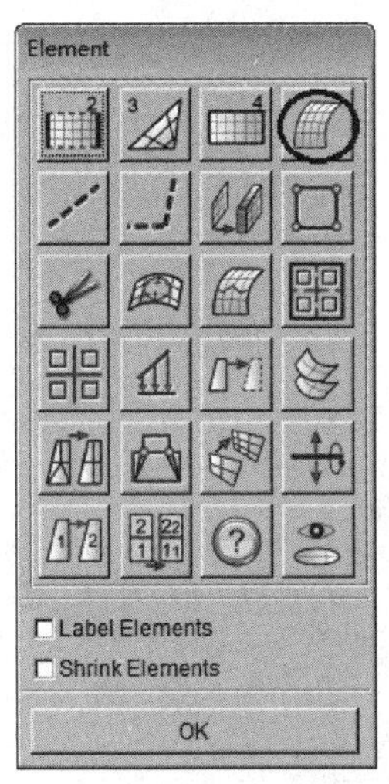

图 7.9　Element 工具栏

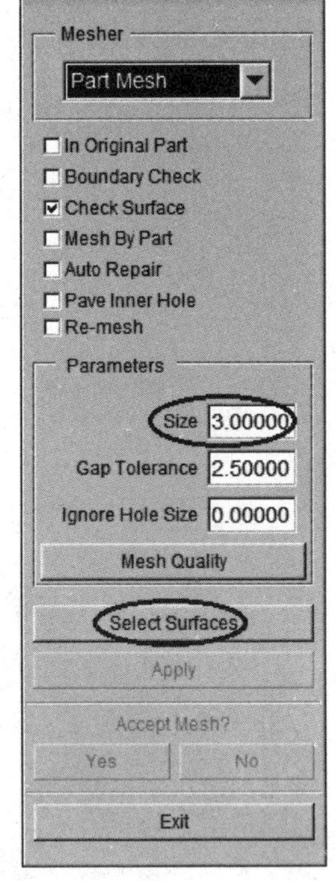

图 7.10　Surface Mesh 对话框

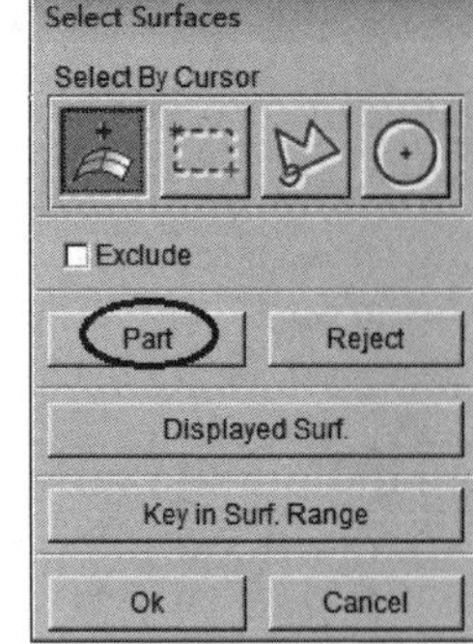

图 7.11　选择零件

2. 凹模的网格划分

设定当前工具零件层为 DIE 层。在图 7.10 的 Mesher 选项区域的下拉列表框中选中 Tool Mesh 选项，进行凹模网格划分，设置 Max. Size 大小为 4，Min. Size 大小为 2，如图 7.14 所示。之后的方法同圆管坯的网格划分方法，最后所得到的网格单元如图 7.15 所示。

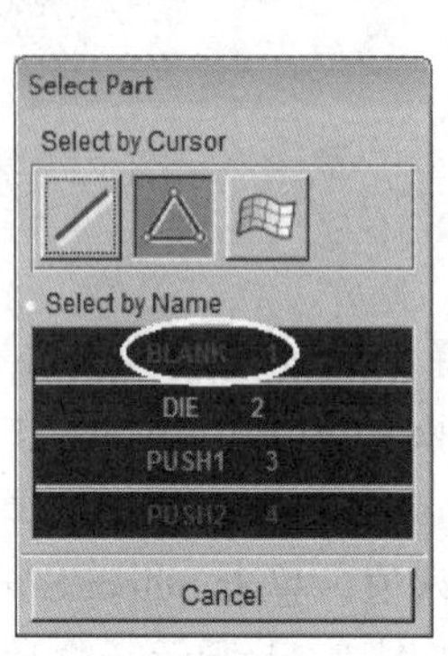

图 7.12 选取 Blank 零件

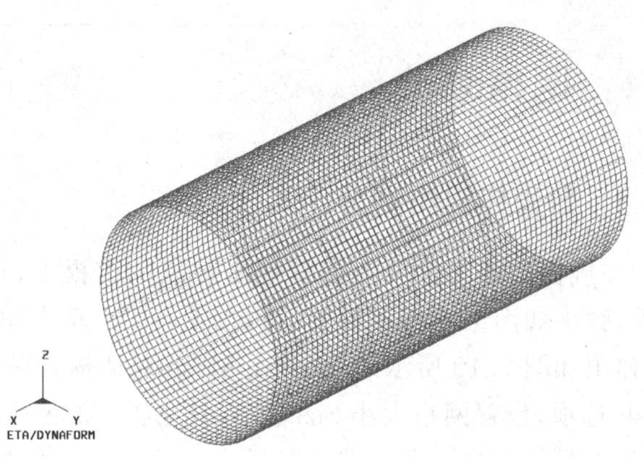

图 7.13 圆管坯划分的网格

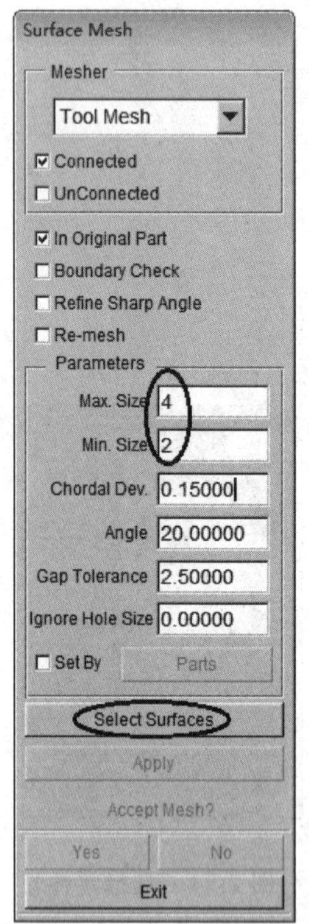

图 7.14 Surface Mesh 对话框

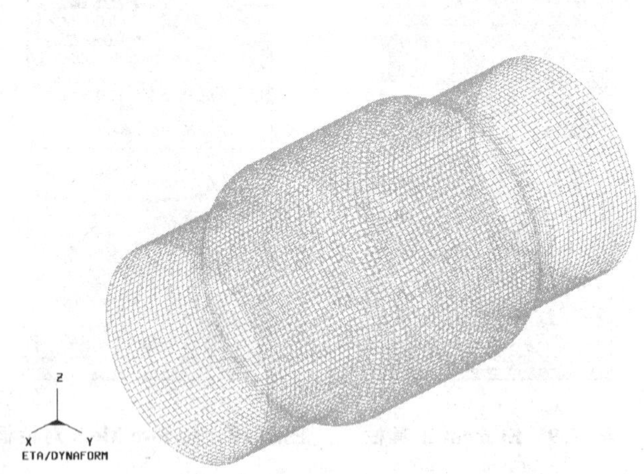

图 7.15 凹模划分的网格

3. 右推头和左推头的网格划分

分别设定当前工具零件层为 PUSH1 层和 PUSH2 层。在图 7.10 中的 Mesher 选项区域的下拉列表框中选中 Tool Mesh 选项，分别进行右推头和左推头网格划

分，设置 Max. Size 为 10、Min. Size 为 1，如图 7.16 所示。之后的方法同圆管坯的网格划分方法，最后所得到的网格单元分别如图 7.17 和图 7.18 所示。

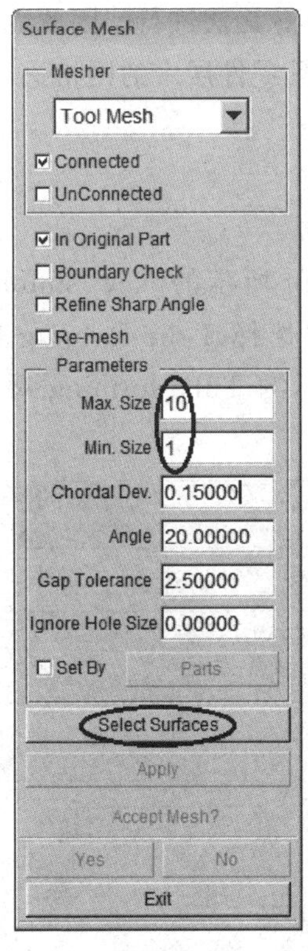

图 7.16　Surface Mesh 对话框

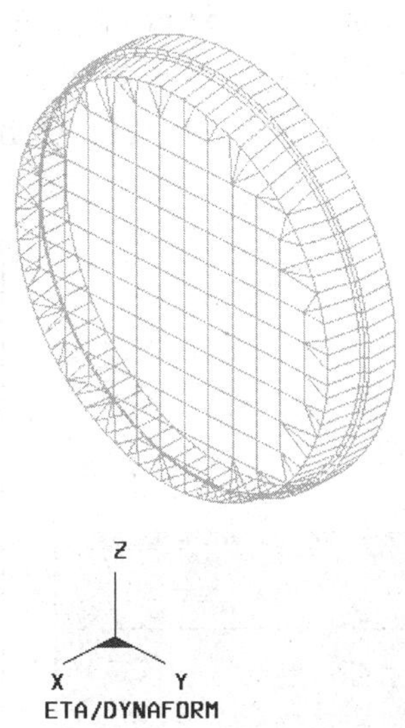

图 7.17　右推头划分的网格

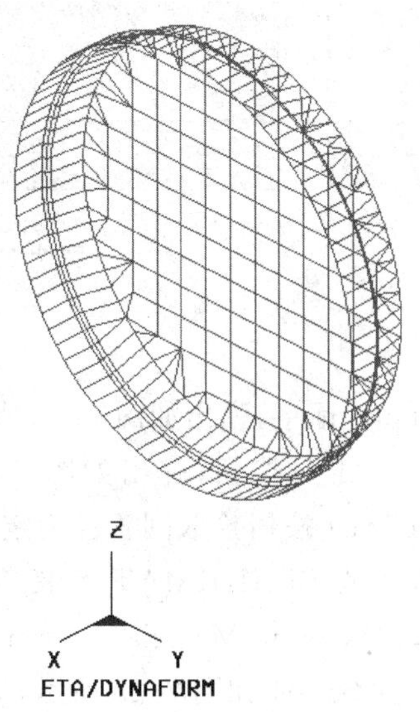

图 7.18　左推头划分的网格

4. 网格检查

网格缺陷会严重影响胀形的模拟结果，甚至使计算无法进行。因此，必须对网格单元进行检查。参考第3章网格检查方法对各个工具零件层中的网格进行检查。

7.5 自动设置

选择Setup→AutoSetup菜单项，弹出如图7.19所示的New simulation对话框。在Simulation选项区域的Type下拉列表框中选择Tube forming选项，设置Tube的厚度为2，单击OK按钮，弹出如图7.20所示的Tube forming对话框，定义任务名称。

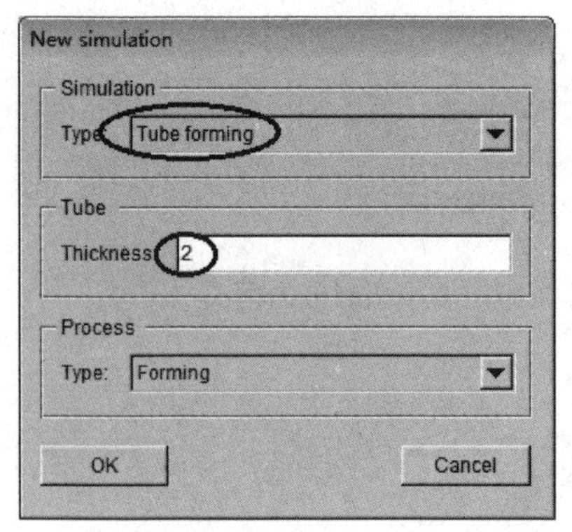

图7.19 选择模拟类型

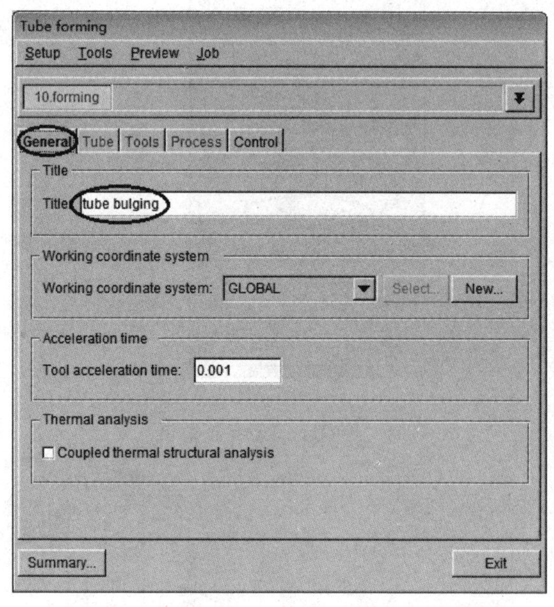

图7.20 定义任务名称

1. 定义圆管坯料

单击图7.20中所示的Tube标签，弹出如图7.21所示的Tube选项卡。单击图中椭圆所圈的Define geometry工具按钮，弹出如图7.22所示的Define geometry(定义几何)对话框，单击Add Part按钮拾取圆管坯为定义几何，显示如图7.23所示的对话框。单击图中椭圆所示的BLANKMAT工具按钮，弹出如图7.24所示的Material对话框定义材料属性，单击Material Library按钮，在弹出的Material Library对话框选择Material为SS304如图7.25所示，单击OK按钮，弹出应力—应变曲线如图7.26所示，定义圆管坯的厚度为2.00，如图7.27所示。

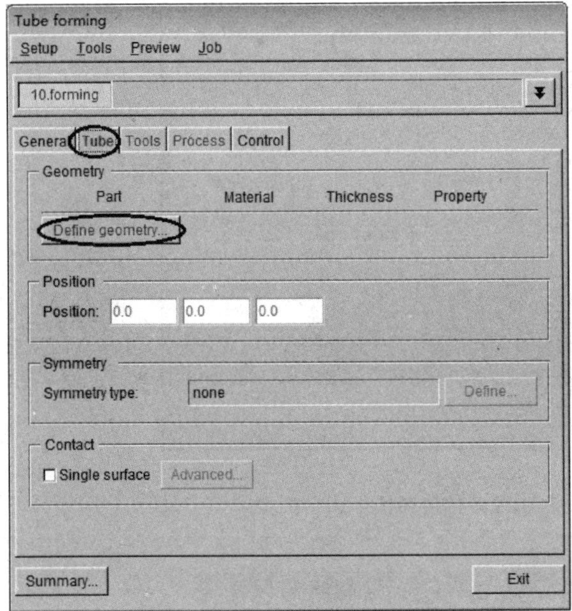

图 7.21　**Tube forming 对话框——Tube 选项卡**

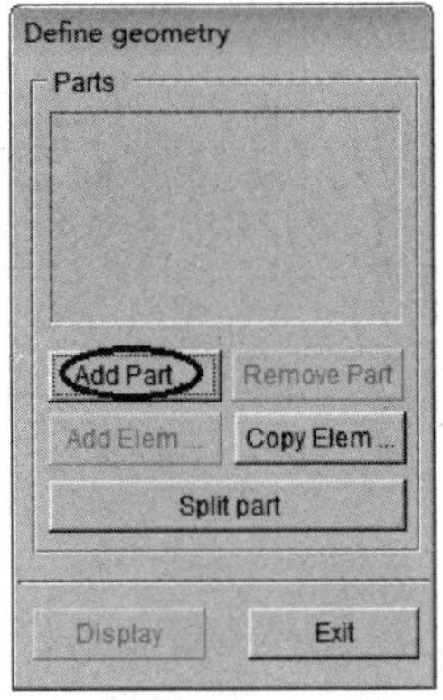

图 7.22　**Define geometry 对话框**

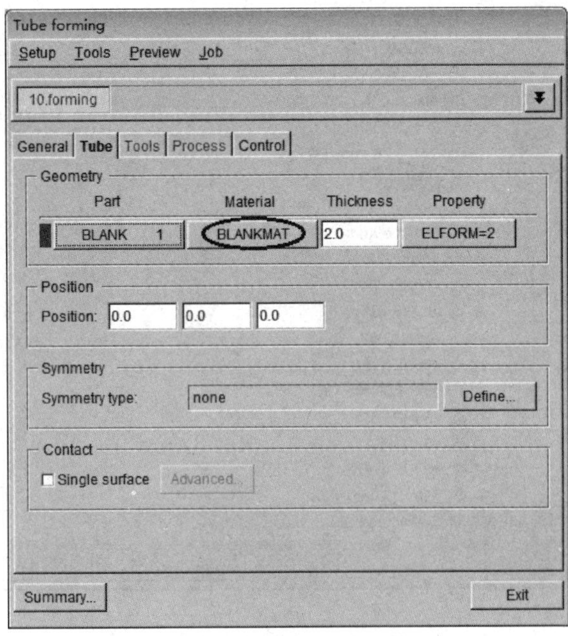

图 7.23　**参数定义对话框**

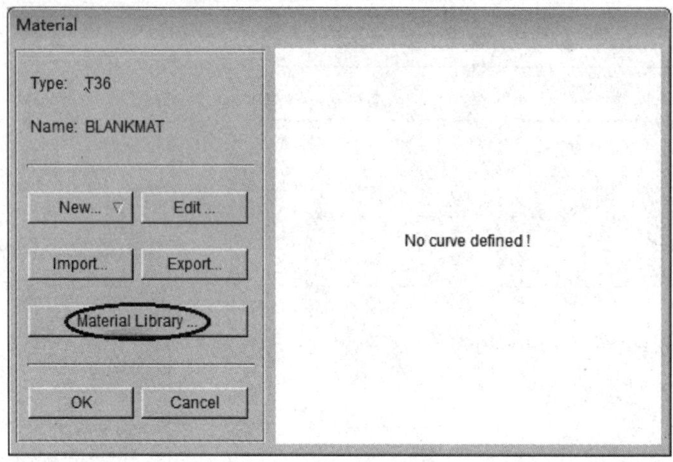

图 7.24 定义材料属性

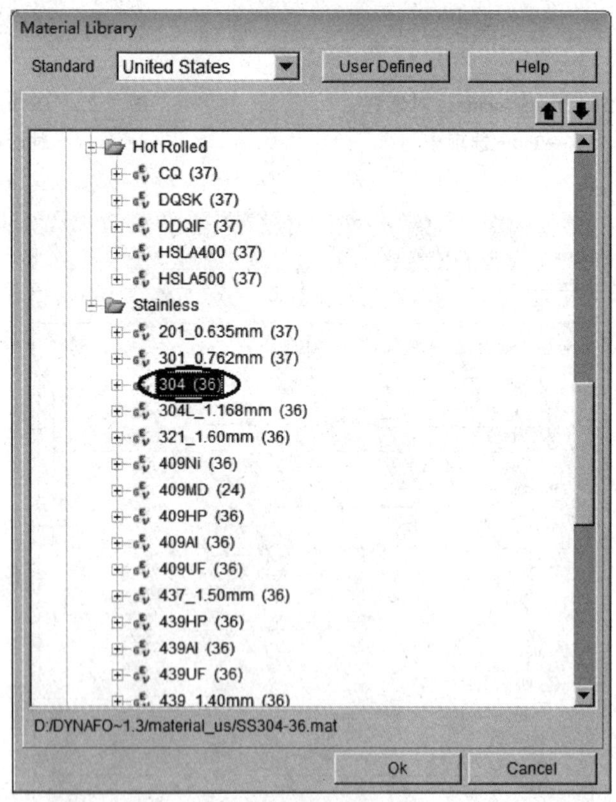

图 7.25 选取材料种类

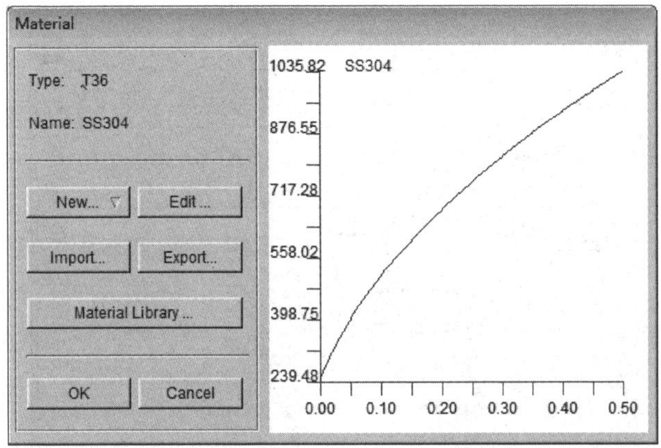

图 7.26　材料的应力应变曲线

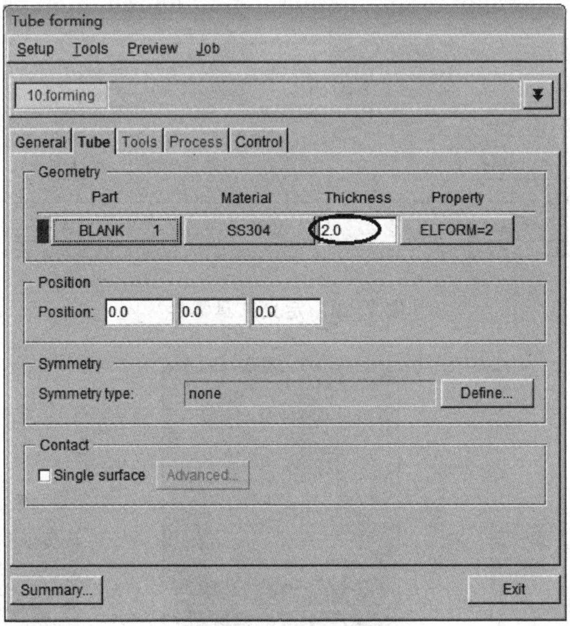

图 7.27　定义材料厚度

2. 定义工具零件

单击图 7.20 中所示的 Tools 标签，弹出如图 7.28 所示的选项卡。单击 Define geometry 按钮，弹出如图 7.29 所示的 Define geometry 对话框，单击 Add Part 按钮，弹出如图 7.30 所示的 Select Part 对话框，单击图中椭圆所圈的工具按钮，弹出如图 7.31 所示的 Define geometry 对话框，定义了右推头如图 7.32 所示。定义右推头的移动方向沿 Y 轴正方向，如图 7.33 所示。

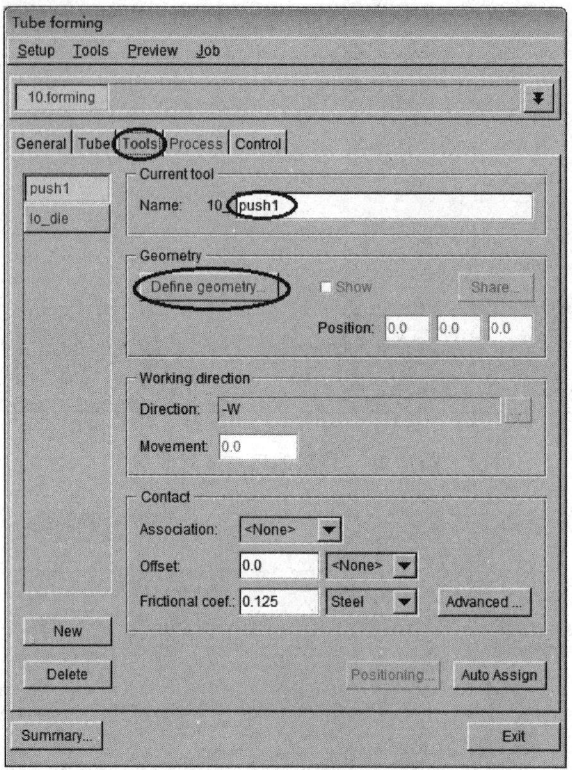

图 7.28　定义工具零件

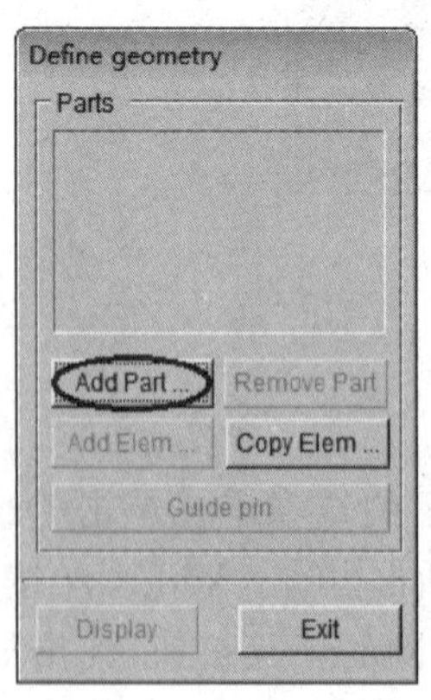

图 7.29　添加工具零件

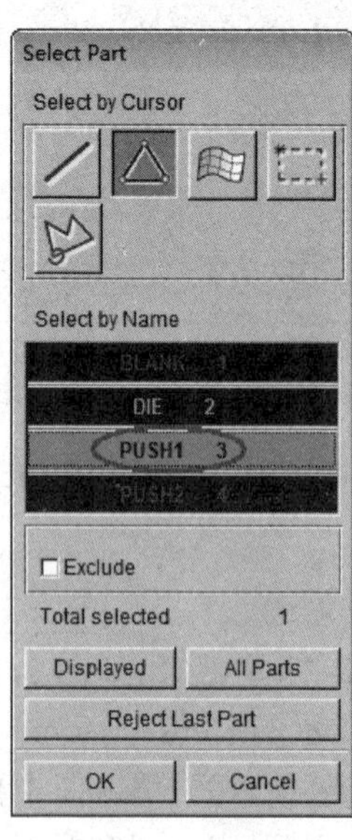

图 7.30　选择工具零件

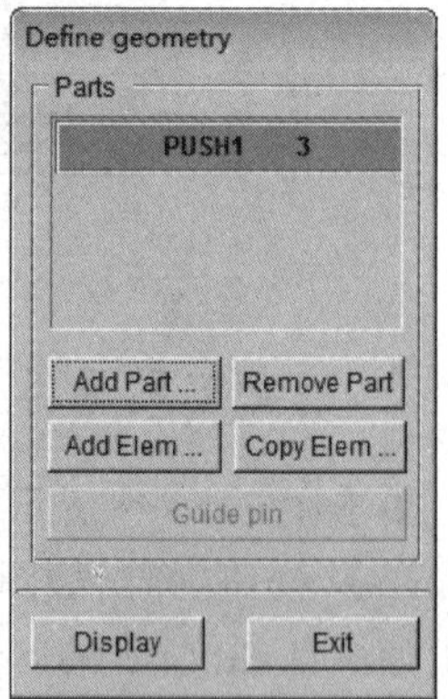

图 7.31　定义工具零件

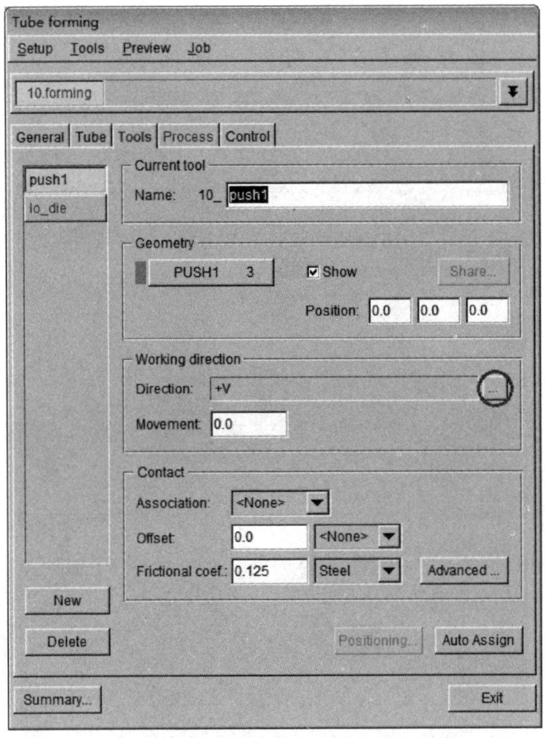

图 7.32　完成右推头工具零件定义

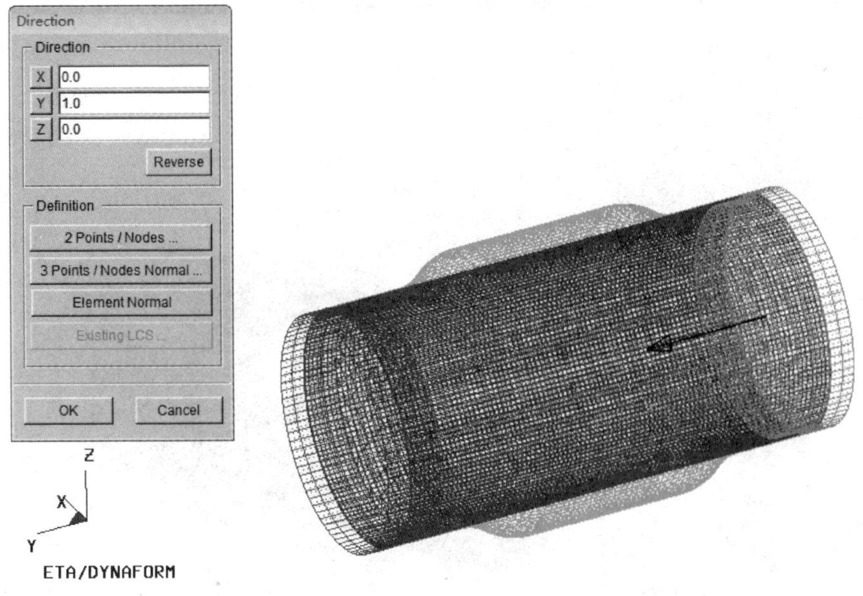

图 7.33　定义右推头工具零件的移动方向

左推头的定义过程如同右推头，完成的定义对话框如图 7.34 所示。不同的是定义左推头的移动方向为逆 Y 轴正方向，如图 7.35 所示。

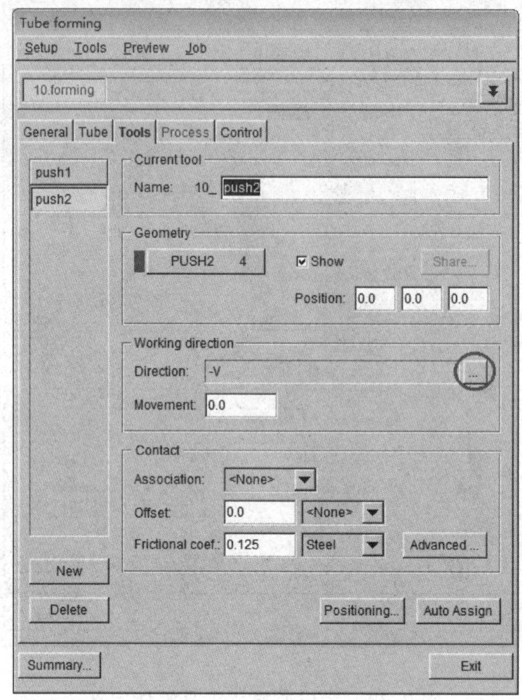

图 7.34　完成左推头工具零件定义

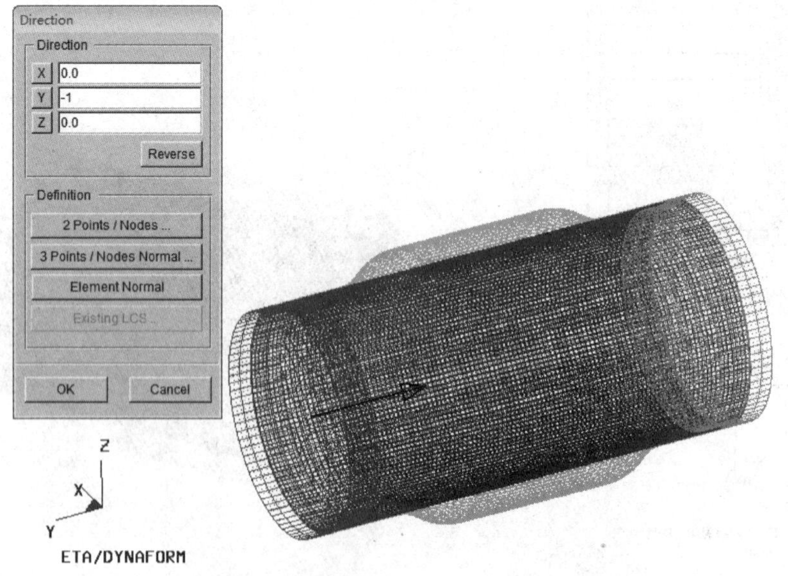

图 7.35　定义左推头工具零件的移动方向

凹模的定义过程如同右推头，完成的定义对话框如图 7.36 所示。

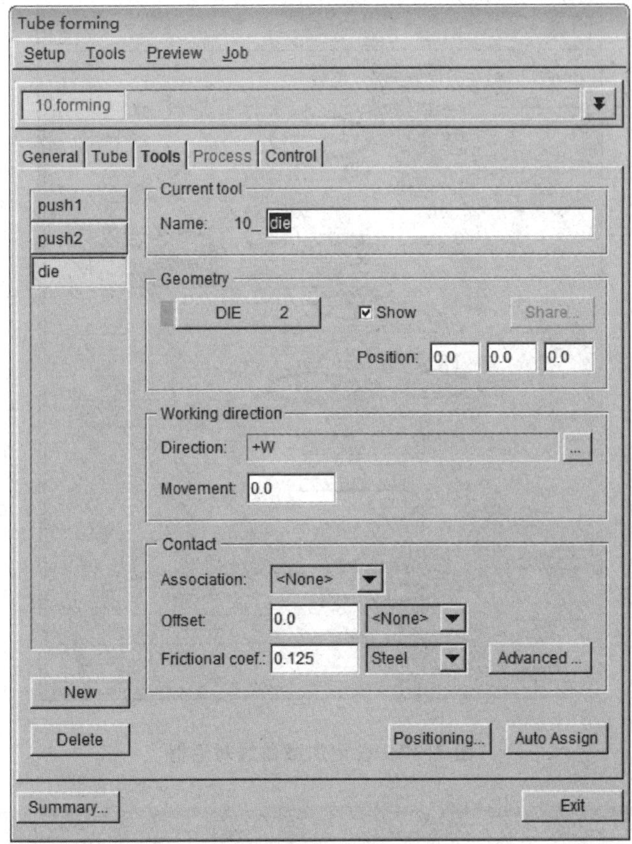

图 7.36 完成凹模工具零件定义

3. 定义加载曲线

单击图 7.20 中所示的 Process 标签，弹出如图 7.37 所示的 Process 选项卡。单击 Hydroforming 定义过程名称。在图 7.37 Tool control 选项区域中的 push1 和 push2 下拉列表框中都选择 Force 选项，在 Edit 下拉列表框中选择 VS. Time 选项，设定推力随时间变化的曲线，如图 7.38 所示。在图 7.37 中 Die 下拉列表框中选择 Stationary 选项表示在胀形过程中静止不动。在图 7.37 中的 Hydro mech 下拉列表框中选择 Pressure 选项，单击图中椭圆所圈的 P=0 工具按钮，弹出如图 7.39 所示的 Hydro mech 对话框，编辑液压力随时间变化的曲线，如图 7.40 所示。在图 7.37 的 Time 文本框中设定时间为 0.05，在 D3plot 中输入 Total number=15，完成加载曲线的设定。

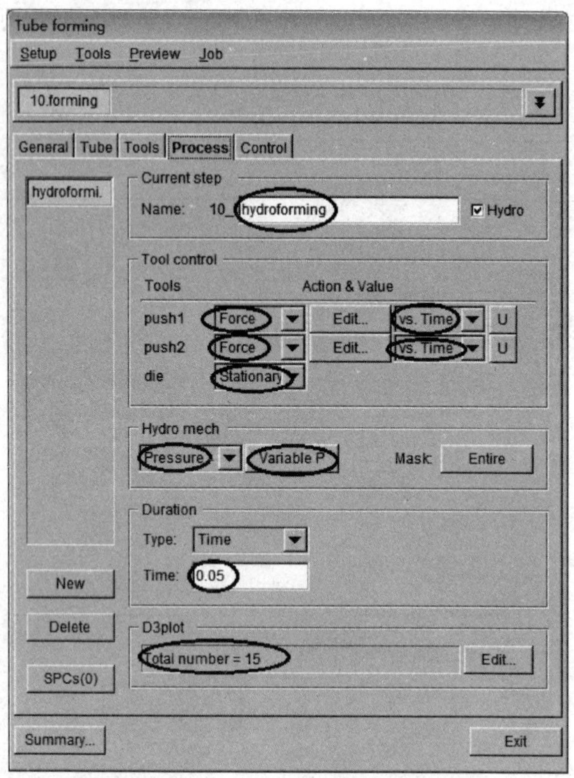

图 7.37 设定加载曲线对话框

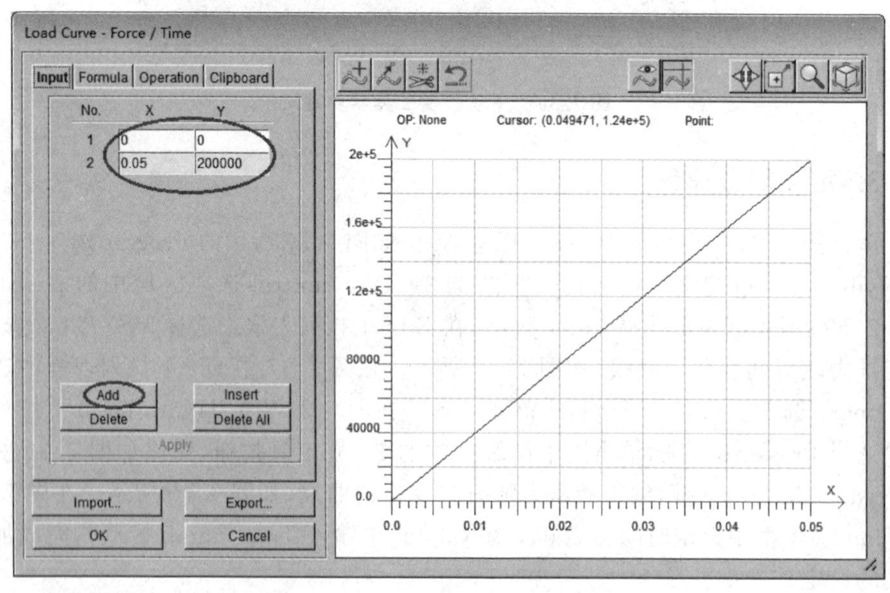

图 7.38 设定推力随时间变化的曲线

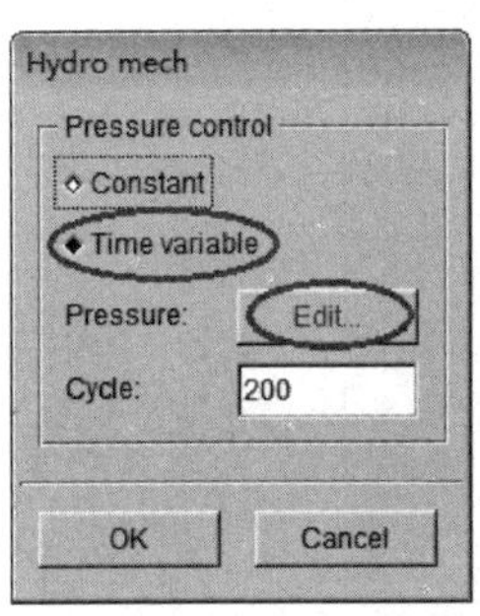

图 7.39　设定加载曲线对话框

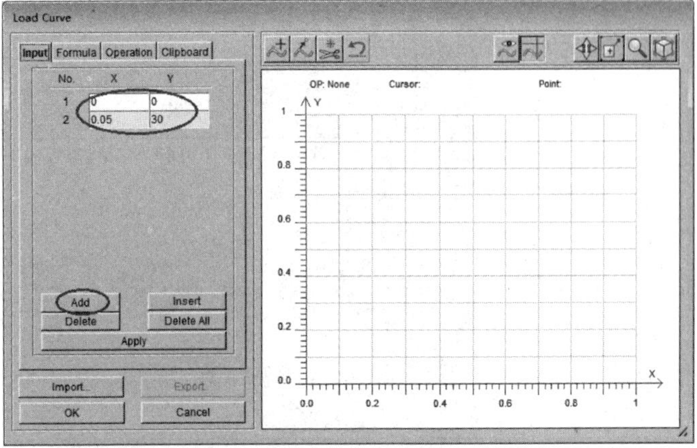

图 7.40　设定液压力随时间变化的曲线

7.6　求解计算

单击图 7.20 中所示的 Control 标签，弹出如图 7.41 所示的 Control 选项卡。选择该对话框中的 Job→Job Submitter 菜单项，弹出如图 7.42 所示的 Job options 对话框，单击 Submit 按钮提交运算。运算界面如图 7.43 所示，求解窗口如图 7.44 所示。

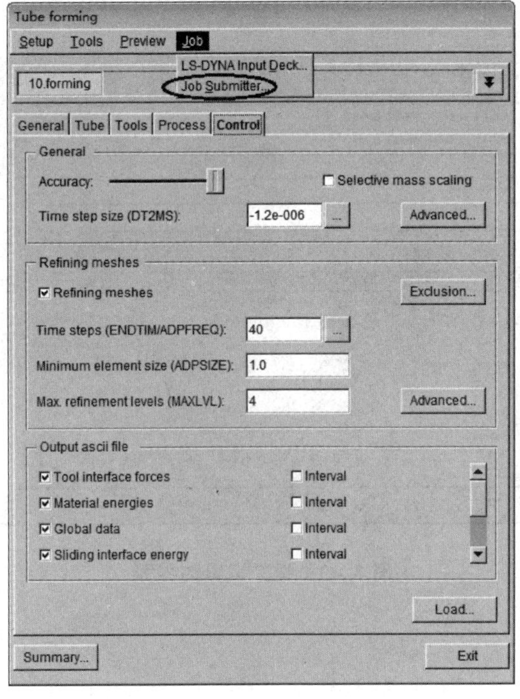

图 7.41　设定 Control 参数

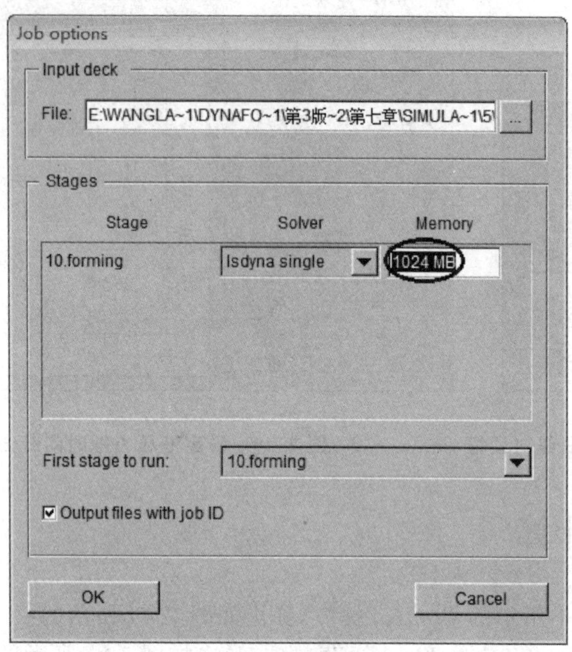

图 7.42　设定 Specify memory 的大小

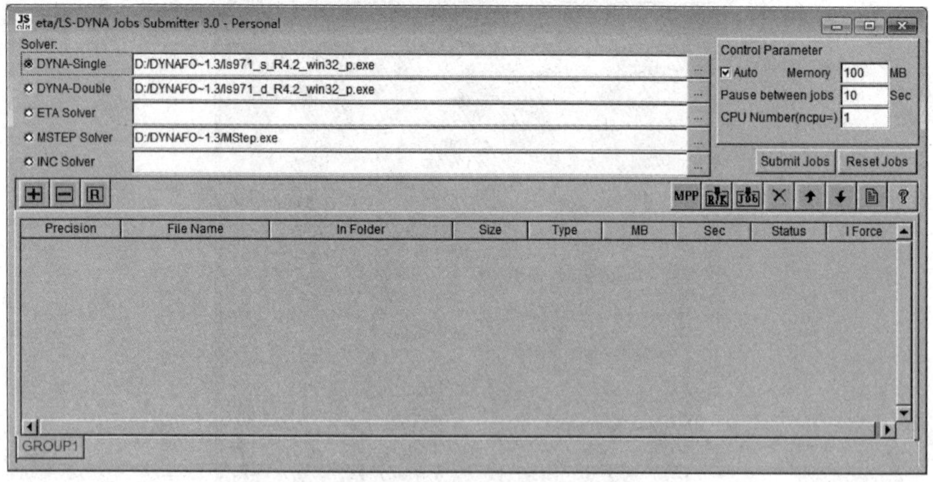

图 7.43　提交运算的界面

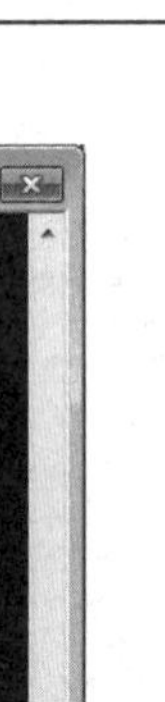

```
LSDYNA - E:/WANGLA~1/DYNAFO~1/第3版~2/第七章/SIMULA~1/1/1.dyn
eroded hourglass energy........      0.00000E+00
total energy..................       2.22470E+06
total energy / initial energy..      1.00000E+00
energy ratio w/o eroded energy.      1.00000E+00
global x velocity.............       5.64588E+00
global y velocity.............      -4.31610E+01
global z velocity.............      -6.89590E+01
number of nodes...............             24162
number of elements............             23911

number of shell elements that
reached the minimum time step..    0
cpu time per zone cycle...........      209108 nanoseconds
average cpu time per zone cycle....       1714 nanoseconds
average clock time per zone cycle..       1704 nanoseconds

estimated total cpu time          =       1898 sec (       0 hrs 31 mins)
estimated cpu time to complete    =       1880 sec (       0 hrs 31 mins)
estimated total clock time        =       1886 sec (       0 hrs 31 mins)
estimated clock time to complete  =       1869 sec (       0 hrs 31 mins)

added mass          =    1.6262E-02
percentage increase =    4.6578E+02
```

图 7.44　求解窗口

7.7　后置处理

运行结束之后，单击 DYNAFORM 界面菜单上的 PostProcess，会出现软件的 ETA/PostProcess 界面，选择 File→Open 菜单项，然后选择 D3plot 文件。在屏幕右侧出现如图 7.45 所示的对话框。在 Frames 下拉列表框默认选项为 Single Frame，选择列表中的各项可以查看每一步的胀形情况。在 Frames 下拉列表框中选择 All Frames 选项，再单击“播放”按钮▶可以连续查看圆管坯胀形的整个过程。单击“录制”按钮●可以录制胀形的整个过程。最后胀形出如图 7.46 所示的工件。工件的 FLD 曲线如图 7.47 所示，最终壁厚分布情况如图 7.48 所示。根据计算数据分析胀形结果是否满足工艺要求。

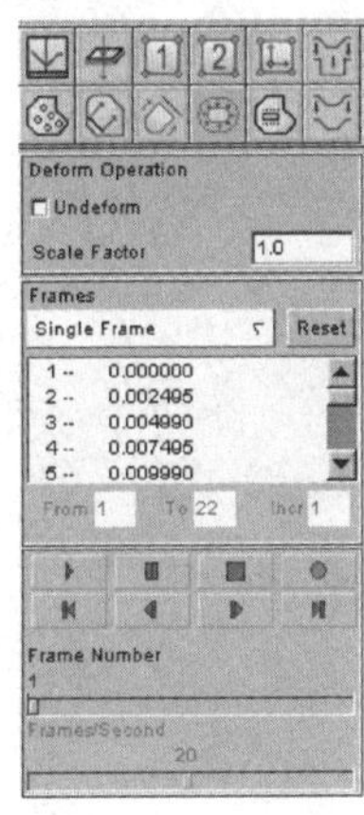

图 7.45　“工具零件运动设置”对话框

图 7.46　胀形工件分析结果

图 7.47 工件的 FLD 曲线

图 7.48 最终工件的壁厚分布情况

第 8 章　家用轿车引擎盖拉延成形过程分析

8.1　家用汽车引擎盖工艺分析

图 8.1 所示的长为 1 100 mm，宽度为 1 000 mm，厚度 1.2 mm。工件的工艺性是指该工件加工制造的可行性及方便性，其影响因素有工件材料特性、几何特性、工艺成形方法等。拉延是汽车引擎盖冲压成形中最为关键的工序，因此汽车引擎盖的工艺性分析主要在于拉延成形分析。

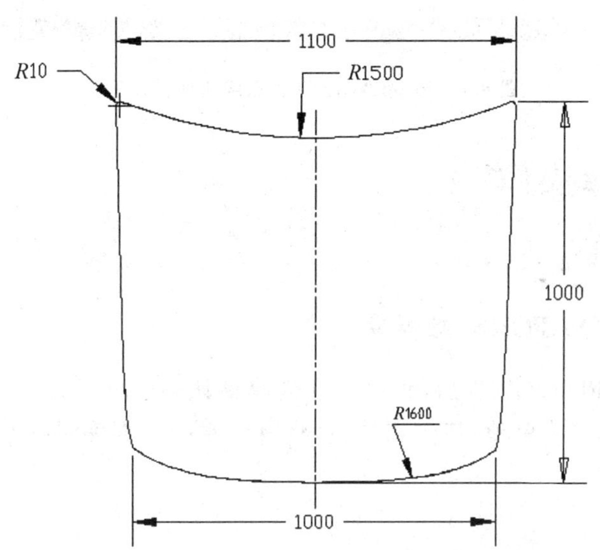

图 8.1　家用轿车引擎盖

8.2　创建三维模型

利用 CATIA、Pro/ENGINEER 等 CAD 软件建立家用轿车引擎盖的实体模型，如图 8.2 所示。将所建立实体模型的文件以“ * . igs”格式进行保存。

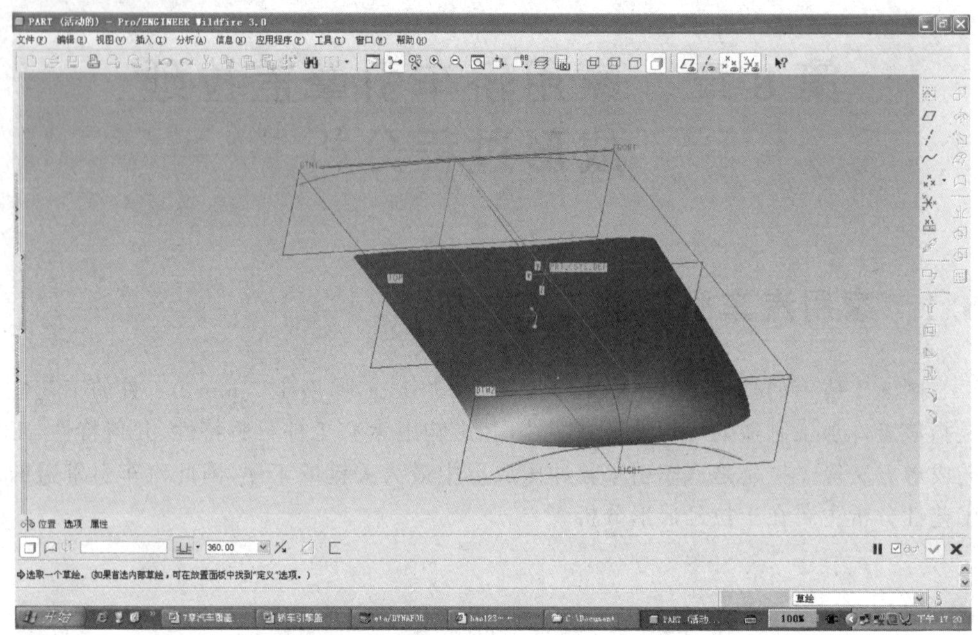

图 8.2 Pro/ENGINEER 三维实体模型图

8.3 数据库操作

具体操作步骤如下所述。

1. 创建 DYNAFORM 数据库

启动 DYNAFORM 软件后，程序自动创建默认的空数据库文件 Untitled. df。选择 File→Save as 菜单项，修改文件名，将所建立的数据库保存在自己指定的目录下。

2. 导入模型

选择 File→Import 菜单项，将上面所建立的“ *. igs”模型文件分别导入到数据库中，如图 8.3 所示。选择 Parts→Edit 菜单项，弹出如图 8.4 所示的 Edit Part 对话框，编辑修改工具零件层的名称、编号和颜色，将家用轿车引擎盖的零件层命名为 PART。

3. 参数设定

选择 Tools→Analysis Setup 菜单项，弹出如图 8.5 所示的 Analysis Setup 对话框。默认的单位系统是长度单位为 mm(毫米)，质量单位为 TON(吨)，时间单位为 SEC(秒)，力单位为 N(牛顿)。成形类型选单动(Single action)，凸模在毛坯的下面。

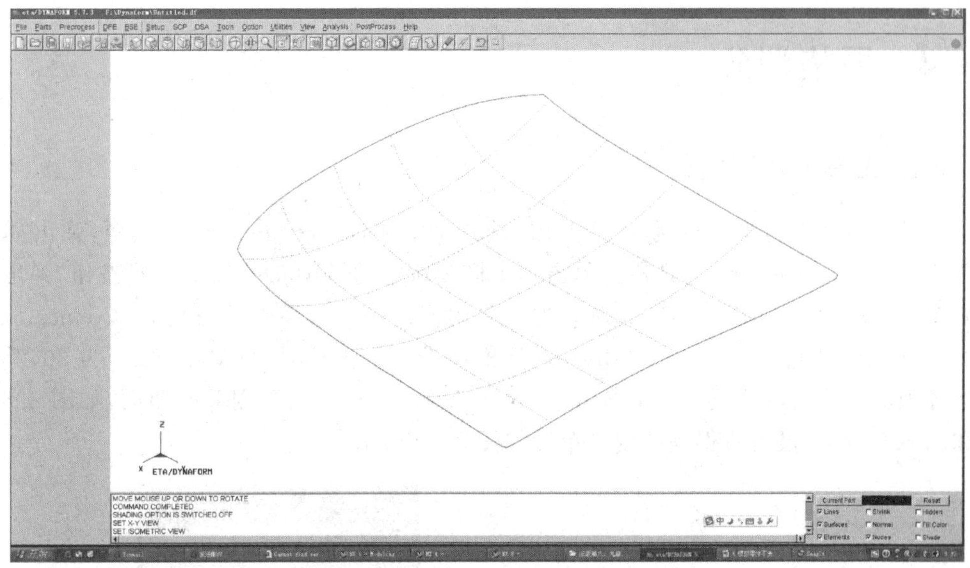

图 8.3　导入家用轿车引擎盖的模型文件

默认的毛坯和所有工具的接触界面类型为单面接触(Form One Way S. to S.)。默认的冲压方向为 Z 向。默认的接触间隙为 1.0 mm,接触间隙是指自动定位后工具和毛坯之间在冲压方向上的最小距离,在定义毛坯厚度后此项设置的值将被自动覆盖。

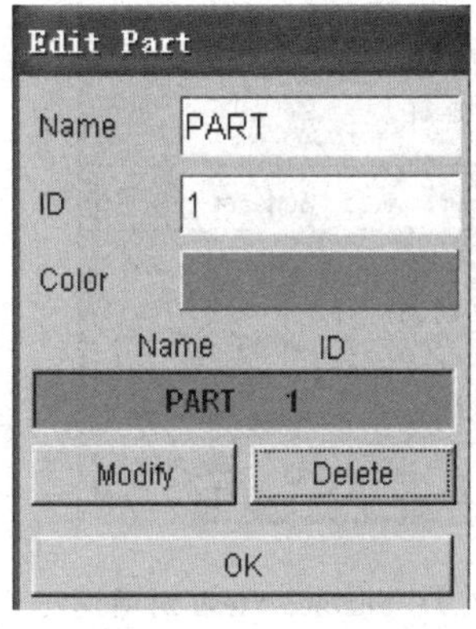

图 8.4　编辑工具零件层

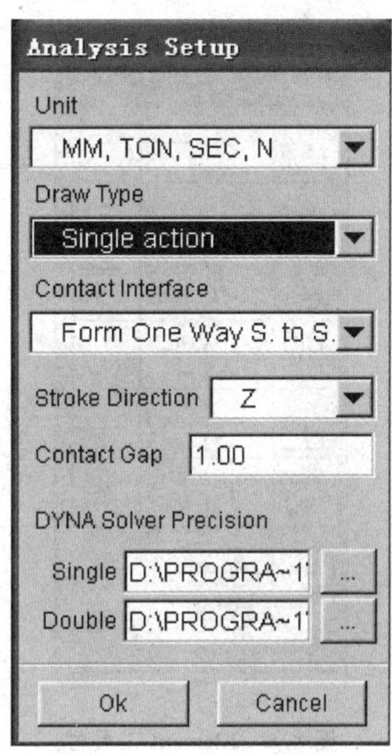

图 8.5　分析参数设置

8.4 网格划分

1. 工具零件网格划分

设定当前工具零件层为 PART 层，选择 Preprocess→Element 菜单项，弹出如图 8.6 所示的 Element 工具栏。单击图中椭圆所示的 Surface Mesh 工具按钮，弹出如图 8.7 所示的 Surface Mesh 对话框。采用连续的工具零件网格划分(Connected Tool Mesh)方式。在 Surface Mesh 对话框中设定最大单元值(Max. Size)为 30，其他各项的值采用默认值。单击 Select Surfaces 按钮，选择需要划分的曲面，如图 8.8 和图 8.9 所示，最后所得到的网格单元如图 8.10 所示。

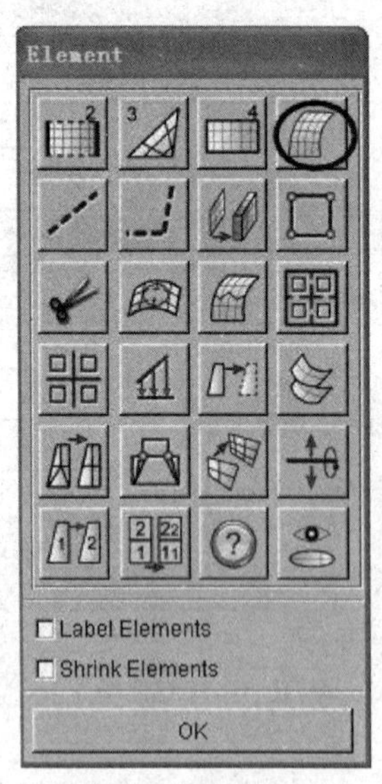

图 8.6 Element 工具栏

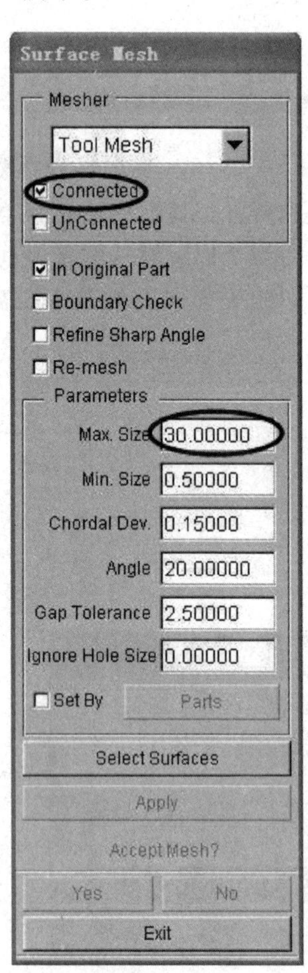

图 8.7 Surface Mesh 对话框

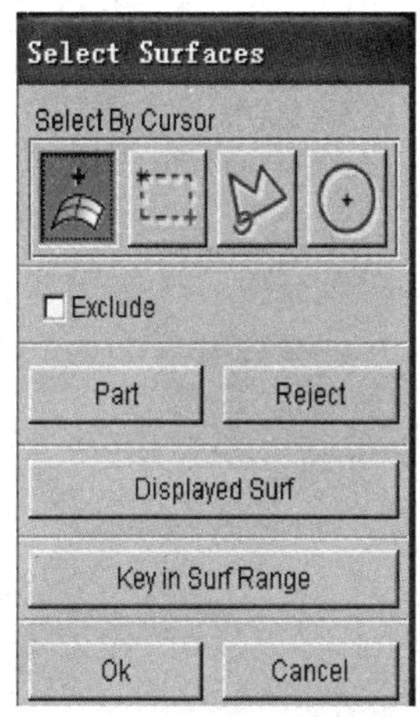

图 8.8　选择划分网格的曲面

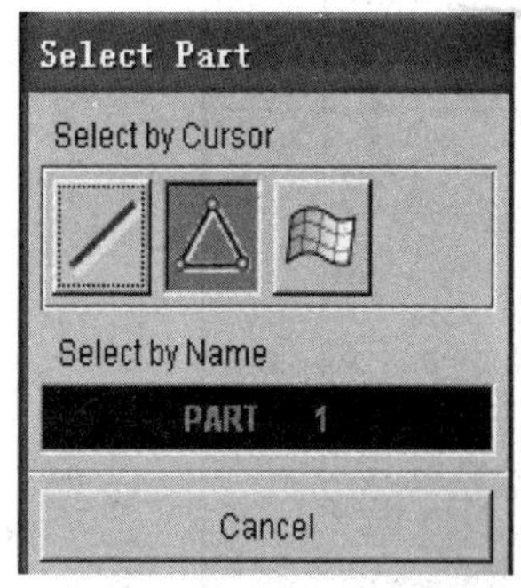

图 8.9　选择 PART 层的曲面划分网格

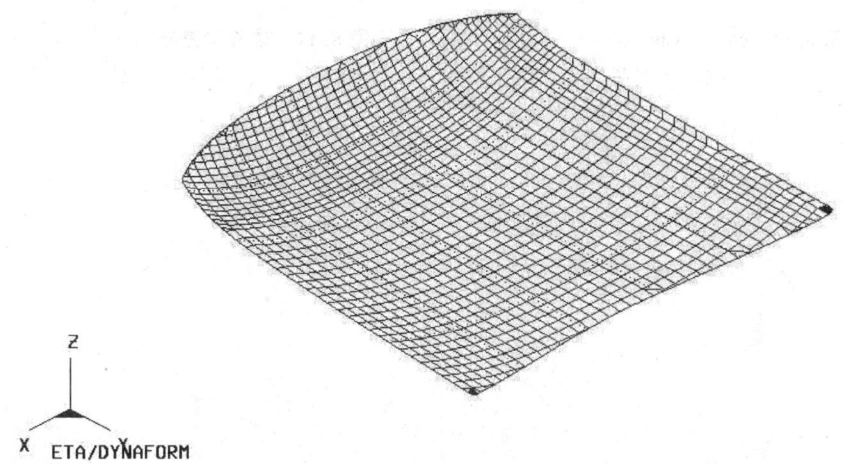

图 8.10　PART 层划分网格单元

2. 网格检查和修补

选择 Preprocess→Model Check/Repair 菜单项，弹出如图 8.11 所示的 Model Check/Repair 工具栏，分别单击“边界线显示(Boundary Display)”和“法向量显示(Auto Plate Normal)”工具按钮，如图 8.12 所示。在观察边界线显示结果时，为更好地观察结果中存在的缺陷，可将曲线、曲面、单元和节点都隐藏，所得结果如图 8.13 所示。查看法向量消息对话框，确认所有单元的法向量方向一致。

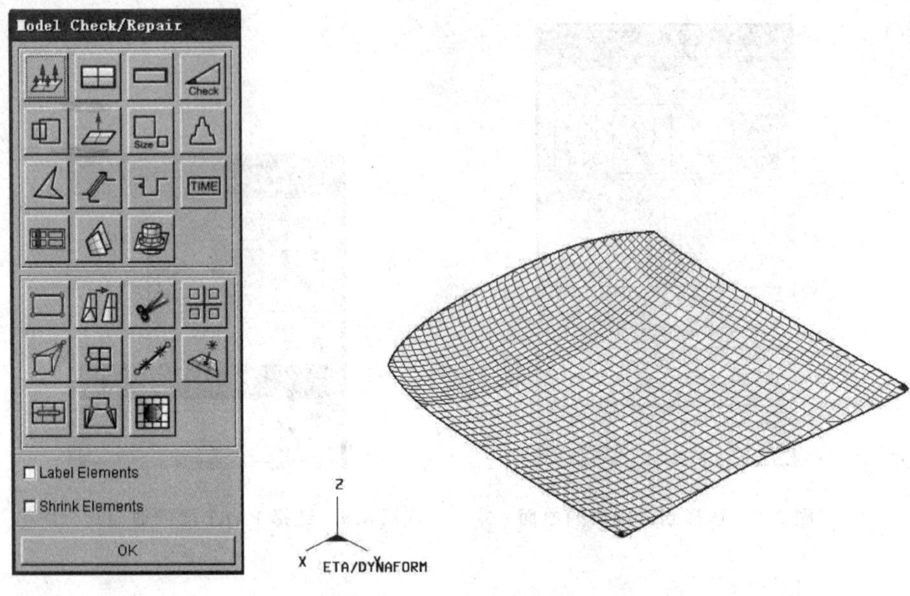

图 8.11 Model Check/Repair 工具栏

图 8.12 边界检查结果

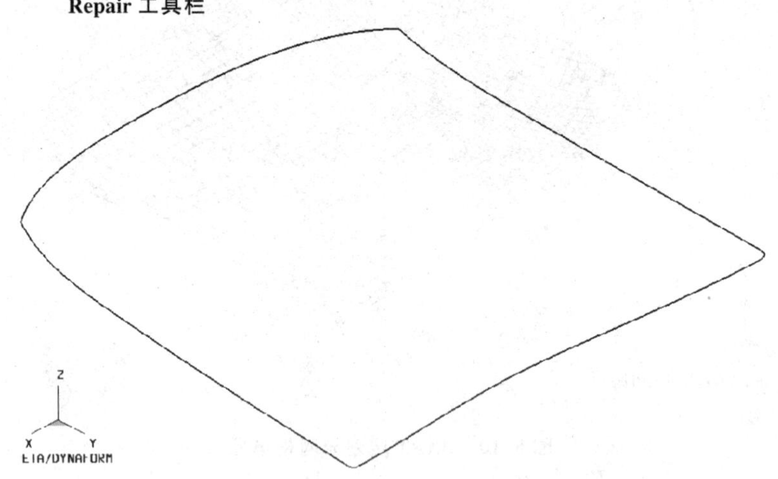

图 8.13 去掉曲线、曲面、单元、节点后的结果

8.5 模面工程

具体操作如下所述。

1. 冲压方向的调整

选择 DFE→Preparation 菜单项，弹出如图 8.14 所示的 DFE Preparation 对话

框。单击 Tipping(冲压方向调整)标签,弹出如图 8.15 所示的 Tipping 选项卡对话框,单击 Add 按钮,指定当前的工具零件层为 PART1,弹出如图 8.16 所示的对话框。

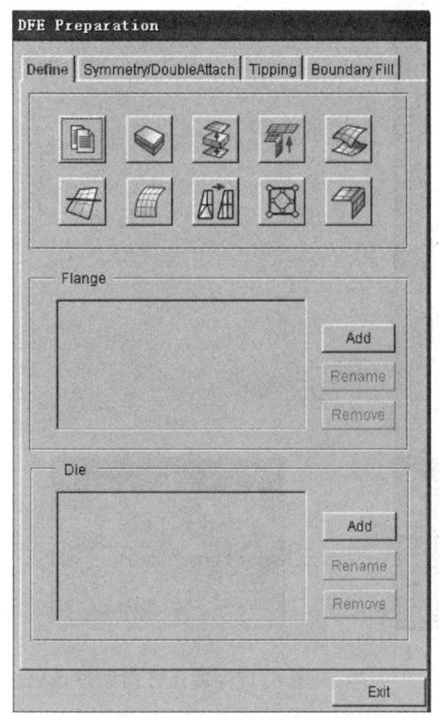

图 8.14　调整冲压方向

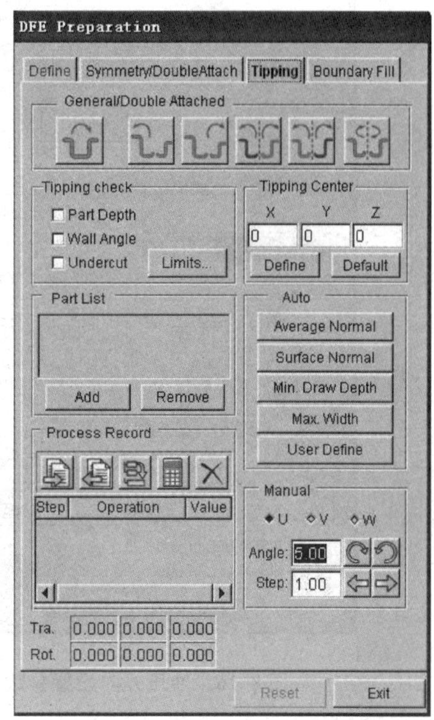

图 8.15　冲压方向设置对话框

图 8.15 中有关参数的设置如下所述:

(1) 拉延深度(Part Depth)

选择此选项后,程序会在凹模上显示出拉延深度等值线图。不同的拉延深度对应不同的颜色值。拉延深度值是根据毛坯和凸模第一个接触点而估算得到的。当凸、凹模闭合时,将毛坯上和凸模开始接触的第一个点作为参考点,然后其他点将相对此参考点计算出拉延深度值。

(2) 冲压负角(Undercut)

选择此选项后,程序在凹模上显示一个用三种不同颜色表示的云图,此云图用来说明对应的每一个单元是否会存在冲压负角。红色表示此区域单元的拔模斜度小于零度,即小于定义的严重区域(Severe),存在严重的冲压负角,因此需要用户调整冲压方向;蓝色表示此区域的单元的拔模斜度位于 0°～6 °之间,即位于危险区域(Marginal);绿色表示此区域单元的拔模斜度大于 6 °,属于合理区域。用户也可以自己定义严重区域和危险区域的角度范围值,选择 Undercut 复选项,单击 Limits(界限),弹出如图 8.17 所示的 Undercut Limit 对话框,输入数字,进行修改。

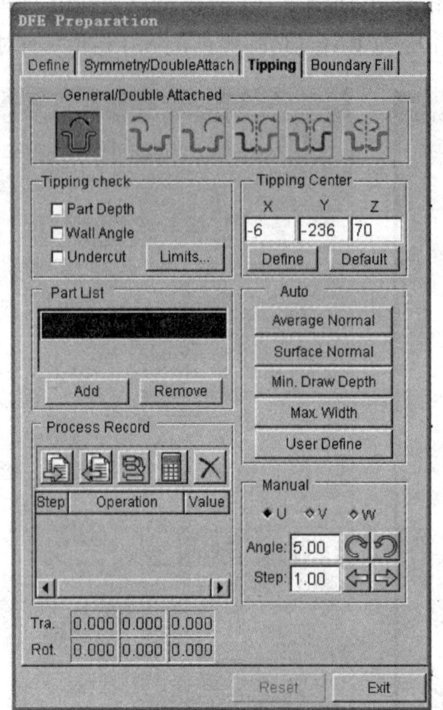

图 8.16　冲压方向设置参数

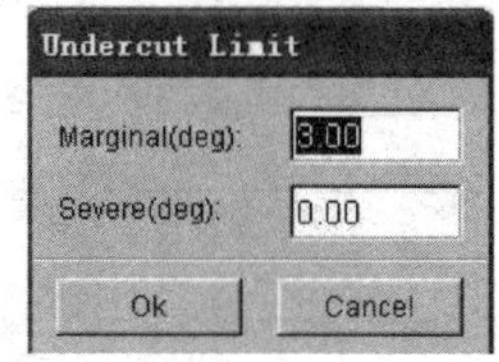

图 8.17　冲压方向调整选项

(3) 拔模角度(Wall Angle)

以不同的颜色显示模型轮廓拔模角度的大小。

(4) 自动调整冲压方向(Auto Tipping)

本功能通过平均所有单元的法矢来调整冲压方向，使冲压负角(Undercut)和拉延深度(Draw Depth)达到最小，从而自动将工件旋转到合适的冲压位置。除了自动调整冲压方向功能以外，用户还可以分别绕 U，V，W 轴将工件调整到一个适合于拉延的方向。

由于工件为成形后的数模，在工件的制造过程中，有翻边的工序时，会在工件中出现负角部分，因此必须先将这些负角部分去除掉，才能顺利地进行下一步的工艺补充。

在 DANYFORM 中自动调整冲压方向后，可以直观地看到工件负角部分，将负角去除，最终确定冲压方向。冲压方向的选择一般根据用户的经验决定，也可以参考 TIPPING 命令中的最小拉延深度和最小过切来调节冲压方向，或者运用 Auto - Tipping 命令自动调整方向。本例中，在设计家用轿车覆盖件模具时，首先要分析覆盖件的形状，根据其形状结构确定冲压方向。本工件有一对称面，按照冲压方向设计原则，考虑材料的流动均匀性，可以把 Z 向放在此对称面冲压中心线上，如图 8.2 所示零件主、俯视图的左右对称中心；考虑到要使拉延深度最浅的原则，不能按其实际工作位置布置拉延深度。为此，必须调整拉延深度的设计，使其拉延深度最浅（如图 8.18 所示），故调整其深度位置使得工件 3 个边角点在一个面内（如图 8.19 所示）。这样就满足了拉延深度最浅的原则，没有出现冲压负角，如图 8.20 所示；同时工件处于此位置拉延成形，可保证工件上大面的中心有足够的塑性变形，从而使其具有一定的刚度，防止车辆行驶过程中产生振动，并且也有利于引擎盖外板前面孔部位的工艺补充设计。

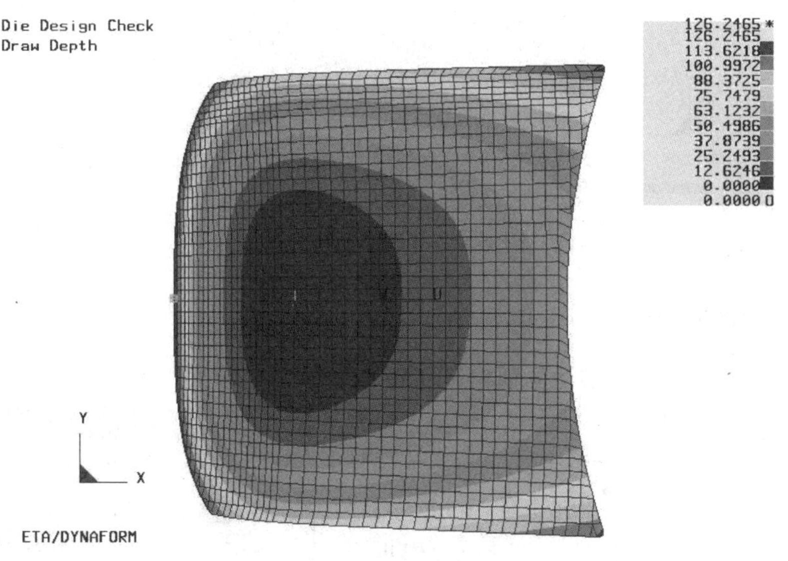

图 8.18　冲压深度示意图

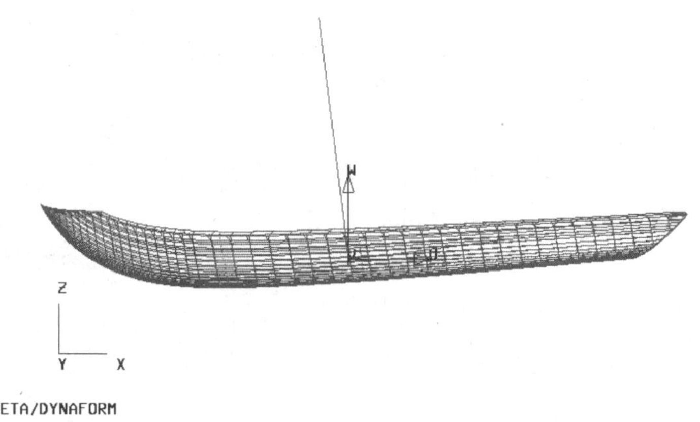

图 8.19　冲压方向示意图

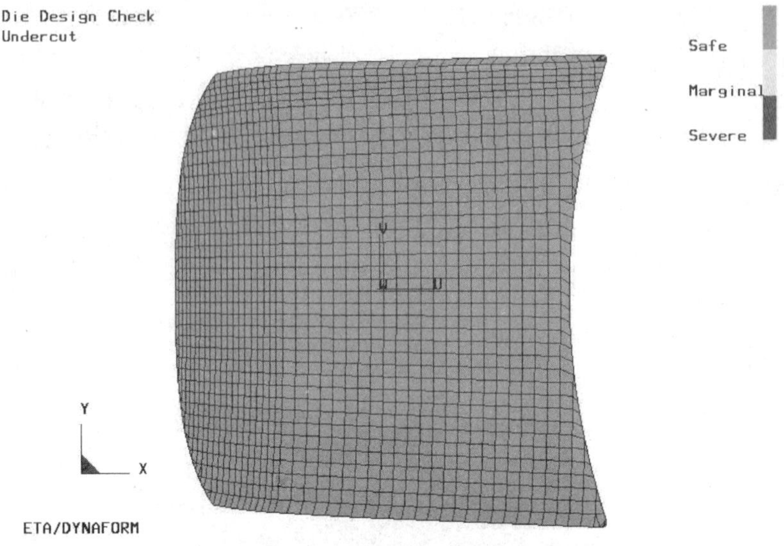

图 8.20 冲压负角检查图示

2. 压料面(Binder)

(1) 通过工具零件层边界创建压料面

选择 DFE→Preparation 菜单项，在弹出如图 8.21 所示的对话框定义 Die，然后选择 DFE→Binder 菜单项，在弹出的 Binder 对话框的 Create 选项卡（如图 8.22 所示）中可以显示各种压料面功能菜单，用来生成各种类型的压料面。

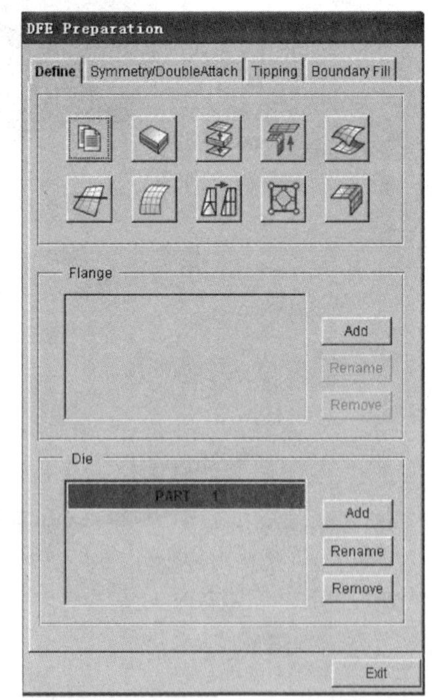

图 8.21 定义 Die 的对话框

其中图 8.22 中的 Binder Type 选项区域中所示各种类型压料面的说明如下所述。

① 平面压料面（Flat Binder）：用一个平整的矩形表面来定义压料面外形。

② 两线压料面（Two - Line Binder）：用通过在屏幕上单击确定的线来定义压料面。

③ 锥形压料面（Conical Binder）：用具有两个半径的锥形表面来定义压料面外形。

④ 边界线压料面（Boundary Line Binder）：用工件的边界线或由用户选择创建的边界线来定义压料面；

⑤ 自由形压料面（Free Form Binder）用

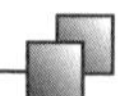

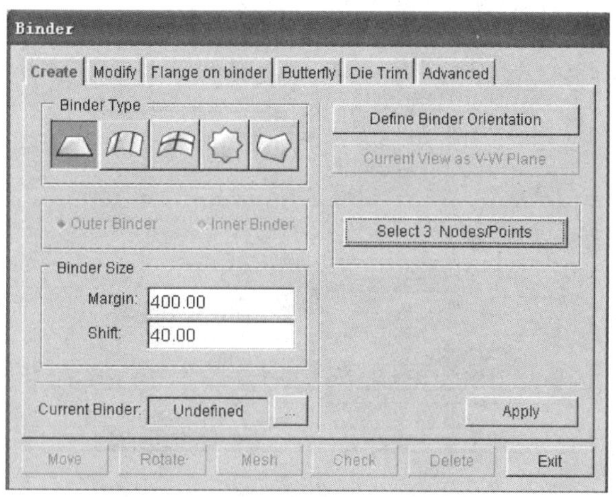

图 8.22 Binder (压料面)对话框

通过在屏幕点击任意位置确定的压料面截面线来定义压料面。

本例中选用平面压料面(Flat Binder),在 Binder size 中输入压料面的边缘宽度(Margin)为 400.00 mm、移动位置(Shift)为 40 mm。单击 Define Binder Orientation 按钮定义压料面方向,弹出如图 8.23 所示界面,单击 Close 按钮再单击 Apply 按钮,就会出现已创建好的压料面。界面如图 8.24 所示。

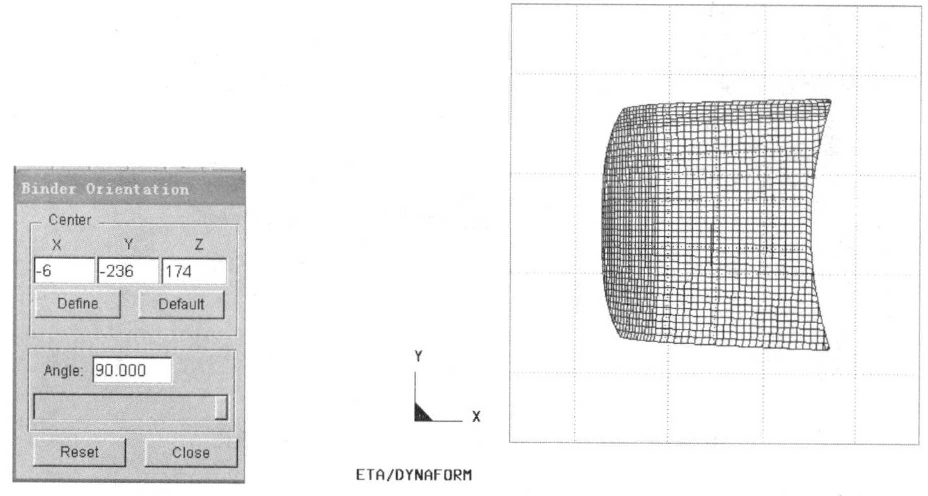

图 8.23 定义压料面方向

图 8.24 已创建的压料面

(2) 压料面的修改

压料面一旦被创建好,Binder 对话框下方的编辑功能按钮(Move、Rotate、Mesh、Delete)就被用户激活了,可以用来修改压料面,如图 8.25 所示。

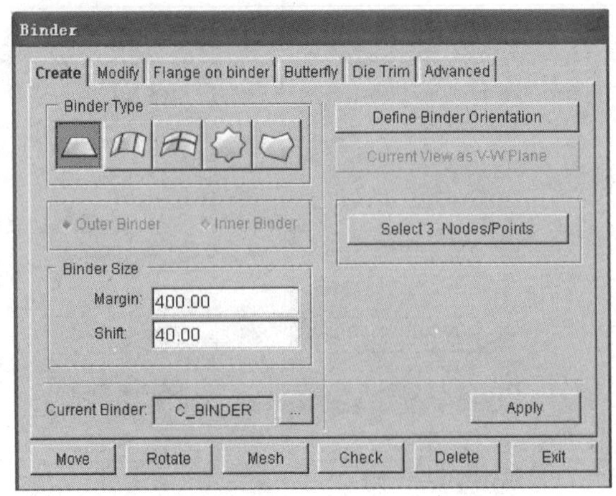

图 8.25　压料面参数修改对话框

1) 移动压料面(MOVE BINDER)

此功能允许用户调整压料面和工件之间的相对距离，相对距离的大小将会影响工件的拉延深度。单击按钮 Move(移动压料面)，弹出如图 8.26 所示的 UVW INCREMENTS 对话框。

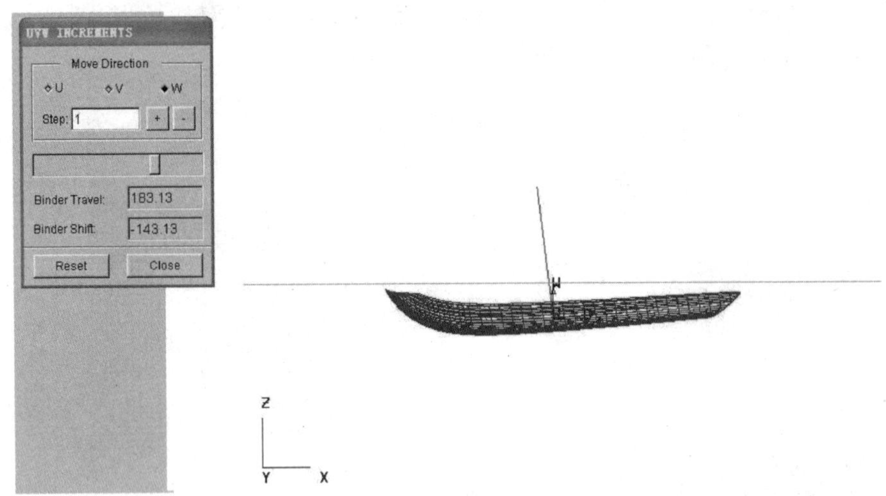

图 8.26　UVW INCREMENTS(压料面移动)对话框

选择移动方向(Move Direction)W，窗口选 X-Zview 视图。

单击滚动条并向右拖动，则压料面将沿着所选方向的正向移动，如果向左移动，压料面就会沿着反向移动，待移到合适位置时单击 Close 按钮接受压料面的新位置，如图 8.26 所示。

2) 旋转压料面(ROTATE BINDER)

此功能键可以旋转压料面到一个合适的位置。单击 Rotate(旋转压料面)按钮，

弹出如图 8.27 所示的 Rotate Angle 对话框。用户可以为旋转压料面创建或选择一个局部坐标系，压料面将绕局部坐标系的指定轴旋转，具体操作与上述的移动操作基本相似，在这不再多说。

3）压料面网格划分（MESH BINDER）

此功能可以完成对创建的压料面的网格划分。单击 Mesh（压料面网格划分）按钮，弹出如图 8.28 所示的 Element Size（压料面网格划分）对话框。修改 Max Size 为 20，Min Size 为 5。单击 OK，即可得到如图 8.29 所示的压料面。

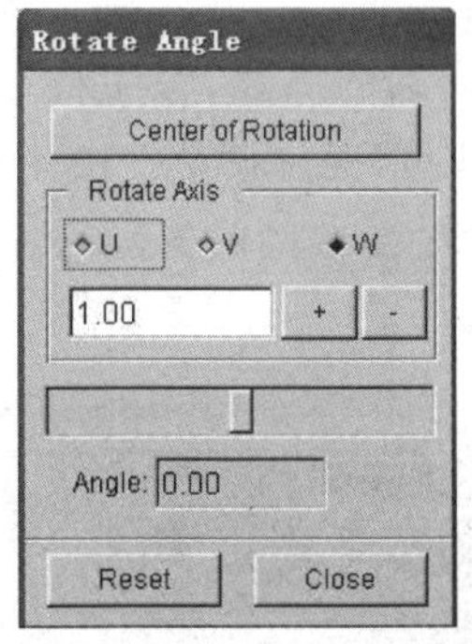

图 8.27　压料面旋转设置对话框

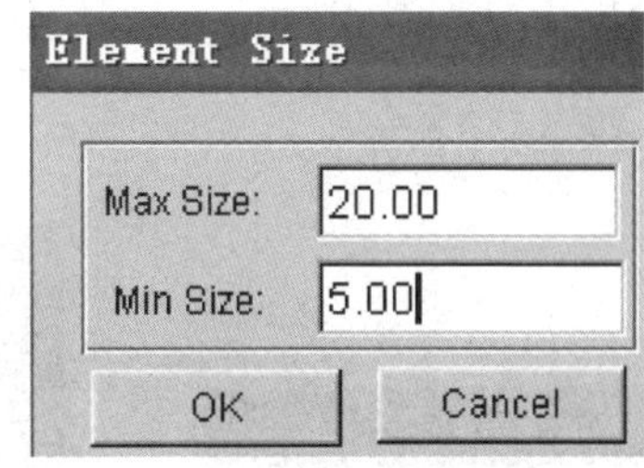

图 8.28　Element Size 对话框

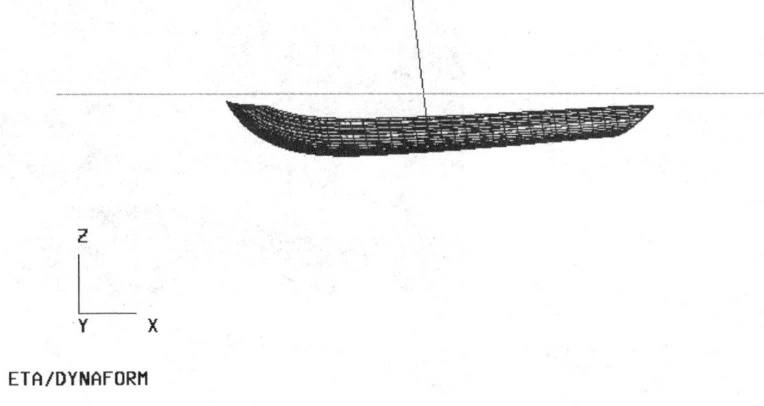

图 8.29　调整后的压料面

3. Addendum Design（工艺补充面设计）

选择 DFE→Addendum 菜单项，弹出如图 8.30 所示的 Addendum Generation（工艺补充面设计）对话框。该对话框提供了在成形面上创建过渡曲面和网格的工具零件，包含了产生和修改内外工艺补充面的所有功能，其中主要分成三大块：主截面线、工艺补充面和截面线。在进行工艺补充面产生操作之前，要求已经完成了对压料面的定义。

截面线(Master Profile)是指工艺补充面的剖面线,通常以垂直边界线方向沿着工件的外边界切割而来。主截面线作为总的工艺补充面几何形状的主要参考线。诸如宽度、高度、半径和角度等截面线参数的全局设定将作为所有其他截面线的默认值。对于工艺补充面周围部位和压料面间距离不同的情况,高度和长度可以从主截面线自动更改来适应这些变化。

选择 Addendum Generation →New 菜单项,程序将打开 Master(主截面线)对话框,如图 8.31 所示。这个对话框显示了工件和压料面之间截面的主截面线类型,给出了一个属于 Profile Type 类型 2 并有两个半径的主截面线。虚线圆代表不同半径参数,这个参数值是可以改变的,单击鼠标左键并拖动圆的周线,程序将在半径栏下面的相应数据窗口中显示圆的半径,用户可以根据实际情况来调节。由于在 DFE 中有六种类型的主截面线(见 Profile Type 选项区域),根据本例的实际,采用第二种,选用参数如图 8.31 所示。

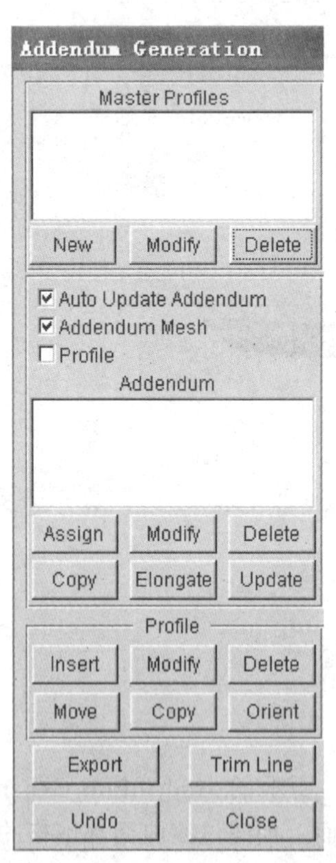

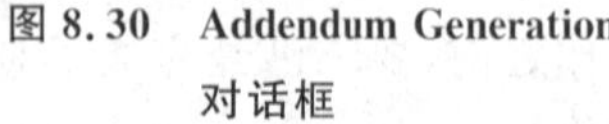
图 8.30　Addendum Generation 对话框

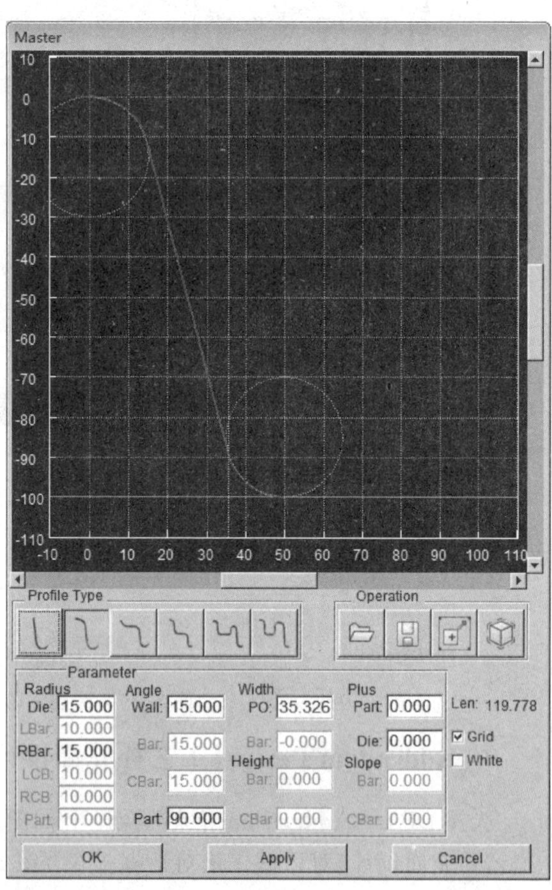

图 8.31　Master 对话框

选择 Addendum Generation→Assign 菜单项，弹出如图 8.32 所示的 Insert Addendum 对话框。在其中的 Type 选项区域中共有三个选项，即 Outer(外部)、Inner(内部)和 Corner(角部)工艺补充面，本例选择 Outer 选项，然后再单击 Apply(应用)按钮，系统将会自动完成工艺模面的插补，即过渡面，如图 8.33 所示。

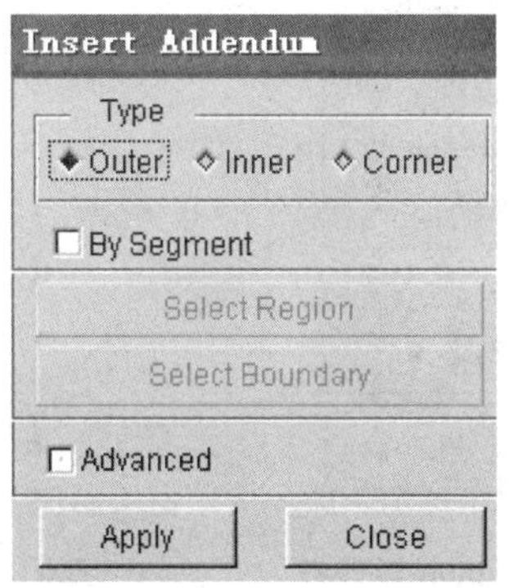

图 8.32　插入工艺补充面

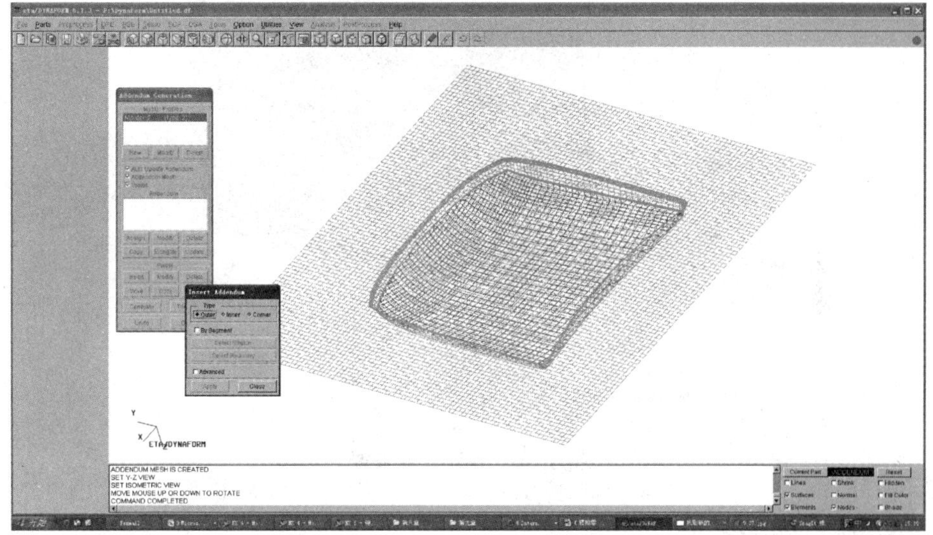

图 8.33　工艺外部补充结果

选择 Addendum Generation→Addendum Modify 菜单项，弹出如图 8.34 的 Modify Addendum(过渡模面修改)对话框，选择 Method 选项区域中的 Smooth 选项，单击 Apply 按钮，弹出如图 8.35 所示的 Smooth 对话框，选择 Type 选项区域中的 Auto 选项，可以完成对过渡模面的自动光顺。若再通过色彩渲染就会见到如图 8.36 所示的三维模型。

图 8.34　Modify Addendum 对话框

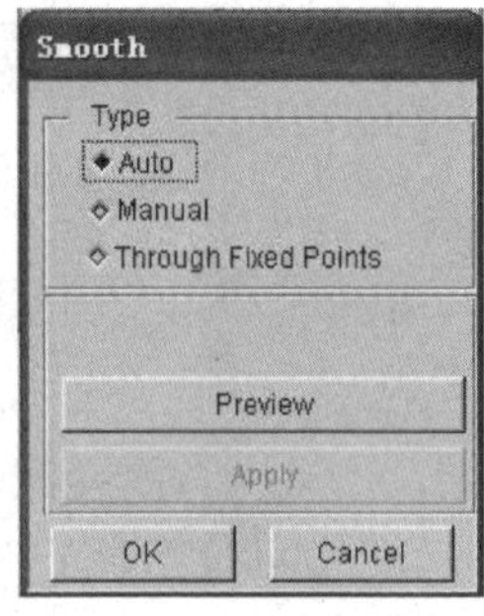

图 8.35　过渡模面的自动光顺

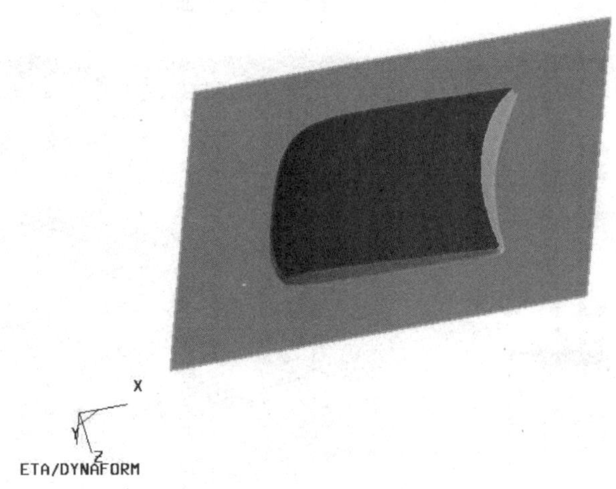

图 8.36　模面三维模型

4. 压边圈的生成

在完成上述模面工艺补充后，利用过渡面的轮廓线裁剪原理，可以完成压边圈的生成。先将模面工艺(C_Binder)图层确认为当前层，选择 DFE→Modification 菜单项，弹出如图 8.37 所示的 DFE Modification(修改)工具栏。单击 Binder Trim 工具按钮，弹出如图 8.38 所示的 Binder Trim(压边圈修改)对话框，选择 Boundary 选项区域中的 Outer 按钮，然后选 Select 按钮弹出如图 8.39 所示的 Select Line 对话框，单击 Pick Line 选项，然后移动鼠标选择过渡面与压料面的交线，线高亮度显示(如图 8.40所示)，单击 OK 按钮再单击 Apply 按钮，弹出如图 8.41 所示对话框，单击

Yes 按钮，即可完成压边圈裁剪。

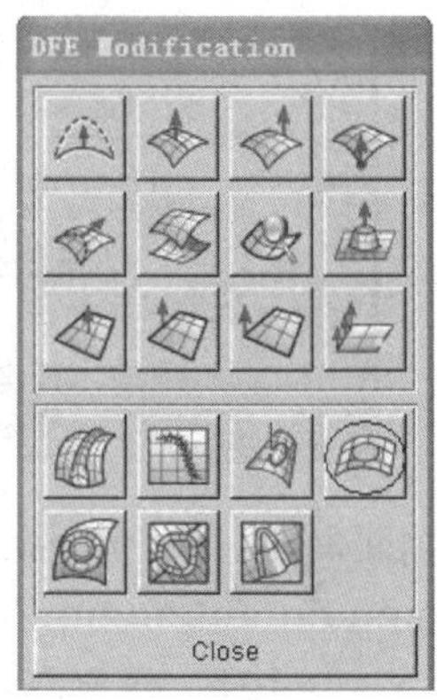

图 8.37　DFE Modification 修改工具栏

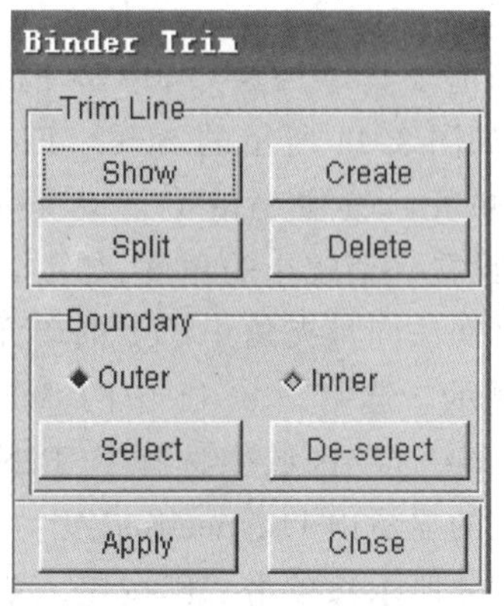

图 8.38　压边圈修改参数选项

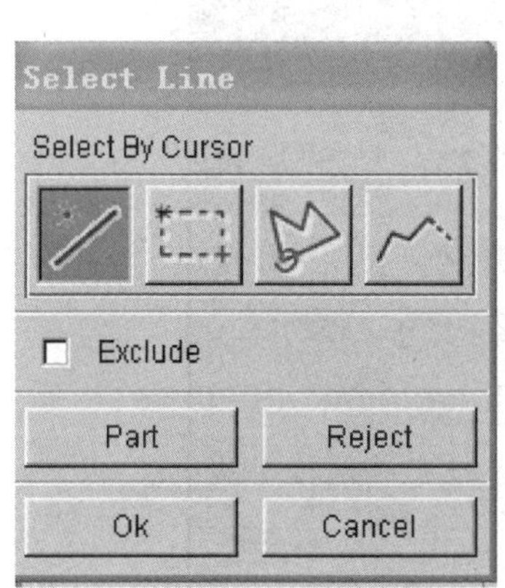

图 8.39　裁剪线选项

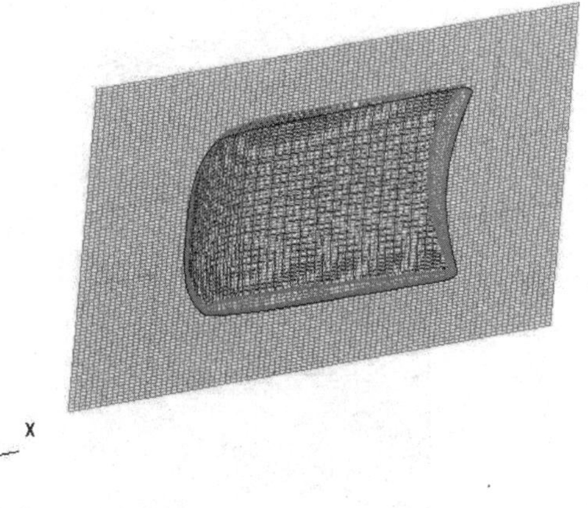

图 8.40　裁剪线选定

选择 Part→Create 选项，创建压边圈层(Binder)如图 8.42 所示，并命名为 Binder 层，并且系统自动设置该层为当前零件层，这个零件层将容纳从 C_Binder 分离出来的单元，单击 OK 按钮确定。

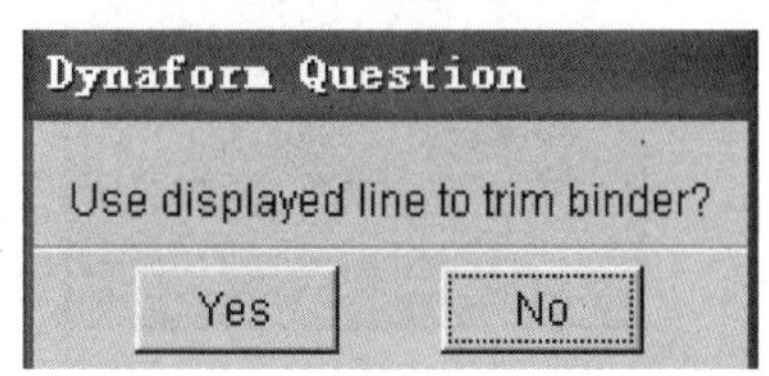

图 8.41　确认裁剪对话框

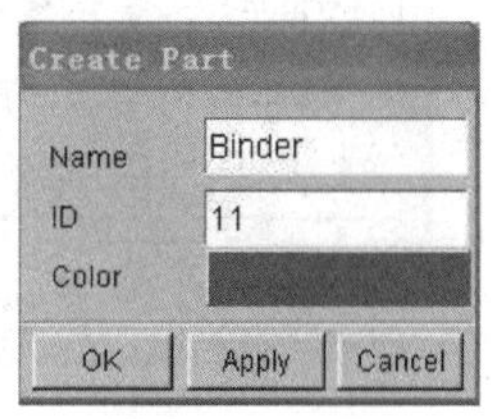

图 8.42　创建压边圈对话框

选择 Parts→Add... To Part 菜单项，弹出如图 8.43 所示的 Add... To Part 对话框。选取单元到当前工具零件层中，单击 Element(s) 按钮，弹出如图 8.44 所示的 Select Elements 对话框，选取单元。按住 Angle 滑动条上的滑块向右拖动，设置一个较小的角度，如 1°，表示所有相邻单元之间法向量夹角小于 1°的单元都被选中，且高亮显示。选中图 8.44 中的 Select By 复选框，从 Name 选项区域中选择 C_BINDE1 层，此时按钮上的显示由 Unspecified 变为 C_BINDE1(如图 8.45 所示)，单击 OK 按钮。单击图 8.43 中的 Apply 按钮，将所有被选中的单元移动到 BINDER 零件层。关闭 C_Binder 零件层，创建好的压边圈如图 8.46 所示。

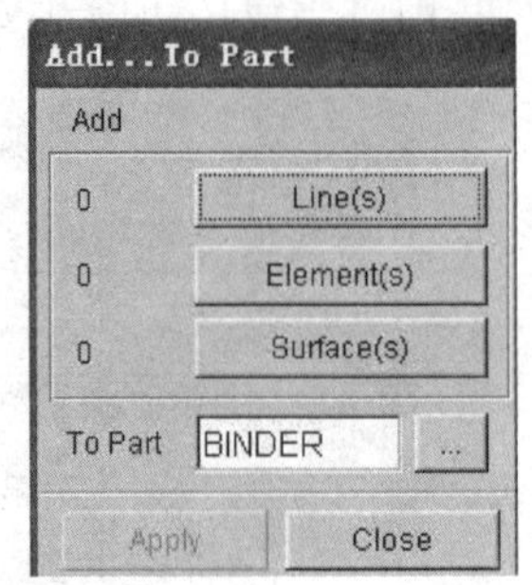

图 8.43　Add... To Part 对话框

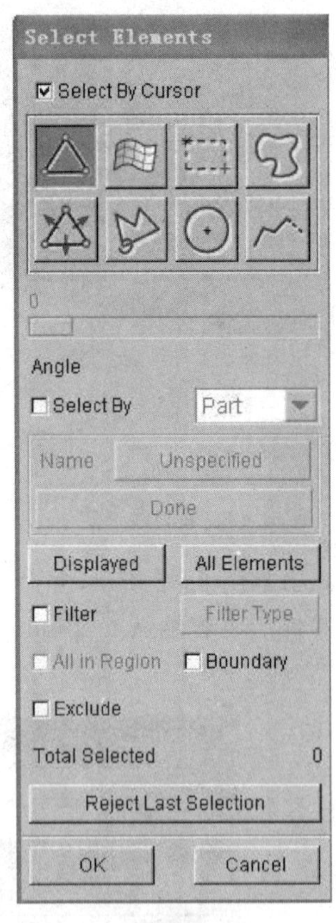

图 8.44　Select Elements 对话框

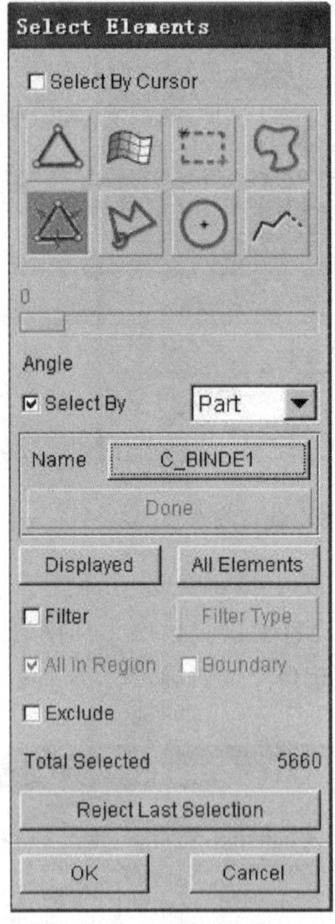

图 8.45　完成目标的选定

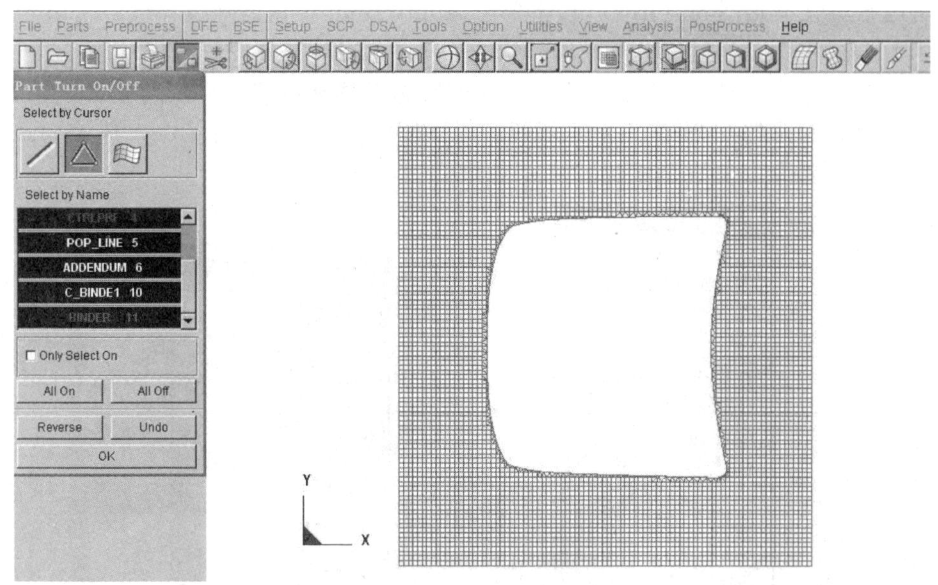

图 8.46 创建好的压边圈

8.6 拉延筋的设计

对于大型复杂形状工件的冲压成形，为了保证尺寸、形状精度及足够的刚度要求一般采用对毛坯加适当的附加拉力的成形方法，以增加拉延中的拉应力、控制材料的流动、避免起皱。拉延筋是实现这种要求的有效手段。

通过设置拉延筋可以：① 加强压料面对材料流动的控制能力。通过在压料面适当部位设置不同形式、不同几何尺寸的拉延筋，能方便有效地实现对材料流动的控制。按需要调节材料流入凹模的量，以防止由于多余材料而产生的"皱纹"及材料不足以产生破裂缺陷。② 增加进料阻力，使拉延毛坯承受足够的拉应力，提高拉延件的刚度和减少由于回弹而产生的扭曲、松弛、波纹及收缩等缺陷。③ 加大压边力的调节范围。在双动压力机上，调节外滑动块四个角的高低，只能粗略地调节压边力，并不能完全控制各处的进料量正好符合拉延件的要求，因此还需要靠压料面和拉延筋来控制各处的压边力。④ 降低对压料面制造精度的要求。同时，由于拉延筋的存在增加了压边圈与凹模压料面间的间隙，使压料面磨损减少，从而提高了它的使用寿命。所以设置拉延筋是非常必要的。

指定当前的工具零件层为 BINDER，选择 Preprocess→Line/Point 菜单项，弹出如图 8.47所示的 Line/Point 工具栏。单击图中椭圆所示的 Boundary Line(边界线)工具按钮，弹出如图 8.48 所示的 Boundary Line 对话框。选择 Elements 选项，单击 Select Elements 按钮，弹出如图 8.49 所示的 Select Elements 工具栏，单击 Displayed

按钮选中所有单元，单击 OK 按钮，再单击 Apply 按钮，生成内外边界线。在图 8.47 所示 Line/Point 工具栏中单击矩形所示的 Offset(偏移)工具按钮，弹出如图 8.50 所示的 Select Line 对话框，单击 Pick Line 选项，然后移动鼠标选择压边圈的内边线，在弹出的 Offset Line 对话框的 Distance 文本框中输入－10(如图 8.51 所示)，单击 Apply 按钮，生成拉延筋的中线。

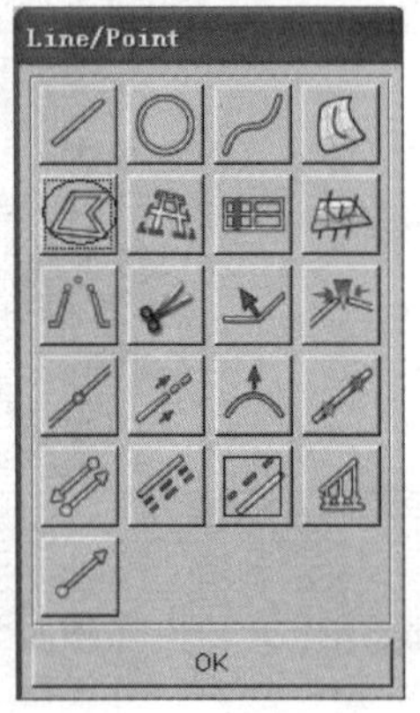

图 8.47　Line/Point 工具栏

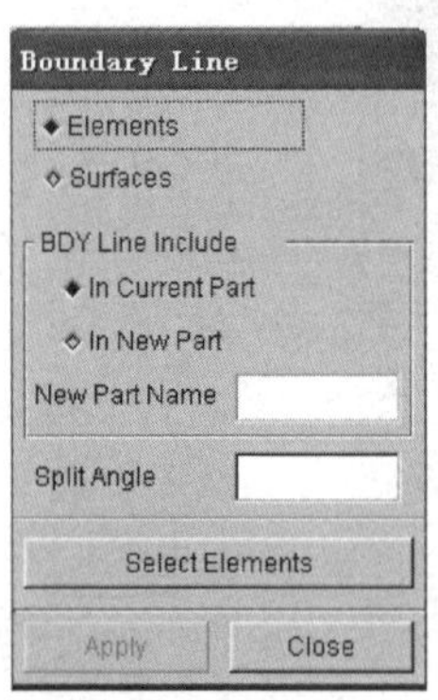

图 8.48　Boundary Line 对话框

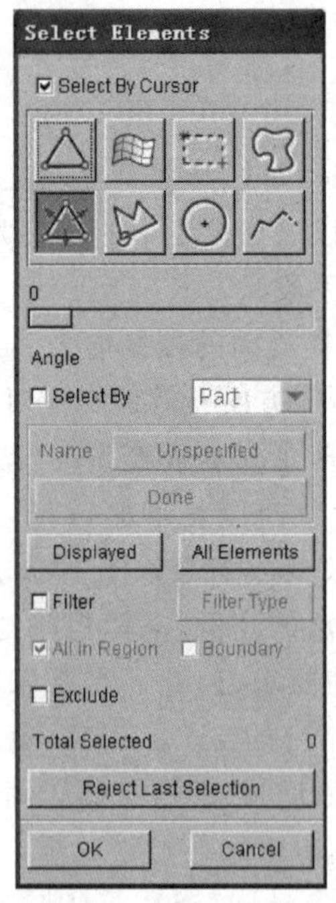

图 8.49　单元的选定

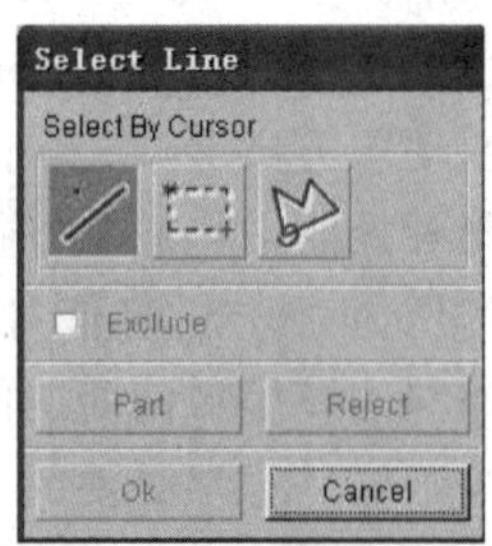

图 8.50　边界线的选取

在 DYNAFORM 中利用已生成的过渡面与压料面的轮廓线向外偏置 10 mm 生成拉延筋的中线以备后用。

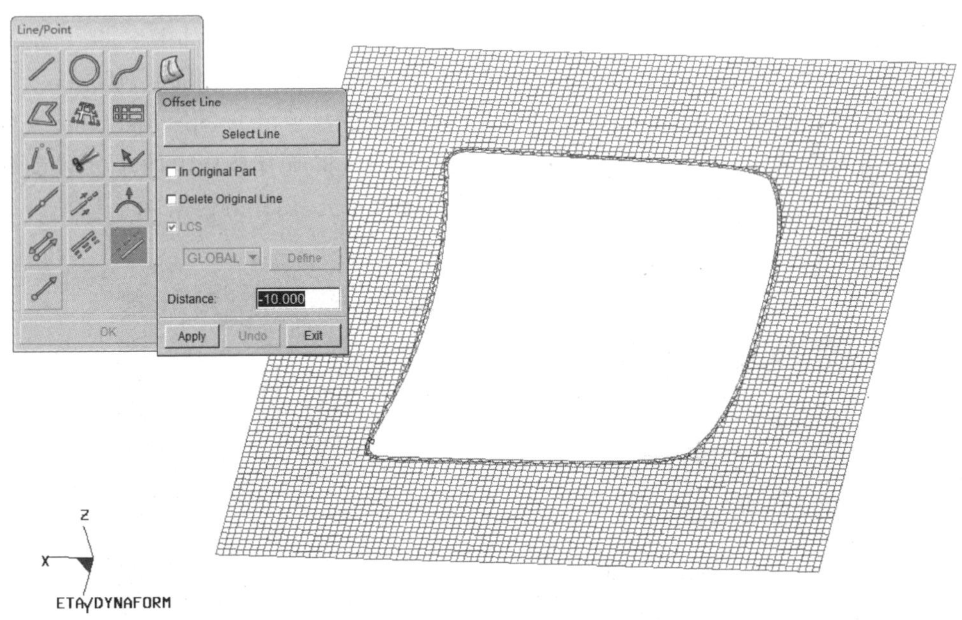

图 8.51 拉延筋中线的生成结果

8.7 毛坯尺寸工程

毛坯尺寸工程(BLANK SIZE ENGINEERING - BSE)模块是 eta/DYNAFORM 新增加的一个子模块,其中包括了快速求解模块,用户可以在很短的时间内完成对产品可成形性分析,大大缩短了计算时间。此外,BSE 还可以用来精确预测毛坯的尺寸和帮助改善毛坯外形。如图 8.52 所示,BSE 包含 PREPARATION(准备)、MSTEP(快速求解)、Unfold(毛坯的展开)和 DEVELOPMENT(改善)选项。

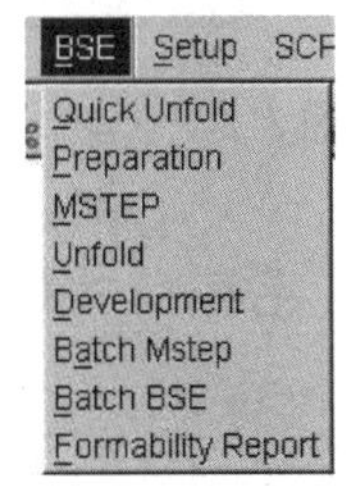

图 8.52 毛坯尺寸估算(BSE)菜单

生产中实际毛坯的尺寸是工件的尺寸与工艺补充尺寸之和。因此,本例中首先要定义实际毛坯模型,就是工件模型与工艺补充的过渡面模型之和。那么实际毛坯的尺寸就是工件有限元模型和生成的过渡面展开的面积。

1. 毛坯模型创建

选择 Part→Create 菜单项,在弹出的 Create Part 对话框中创建实际毛坯模型层,命名为 Blankm,单击 OK 按钮,如图 8.53 所示。

选择 Parts→Add... To Part 菜单项，弹出如图 8.54 所示的 Add... To Part 对话框。选取单元到当前工具零件层中，单击 Element(s)按钮，弹出如图 8.55 所示的 Select Elements 对话框，选取单元。选中图 8.55 中的 Select By 复选框，从 Name 选项区域中，依次选择 Addendum、Part 层，此时按钮上的显示由 Unspecified 最后变为 Part，单击 OK 按钮。单击图 8.54 中的 Apply 按钮，将所有被选中的单元移动到 Blankm 零件层。关闭其他工具零件层，打开 Blankm 层，创建好的实际毛坯模型如图 8.56 所示。

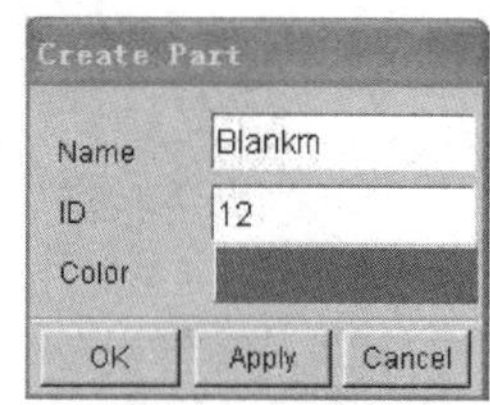

图 8.53　Creat Part 对话框

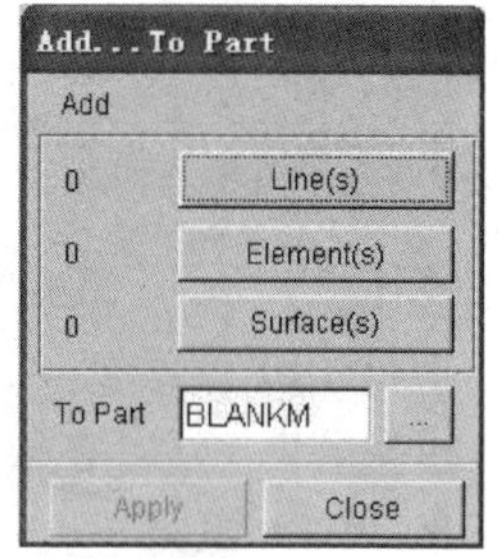

图 8.54　Add...To Part 对话框

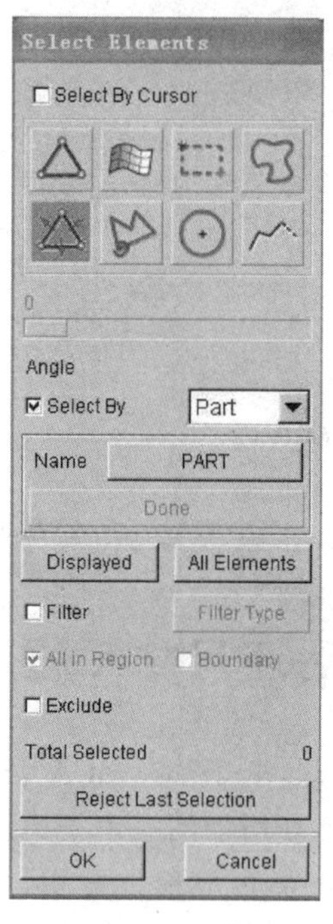

图 8.55　Select Elements 对话框

2. 毛坯尺寸估算

选择 BSE→Preparation 选项，弹出如图 8.57 所示的 BSE Preparation 工具栏。单击 Blank size estimate 按钮，弹出如图 8.58 对话框，单击 Blank Parameters 选项区域中的 Null 选项，弹出如图 8.59 所示的 Material 对话框。在 Standard 下拉列表框中选择 China 按钮；单击 Material Library 按钮弹出如图 8.60 所示的 Material Library对话框，用户可以根据需要选择毛坯材料，本例选 B170P1。如图 8.61 所示材料性能参数，单击 OK 按钮完成材料的选用。在图 8.58 对话框的 Thickness 中输入 1.2，再单击 Apply 按钮，完成毛坯材料参数定义。开始估算毛坯尺寸，计算结果如图 8.62 所示。

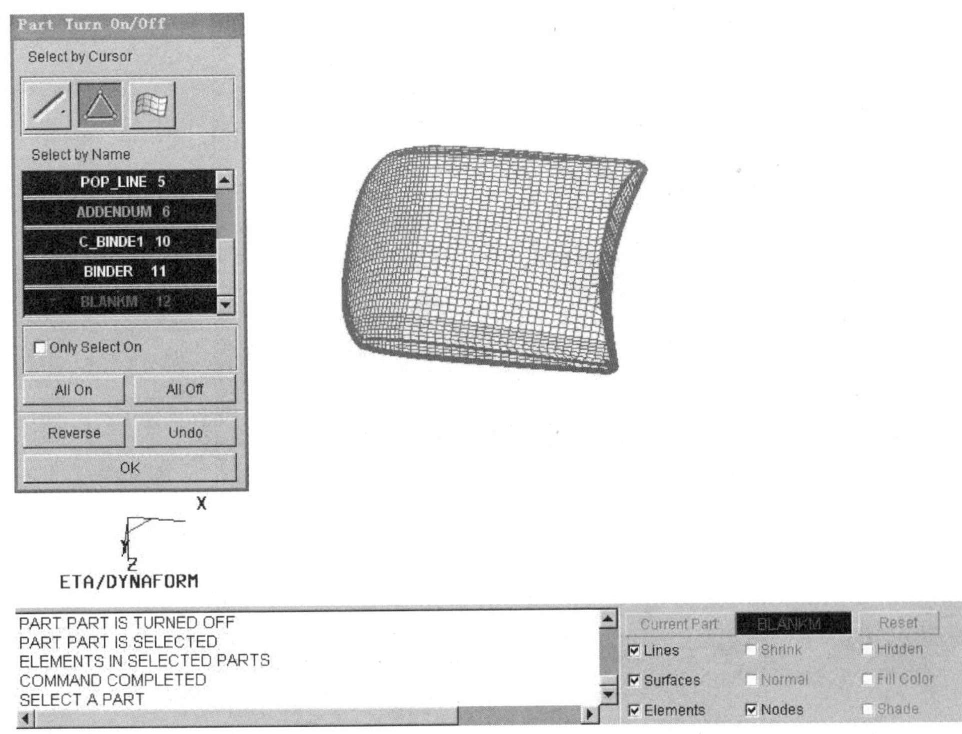

图 8.56　创建好的实际毛坯模型

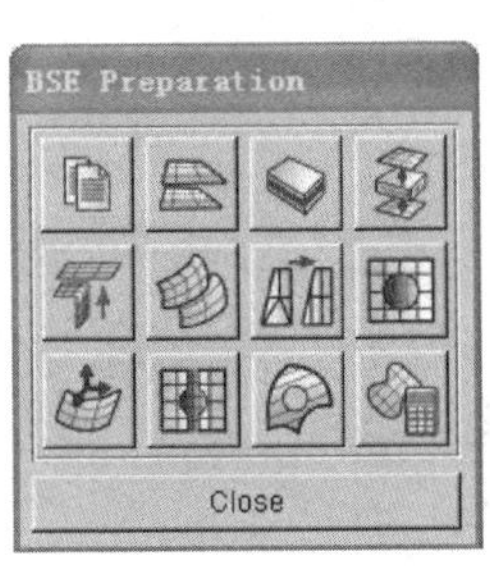

图 8.57　BSE 准备对话框

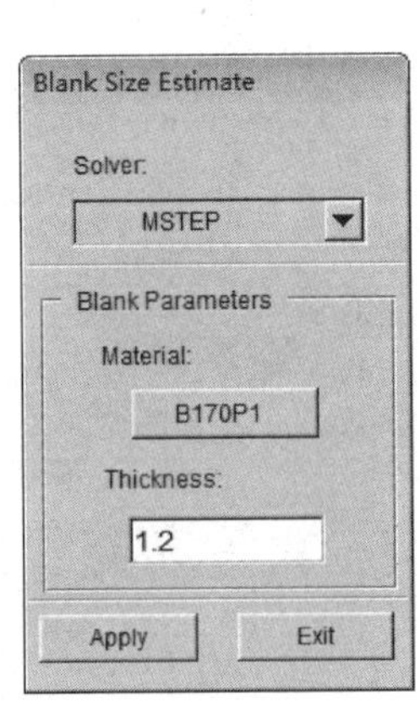

图 8.58　毛坯尺寸估算对话框

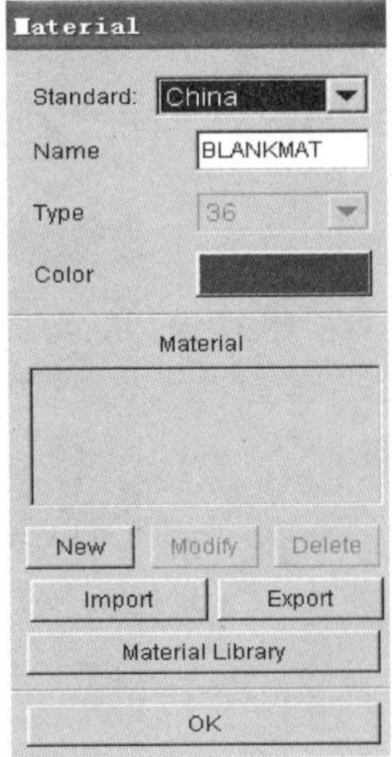

图 8.59　Material 对话框

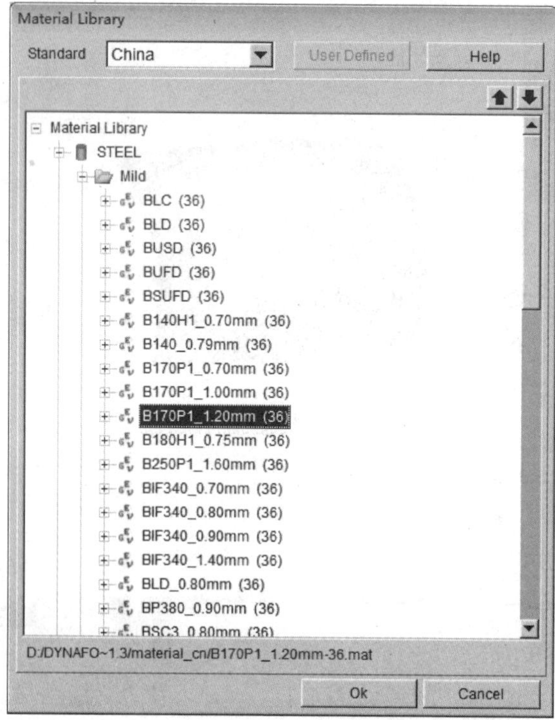

图 8.60　毛坯材料库对话框

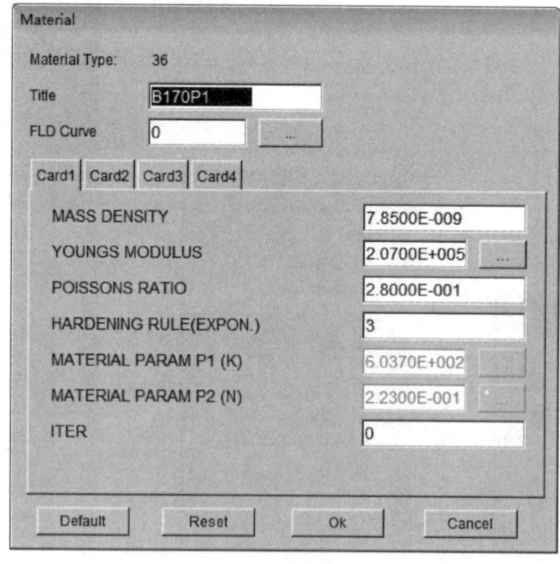

图 8.61　毛坯材料性能对话框

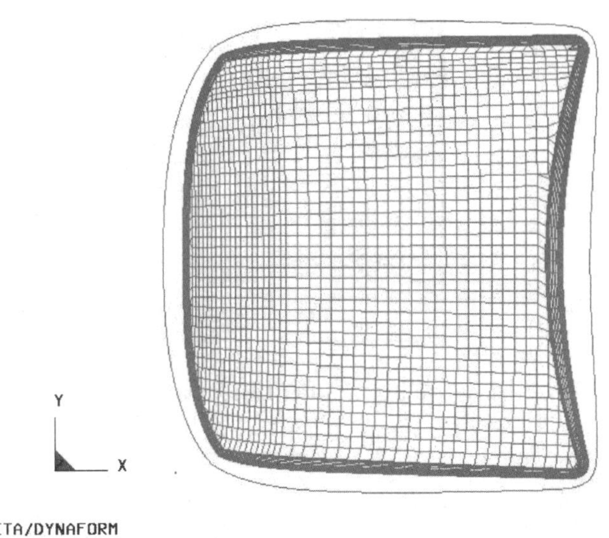

图 8.62　毛坯估算结果

3. 创建 Blank 层

选择 Part→Create 菜单项，创建实际毛坯层，命名为 Blank，单击 OK 按钮如图 8.63 所示。

选择 Parts→Add... To Part 菜单项，弹出如图 8.64 所示的 Add... To Part 对话框。选取单元到当前工具零件层中，单击 Line(s)按钮，弹出如图 8.65 所示的 Select Line 对话框，选取外轮廓线，单击 Ok 按钮。单击图 8.64 中的 Apply 按钮，将所有被选中的单元移动到 Blank 零件层。关闭其他工具零件层，打开 Blank 层，创建好的实际毛坯轮廓如图 8.66 所示。

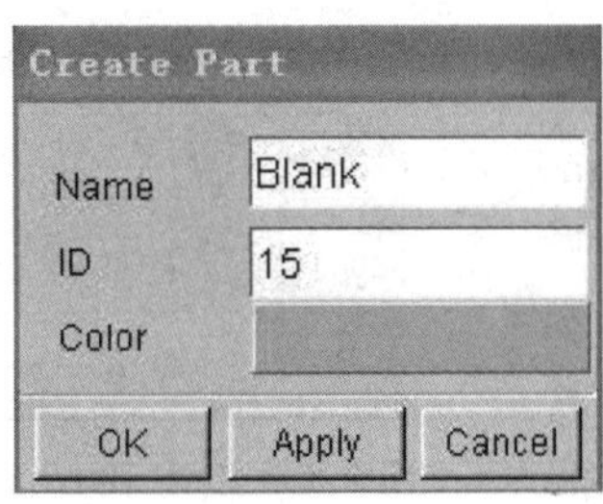

图 8.63　Creat Part 对话框

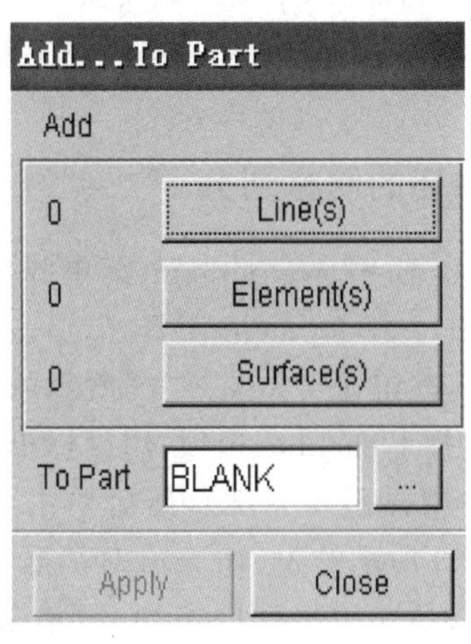

图 8.64　Add...To Part 对话框

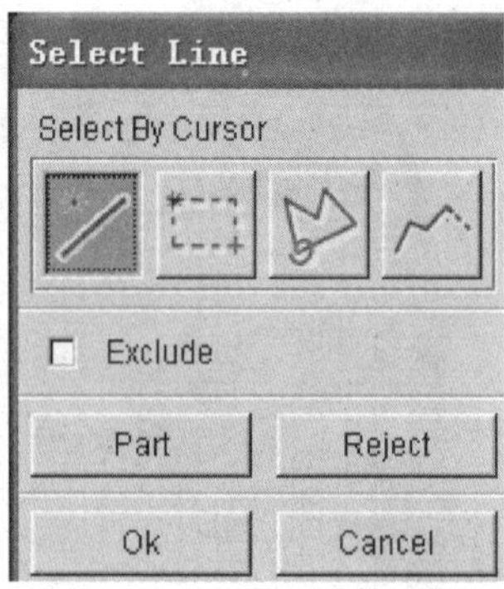

图 8.65　Select Line 对话框

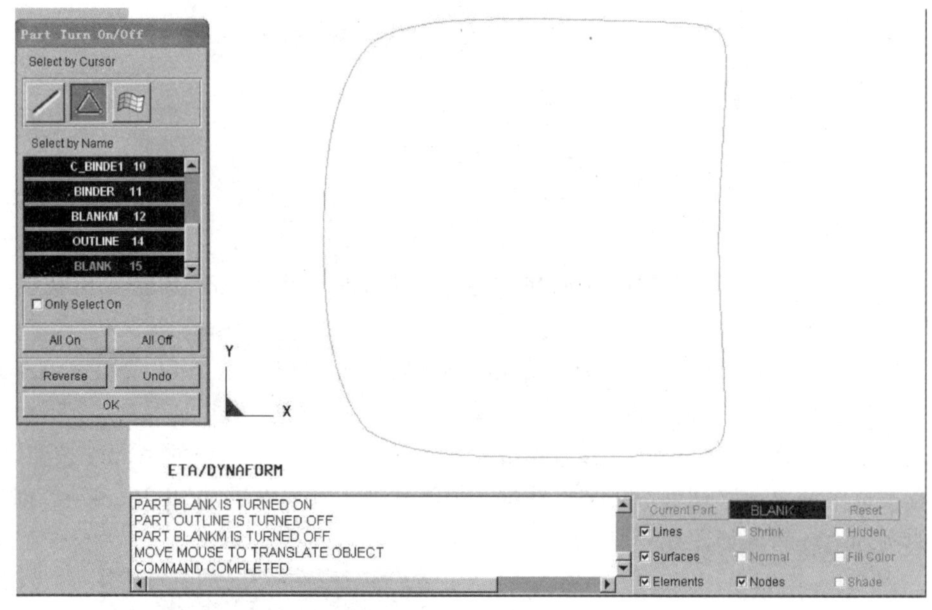

图 8.66　毛坯层

4. 毛坯的网格划分

选择 BSE→Development 菜单弹出如图 8.67 所示的 BSE Development 工具栏，单击 Blank Generator 工具按钮弹出如图 8.68 所示的 Select Line 对话框，选择 Pick Line 选项，用鼠标单击选定轮廓线（被选中则显示高亮度），然后单击 Ok 按钮，弹出如图 8.69 所示的 Mesh Size 对话框，单击 OK 按钮后就会提示是否接受网格划分，单击 Yes 按钮，即可完成毛坯网格划分，如图 8.70 所示。

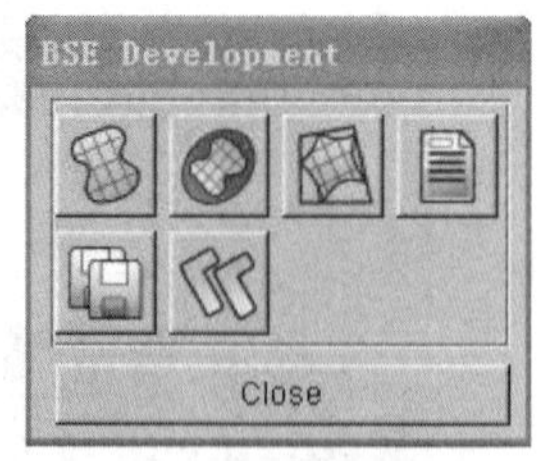

图 8.67　BSE Development 工具栏

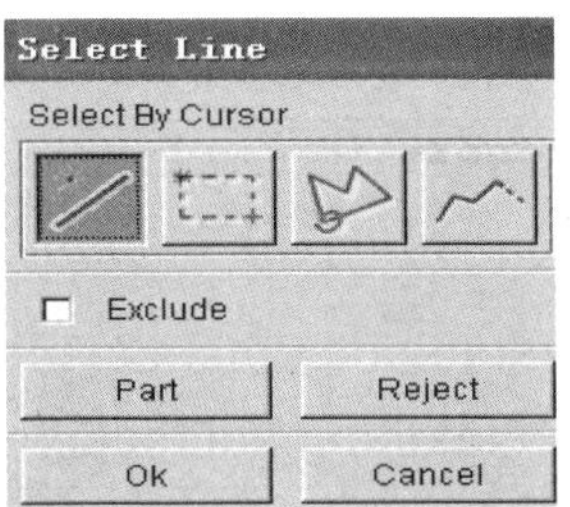

图 8.68　Select Line 对话框

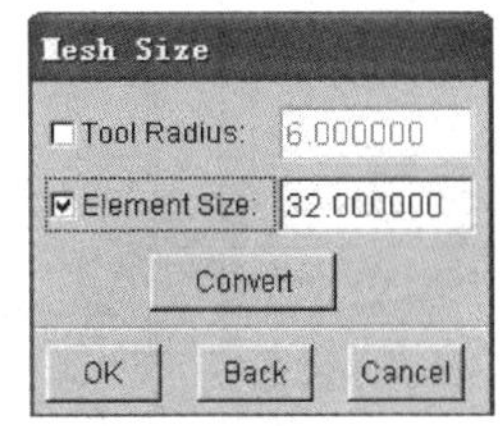

图 8.69　Mesh Size 对话框

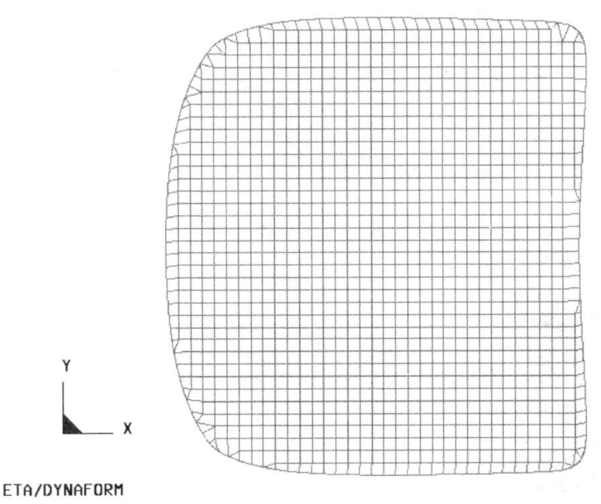

图 8.70　毛坯网格划分结果

5. 毛坯估算结果输出

选择 BSE Development 工具栏中的 BSE Report 工具按钮，弹出如图 8.71 所示的 BSE Report 对话框。在 Filename 一栏中填写输出文件名 Blank，然后在 Comments 栏中填写 This is a test！，单击 Apply 按钮，即会输出如图 8.72 所示的毛坯轮廓估算报告。

6. 毛坯排样(Blank Nesting)

此功能允许用户对原始毛坯进行排样操作。单击 BSE development 工具栏中的 Blank Nesting 工具按钮，弹出如图 8.73 所示的 Blank Nesting 对话框，显示了几种排样的类型。由于本例中的毛坯形状较为规则，故采用单排(One - up Nesting)。分别完成图中的 Setup、Constraints、Result 选项卡的设置，单击 Apply 按钮，就会生成如图 8.74 所示的排样。单击 Output Nest Report 按钮，输出排样报告如图 8.75 所示。

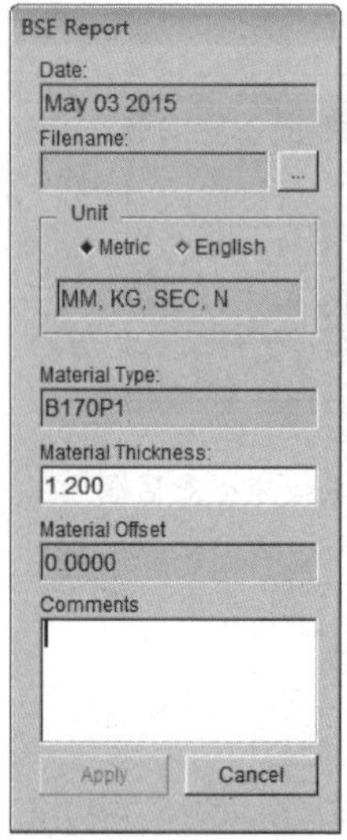

图 8.71 毛坯轮廓估算报告对话框

Blank Size Estimate Report

Date:	May 03 2015	
File Name:	blank.htm	
Material Type	B170P1	
Material Thickness	1.200	mm
Material Offset	0.0000	mm
Additional Comments:		
This is a test		

Results

Blank

Blank Area	1257787.0987	mm^2
Blank Perimeter	4227.8573	mm
Blank Weight	11.85	kg

Report generated by ETA/DYNAFORM-BSE, www.eta.com

图 8.72 毛坯轮廓估算报告

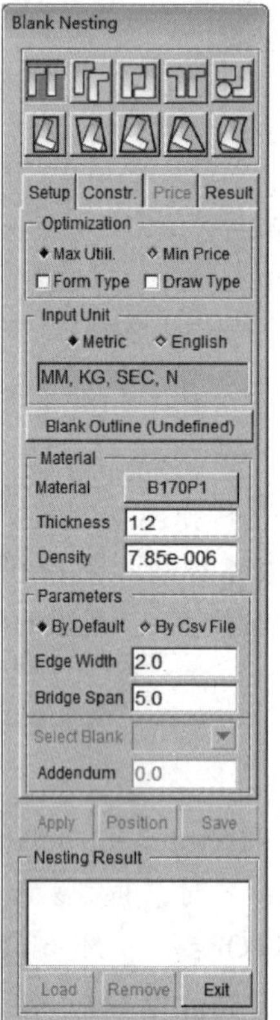

图 8.73 毛坯排样参数

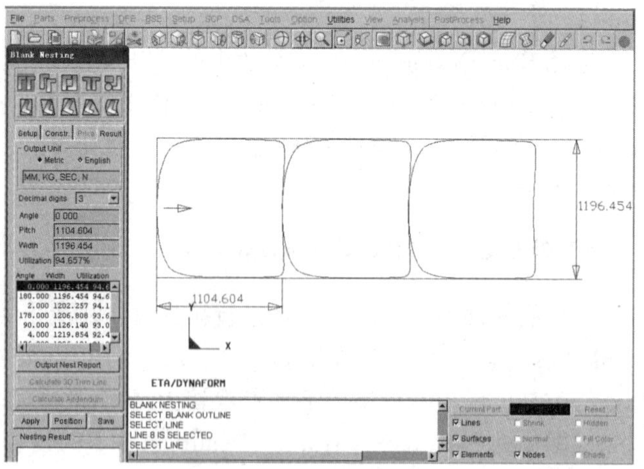

图 8.74 毛坯排样结果

Nesting Report

Date:	Apr 16 2015	
File Name:	Engine cover.htm	
File Units:	MM, KG, SEC, N	
Material Type	B170P1	
Material Thickness	1.0	mm
Bridge Span	2.0	mm
Edge Width	2.5	mm
Addendum	0.0	mm
Production Volume	0	
Coil Length & Weight	0.0 mm & 0.0	kg
Base Material Cost	0.0	$/kg
Extra Material Cost	0.2	$/kg
Scrap Value	0.024	$/kg
Consumables Cost	0.35	$ /blank

Additional Comments:

Nesting Layout:

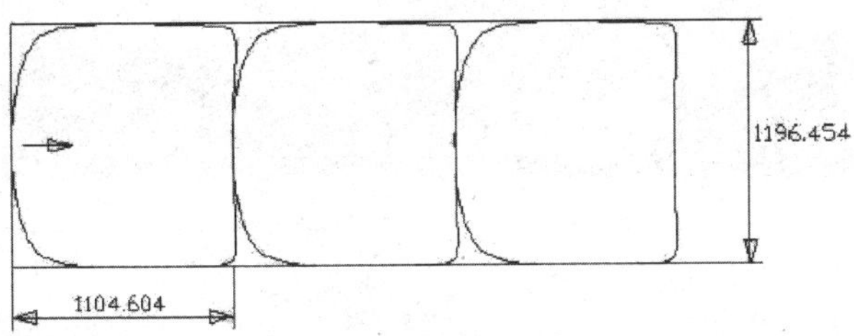

RESULTS: Single Blank, One Up Orientation

Pitch	1104.604	mm
Width	1196.454	mm
Material Utilization	94.657	%
Product Weight	N/A	kg
Yield Ratio	N/A	%
Fall Off	5.343	%
Rotation Angle	0.0	deg
Net Weight / Blank	9.82	kg
Gross Weight / Blank	10.375	kg
Fall-Off Weight / Blank	0.554	kg
Blank Perimeter	4216.807	mm
Minimum Blanking Force	126.504	ton
No. of Coils	0(0.0)	
Total Material / Blank	2.412	$ /blank

Total Cost of Production	0.0	$
Total Scrap Value	0.0	$
No. of Blanks / Coil	0	

Report generated by ETA/DYNAFORM-BSE,www.eta.com

图 8.75　毛坯排样输出报告

8.8 模拟设置

选择 Setup→Draw Die 菜单项，弹出如图 8.76 所示的 Quick Setup/Draw 对话框。然后，在 Draw type(拉延类型选项)下拉列表框中，分别选择 Single action(Inverted draw)和 Lower Tool Available 选项，完成拉延类型选择。

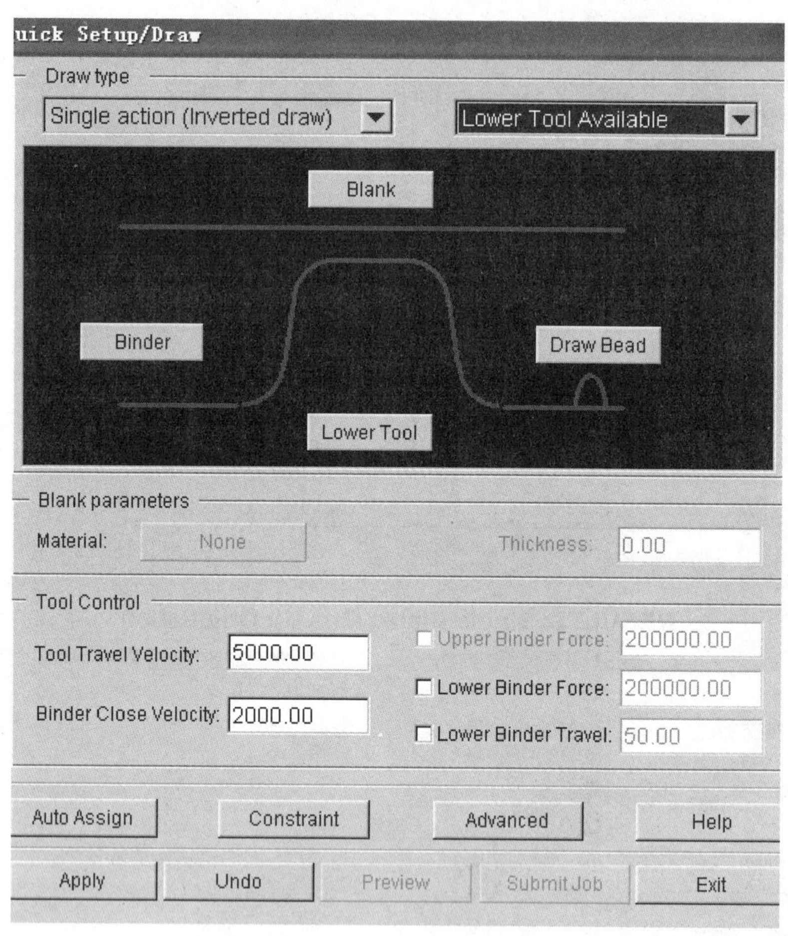

图 8.76　Draw 的快速设置

1. 定义毛坯(BLANK)

单击图 8.76 中 Blank 按钮就会弹出如图 8.77 所示的 Define Blank 对话框，单击 Select Part 按钮，又弹出图 8.78 所示的 Define Blank 对话框，单击 Add 按钮弹出图 8.79 所示的 Select Part 对话框，在 Select by Name 选项中选中上节创建的 Blank0000 层后单击下面的 OK 按钮。此时 Define Blank 对话框就会显示

Blank0000，如图 8.80 所示，然后单击 Exit(退出)按钮退出。正确完成以上操作后，图 8.76 中 Blank 部分的颜色由红色变为变成绿色如图 8.81 所示，即可以完成毛坯的定义。若有不同可重复操作。

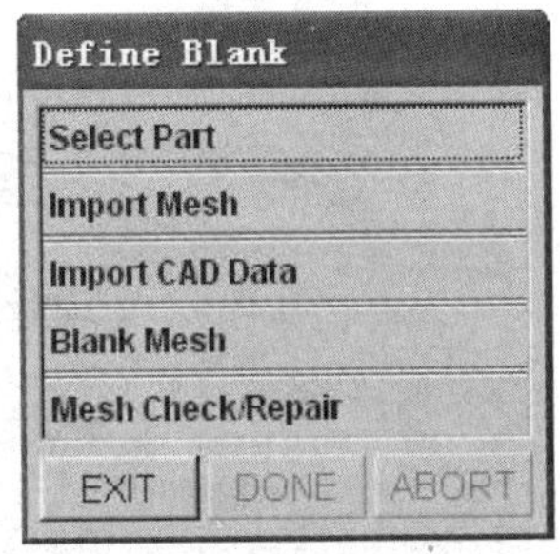

图 8.77　"定义毛坯"对话框

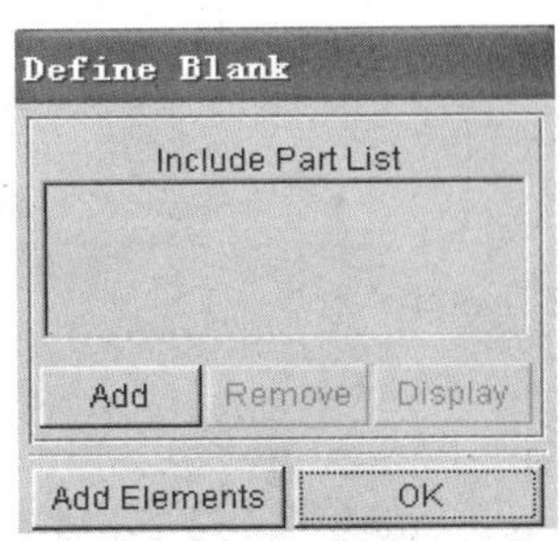

图 8.78　添加毛坯对话框

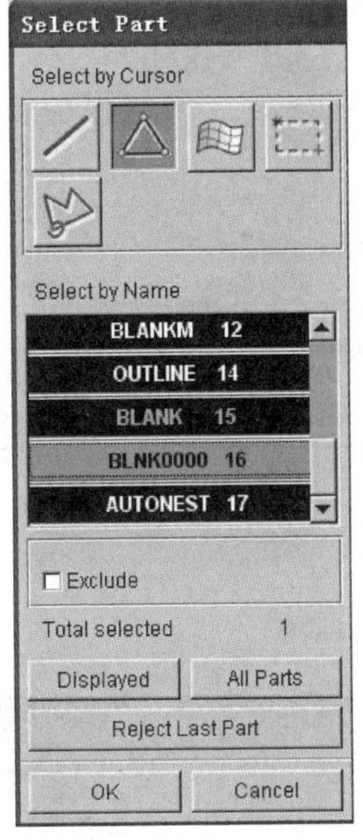

图 8.79　Select Part 对话框

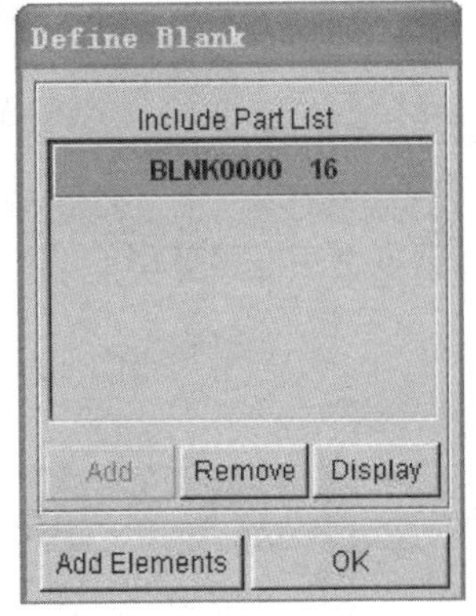

图 8.80　毛坯层确认对话框

2. 定义工具零件

单击图 8.76 中 Binder 按钮，弹出 Define Tool 对话框，如图 8.82 所示。单击 Select Part 选项，弹出 Define Binder 对话框，如图 8.83 所示。单击 Add 按钮，弹出 Select Part 对话框，如图 8.84 所示。从零件列表中选择 BINDER，单击 OK 按钮，如图 8.85 所示，完成压边圈的定义。

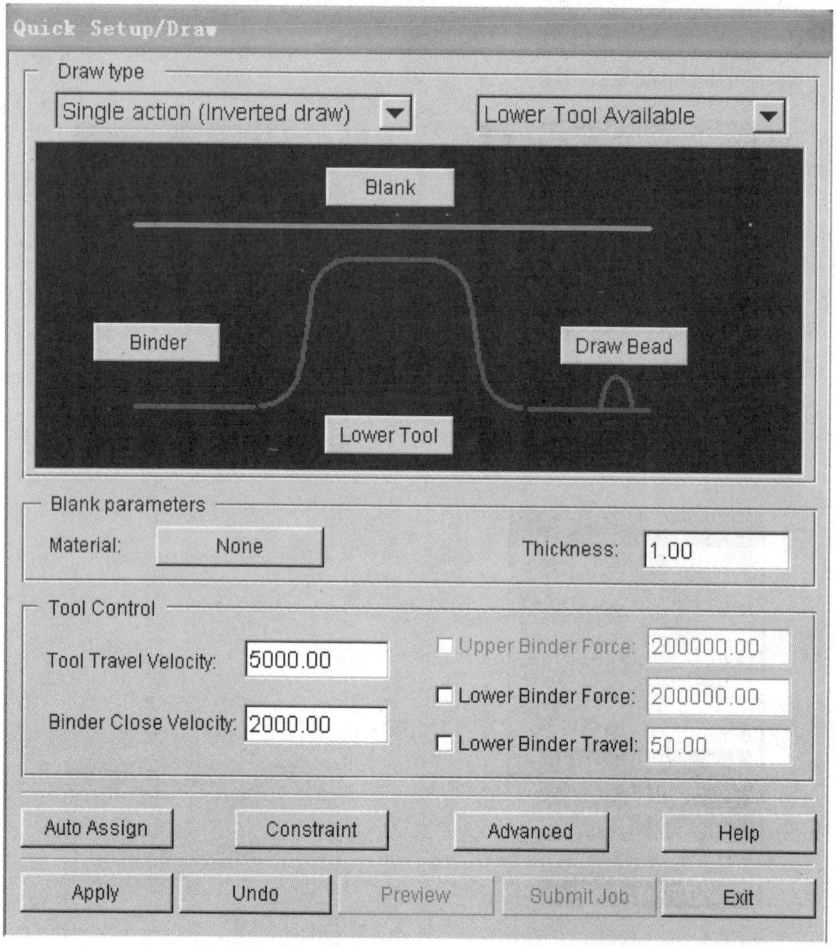

Quick Setup/Draw
Draw type
Single action (Inverted draw)
Lower Tool Available
Blank
Binder
Draw Bead
Lower Tool
Blank parameters
Material:
None
Thickness:
1.00
Tool Control
Tool Travel Velocity:
5000.00
Binder Close Velocity:
2000.00
Upper Binder Force:
200000.00
Lower Binder Force:
200000.00
Lower Binder Travel:
50.00
Auto Assign
Constraint
Advanced
Help
Apply
Undo
Preview
Submit Job
Exit

图 8.81　毛坯定义完毕对话框

Define Tool
Select Part
Import Mesh
Import CAD Data
Tool Mesh
Mesh Check/Repair
EXIT
DONE
ABORT

图 8.82　Define Tool 对话框

Define Binder
Include Part List
Add
Remove
Display
Add Elements
OK

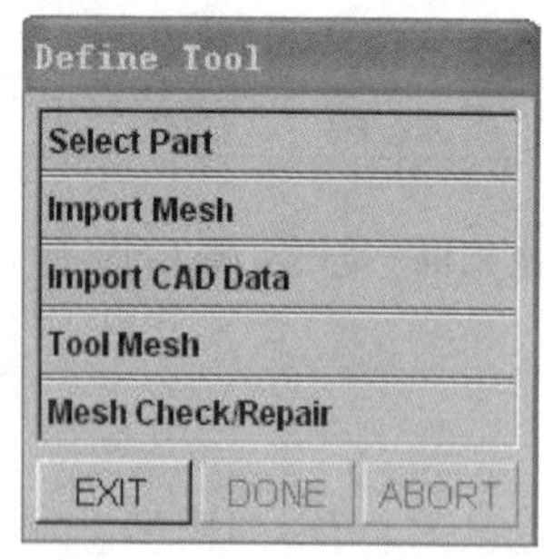

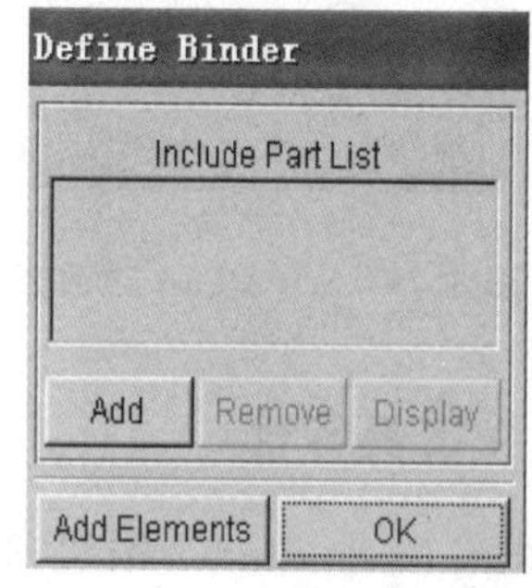

图 8.83　Define Binder 对话框

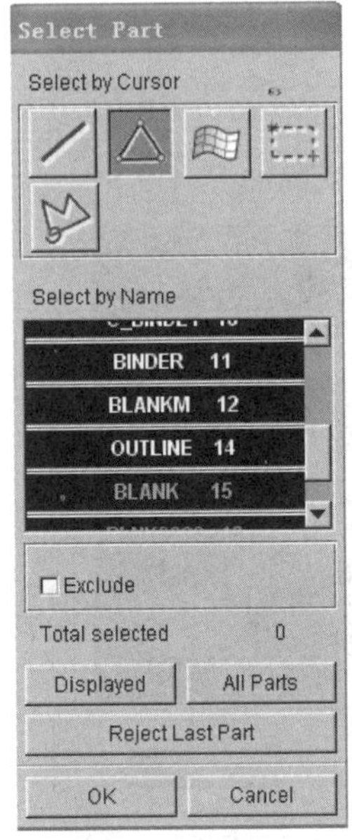

图 8.84　选取压边圈

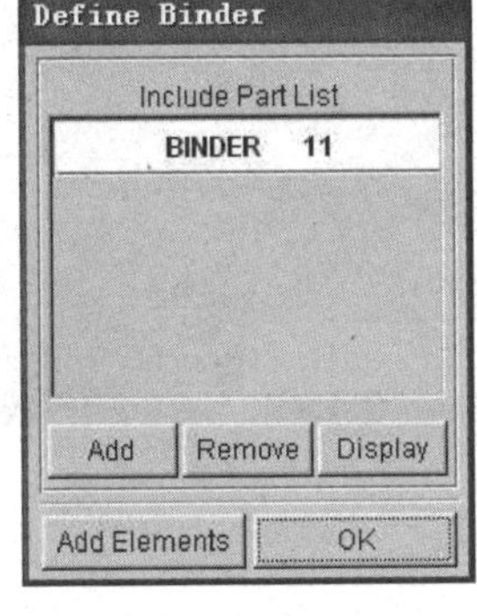

图 8.85　定义压边圈

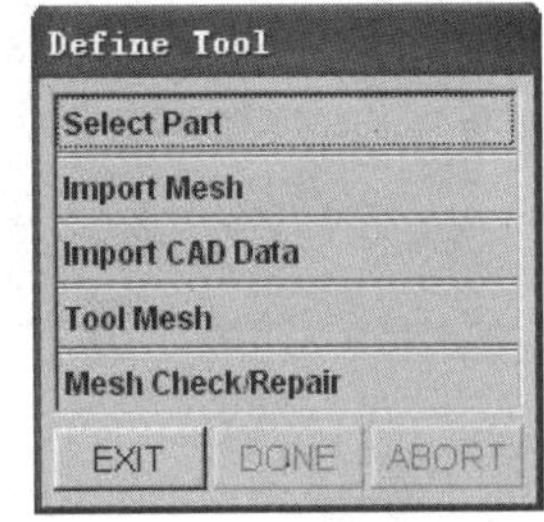

图 8.86　DEFINE TOOL 对话框

单击图 8.76 中的 Lower Tool 按钮，弹出如图 8.86 所示的 Define Tool 对话框。单击 Select Part 选项，弹出如图 8.87 所示的对话框。单击 Add 按钮，弹出如图 8.88 所示的 Select Part 对话框。从工具零件列表中选择 BLANKM 作为 LOWER，单击 OK 按钮，如图 8.89 所示，完成凸模的定义。工具零件定义完毕后，相应选项的颜色由红色变为绿色，如图 8.90 所示。

图 8.87　添加定义工具零件的对话框

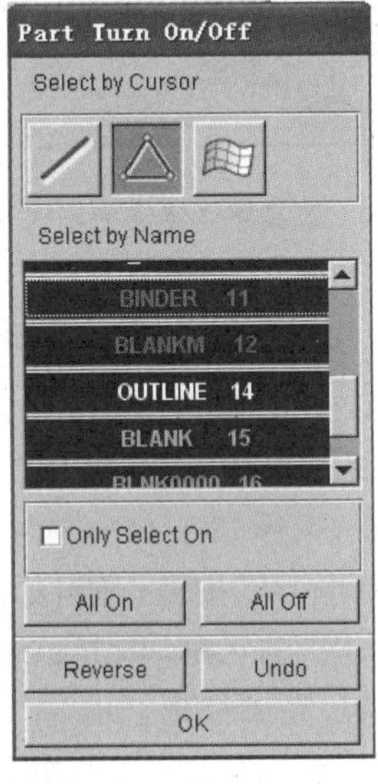

图 8.88　选取 LOWER 工具

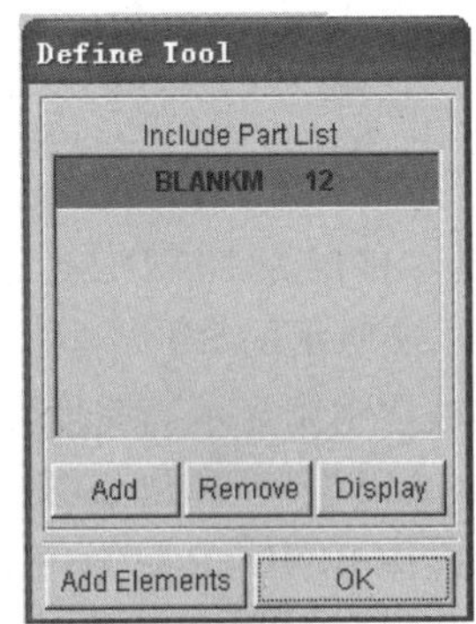

图 8.89　定义凸模

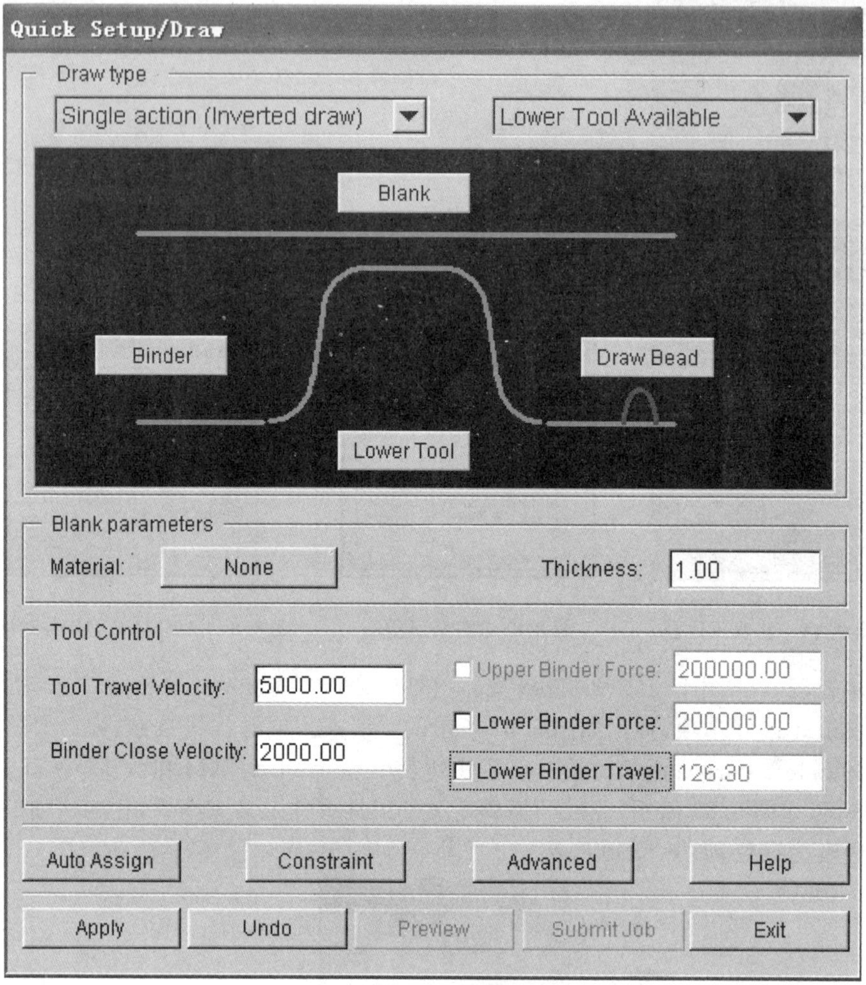

图 8.90　工具零件定义完毕对话框

3. 定义拉延筋

单击图 8.76 中的 Braw Bead 按钮，弹出如图 8.91 所示的对话框。指定当前的工具零件层为 BINDER。单击 Drawbead Line 选项区域中的 Select 按钮，弹出如图 8.92 所示的 Select Line 对话框，选择 Pick Line 选项，单击选中已设置的拉延筋中线（被选中则显示高亮度），然后单击 OK 按钮，弹出如图 8.93 所示的对话框。再单击 Apply 按钮，弹出如图 8.94 所示的对话框，单击 Lock tool 选项区域中的 Select 按钮，选择 BINDER 后单击 OK 按钮，完成拉延筋的定义，如图 8.95 所示。相应选项的颜色由红色变为绿色。用户可以根据工件的实际情况，单击图 8.94 所示的 Modify 按钮，对拉延筋的设置进行修改。

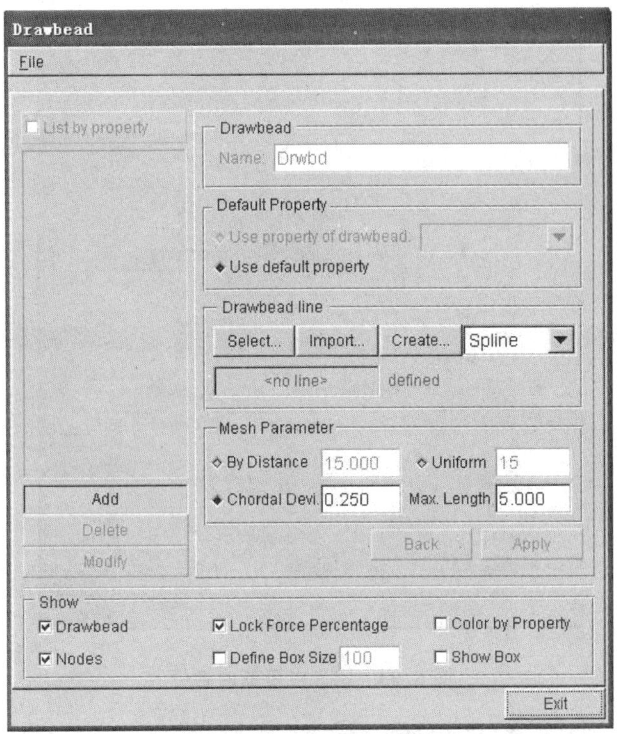

图 8.91　定义拉延筋对话框

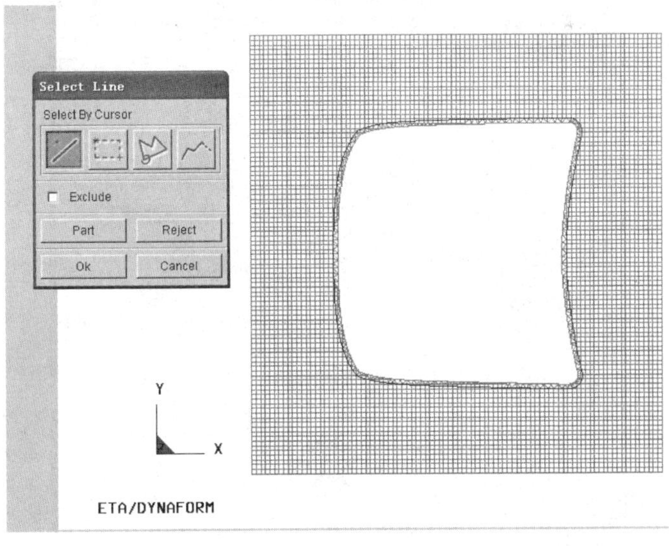

图 8.92　拾取拉延筋的中线

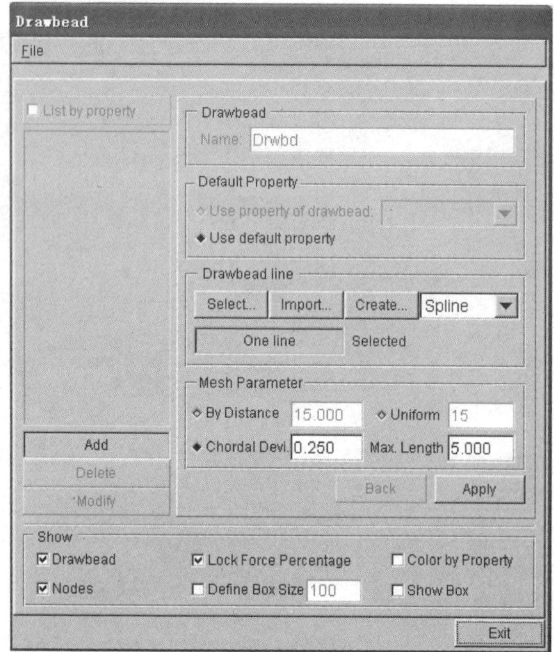

图 8.93　定义拉延筋对话框

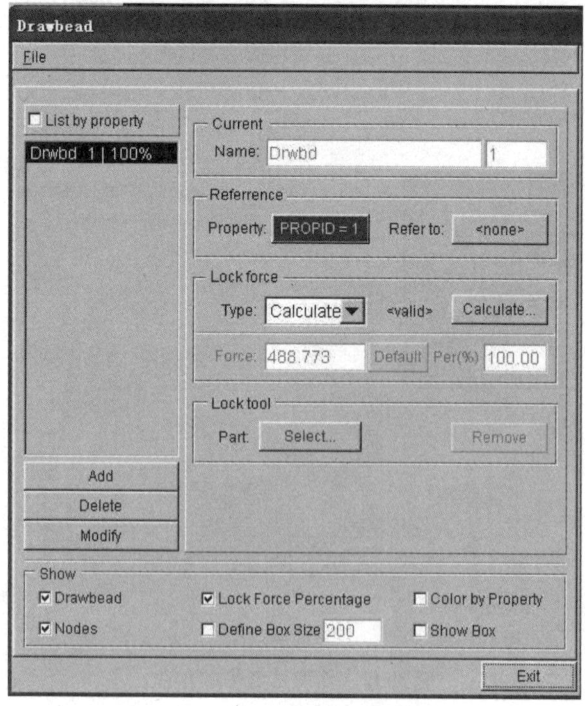

图 8.94　拉延筋参数设置

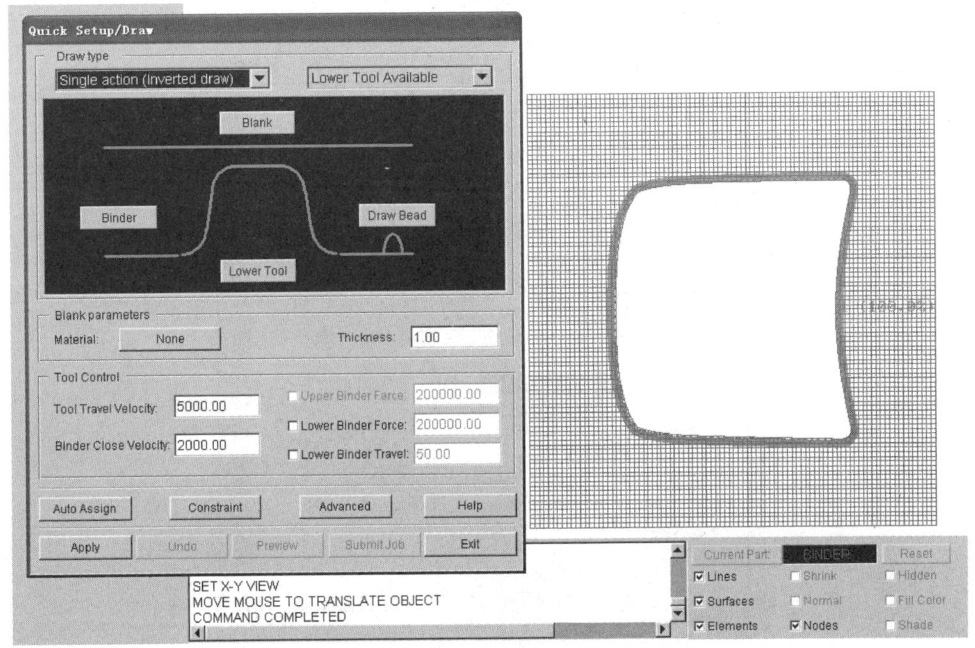

图 8.95　拉延筋设置结果

4. 毛坯材料参数

用户可以通过单击图 8.76 中 None 按钮来定义毛坯的材料。单击 None 按钮，弹出如图 8.96 所示的 Material 对话框。在 Standard 下拉列表框中，选择 China 选项，然后单击 Material Library 按钮，弹出如图 8.97 所示的 Material Library 对话框，选中 B170P1，单击 Ok 按钮，弹出材料参数设置对话框，如图 8.98 所示，单击 Ok 按钮结束。材料厚度 Thickness 选项为 1.2 mm。

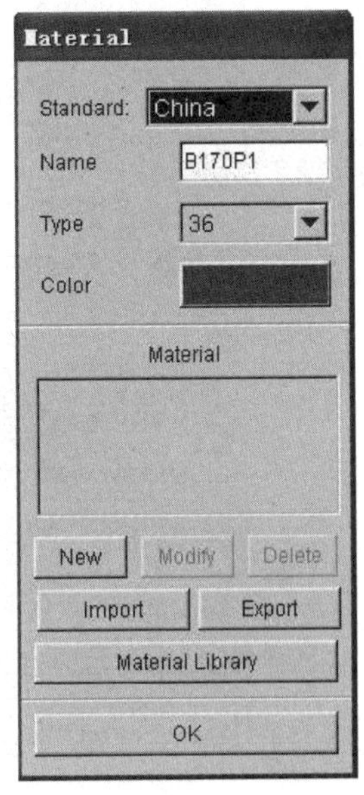

图 8.96　Material 对话框

5. 工具零件的控制

图 8.76 中 Tool Control 工具栏用来设置主要的移动速度和压边力。通过选择压边力检查框来激活压边力控制，参数设置如图 8.99 所示。

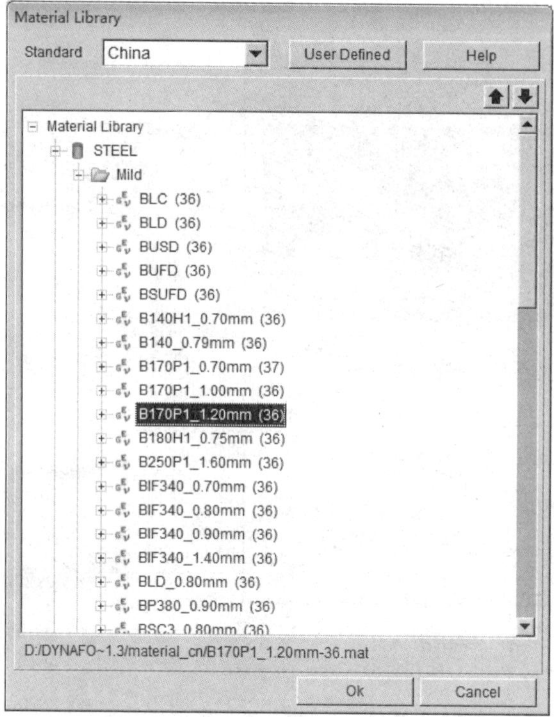

图 8.97 Material Library 对话框

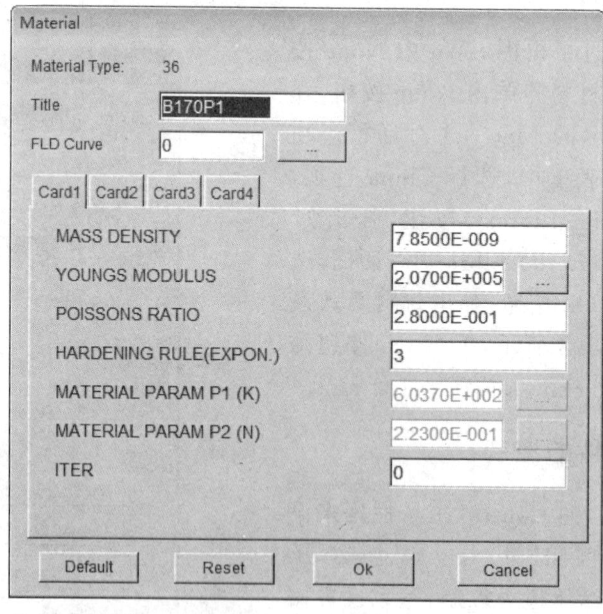

图 8.98 材料参数设置对话框

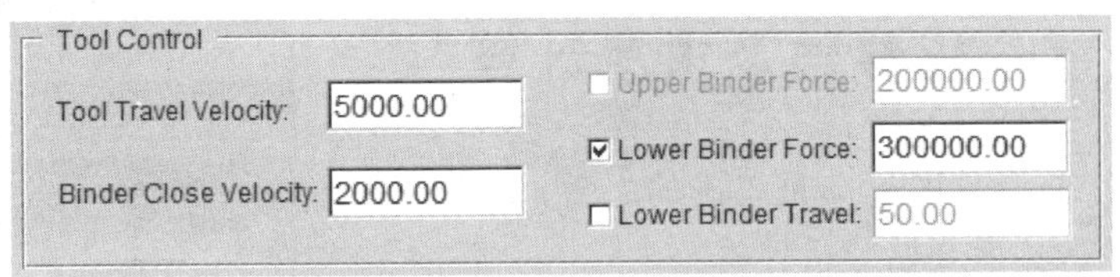

图 8.99　工具零件控制界面

工具零件速度和力取决于拉延的类型并根据以下的控制方案来进行应用。

① 无压边成形：上模由速度控制。

② 倒装式拉延：上模由速度控制，压料面由速度或力控制。

③ 正装式拉延：上模由速度控制，压料面由速度或力控制。

④ 四工具拉延：上模由速度控制，上压料面、下压料面由速度或力控制。

本例均选用默认设置，速度和力的单位分别是 mm/s 和 N。

完成了以上各参数设置后，单击图 8.76 中 Apply 按钮，就会出现如图 8.100 所示界面。单击 Preview 按钮弹出如图 8.101 所示对话框，可以观看动画演示。

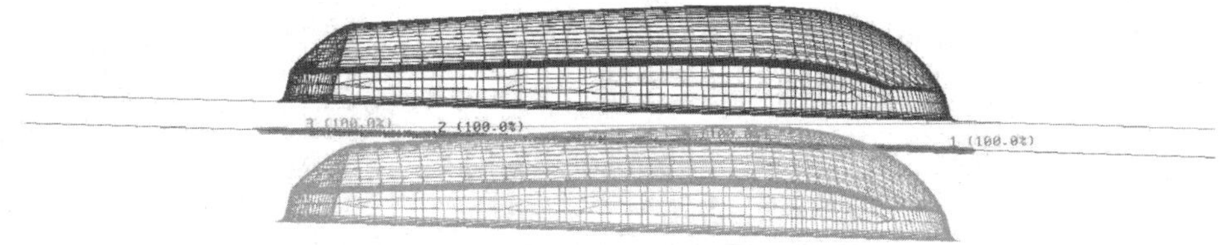

图 8.100　模拟设置结果

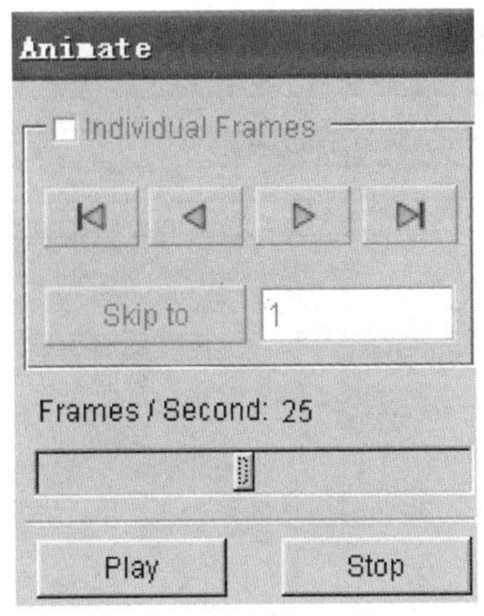

图 8.101　Animate 对话框

8.9 设置分析参数及求解计算

验证了工具零件的运动是正确的之后，定义最后的一些参数，然后开始分析计算。

选择 Analysis→LS-DYNA Ctrl＋A 菜单项，弹出如图 8.102 所示的 Analysis 对话框。Control Parameters 中各个参数值采用系统默认值，选择 Analysis Type（分析类型）为 Job Submitter，求解器开始在后台进行运算。当选择分析类型为 LS-Dyna Input File（输出 LS-Dyna 的输入控制卡片文件）时，以后可以手工（批量的）从输入卡片文件提交运算。在初始模拟确定模拟方案时取消 Adaptive Mesh 复选框，以减少初始确定模拟方案的时间。在确定了大致的模拟方案后可选中 Adaptive Mesh 复选框以提高模拟精度，相应的模拟时间也会增加许多。在设置好各项模拟参数后单击 OK 按钮进行后台的模拟计算，如图 8.103 所示。

在求解器处于运算过程中，可以看到求解器给出的估计的计算完成时间，并通过按住 Ctrl＋C 键刷新估算时间。Ctrl＋C 键将暂停求解器的计算，提示 enter sense switch 等待用户输入切换命令，然后按回车键。

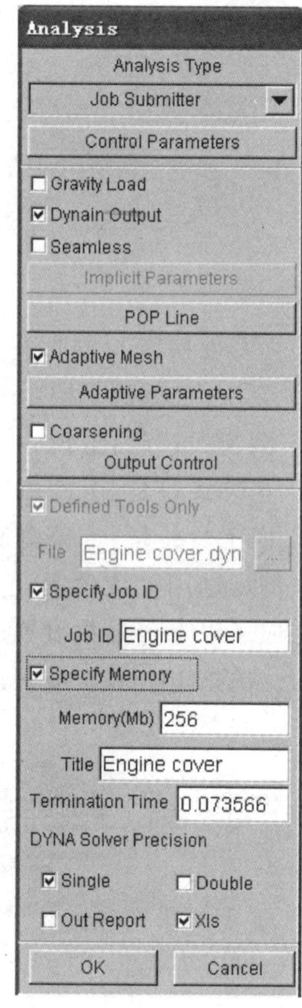

图 8.102 分析参数设定

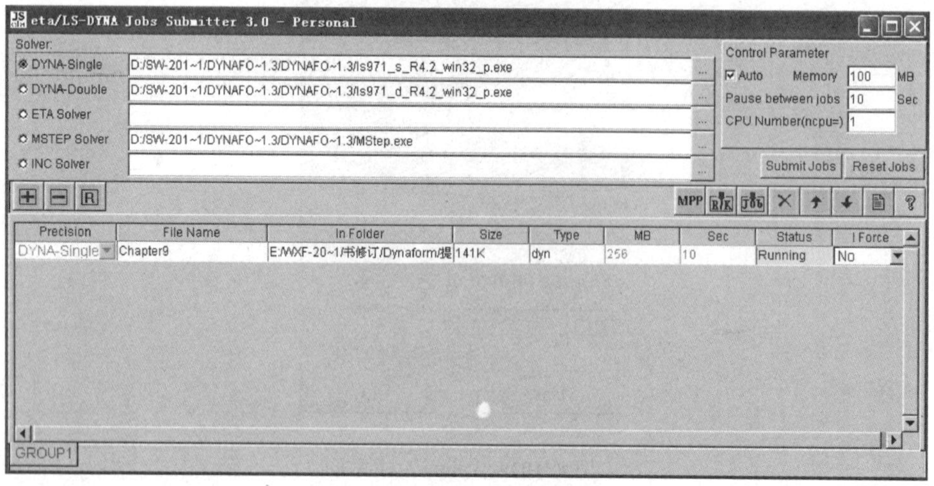

图 8.103 模拟分析计算

8.10 后处理

应用 Post 组件进行后处理，它能够读取和处理 d3plot 文件中所有可用的数据。除了包含没有变形的模型数据，还包含所有由 LS-Dyna 生成的结果文件（如应力、应变、时间历史曲线以及变形过程等）。

单击菜单栏中的 PostProcess 选项进入 DYNAFORM 后处理程序，即通过此接口转入到 Post - Proccessor 后处理界面。选择 File→Open 菜单项，浏览到保存结果文件的目录，选择正确的文件格式，其中 d3plot 格式文件是成形模拟的结果文件，包括拉延、压边、翻边等工序和回弹过程的模拟结果，d3drlf 格式文件是模拟重力作用的结果文件，dynain 格式文件是板料变形结果文件，用于多工序中。

1. 绘制工件成形的结果

选择 d3plot 文件，单击 Open 按钮读入结果文件，系统默认的绘制状态是绘制变形过程（Deformation）。在屏幕右侧出现如图 8.104 所示的“成形分析”对话框。在 Frames 下拉列表框中选择 All Frames 选项，单击“播放”按钮通过动画显示变形过程。移动 Frames/Second 滑块，可以设置希望的动画速度。单击“停止”按钮可以停止动画显示。

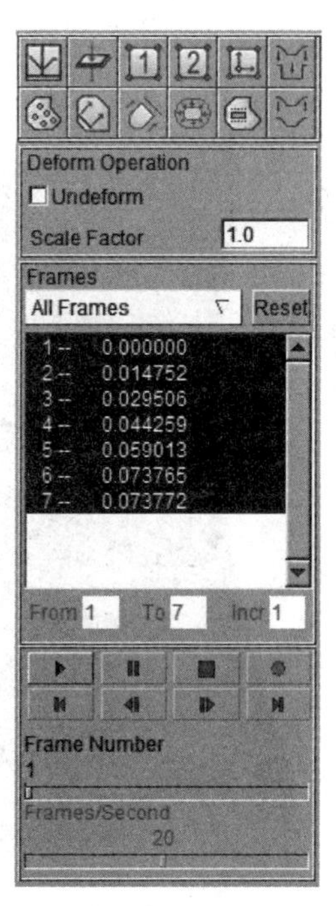

图 8.104 “成形分析”对话框

2. 绘制成形极限图

单击如图 8.104 所示的 FLD（成形极限图）工具按钮，在 FLD Operation 下拉列表框中选择 Bottom 选项。单击 FLD Curve Option 工具按钮设置 FLD 参数（n，t，r 等），选择 Edit FLD Window 选项定义 FLD 绘制窗口的位置。单击“播放”按钮通过动画显示 FLD 变化过程，单击“停止”按钮停止动画显示。绘制的成形极限图如图 8.105 所示。

3. 厚度变化过程

单击如图 8.104 所示的 Thickness 工具按钮，在 Current Component 下拉列表框中任意选择 THICKNESS（绝对值）或者 THINNING（相对减薄率）选项。单击“播放”按钮通过动画显示厚度变化过程。移动 Frames/Second 滑块，设置希望的动画速度。单击“停止”按钮停止动画显示。工件成形的最终厚度变化如

图 8.106 所示，减薄率如图 8.107 所示。

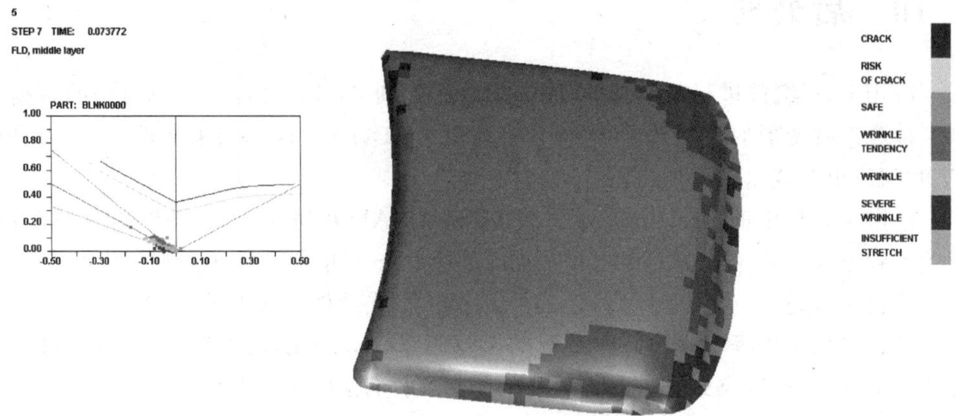

图 8.105　工件的成形极限图

图 8.106　最终工件的厚度变化图

图 8.107　最终工件的减薄率图

第9章 汽车覆盖件左、右护板拉延成形过程分析

汽车覆盖件(以下简称覆盖件)是指构成汽车车身或驾驶室、覆盖发动机和底盘的薄金属板料制成的异形体表面和内部工件。它既是外观装饰性的工件,又是封闭薄壳状的受力工件,具有材料薄、形状复杂、结构尺寸大和表面质量要求高等特点。

覆盖件的冲压工艺,是由拉延、修边和翻边三个基本工序组成,在这三道基本工序的基础上,根据覆盖件的具体形状和尺寸,编制各自的冲压工艺,其中拉延工艺最为关键。由于覆盖件的形状复杂,成形过程中的毛坯变形也很复杂,如果直接按工件图进行展开来确定毛坯的形状和尺寸,则不能保证覆盖件在冲压成形中能够顺利地成形。因此,一般都采用一次成形法,将一定规则形状的毛坯进行拉延成形。为了创造一个良好的拉延条件,通常将翻边展开,窗口补满,再添加上工艺补充部分,构成一个拉延件,补充的多余料则在以后工序中去除。通常用有限元分析软件模拟工件成形的过程,以便调整工艺参数提供满意的成形效果,为后续模具的设计与制造提供依据。

下面以左、右护板为例,对运用 DYNAFORM 软件进行拉延成形过程的有限元分析方法展开介绍,其工件图如图 9.1 所示。

图 9.1 汽车覆盖件左、右护板

9.1 左、右护板件的工艺分析

图 9.1 所示的狭长形左、右对称的工件,材料为 St16 厚度为 1.2 mm,表面各有 8 个大小不同的孔,而且在工件的成形部位存在明显的高度差。当分别成形时,由于回弹大而导致成形精度不高,工程上最佳的解决办法是将对称件合为一体进行拉延成形,然后通过剖切得到左、右对称件。因此该工件成形工序为拉延、切边冲孔、剖切三道工序。

该工件在成形时应选择合理的冲压方向,以保证凸模全部直接进入凹模时,拉延深度差为最小,目的是最大限度地减小材料流动和变形分布的不均匀性;同时凸模与

毛坯具有良好的初始接触，可以减少毛坯与凸模的相对滑动，有利于毛坯的变形、并提高工件的表面质量。

该工件要经过添加工艺补充部分之后才能进行拉延成形。工艺补充部分有如下两大类。一类是工件内部的工艺补充，即内工艺补充，也就是填补内部孔洞，创造适合于拉延成形的良好条件，这部分工艺补充不增加材料消耗，而且在冲内孔后，这部分材料仍可被适当利用。另一类工艺补充是在工件沿轮廓边缘展开(包括翻边展开部分)的基础上添加上去的，它包括拉延部分的补充和压料面两部分。

对于某些深度较浅、曲率较小的部位，必须使毛坯在成形过程中有足够的塑性变形量，才能保证其能有较好的形状精度和刚度。拉延件要设计一部分直壁，这样可以使凹模内部的毛坯在成形的最后阶段受较大的拉力，减少起皱的可能性。同时拉力的增加使凹模内部的毛坯增加了塑性变形量，拉延件的刚度也增加。因此，表面质量要求高的拉延件最好加一段直壁，一般取 10～20 mm。

压料面形状应尽量简单，以水平面为最好。在保证良好的拉延条件的前提下，为减少材料消耗，也可以设计成斜面、平滑曲面或平面曲面组合等形状，尽量不要设计成平面大角度交叉、高度变化剧烈的形状。压料面应使成形深度小且各部分深度接近一致，使材料流动和塑性变形趋于均匀，以便减小成形难度。同时，用压边圈压住毛坯后，毛坯不会产生皱折、扭曲等现象。压料面应使毛坯在拉延成形和修边工序中都有可靠的定位，不在某一方向上产生很大的侧向力，并且充分考虑送料和取件的方便。

由于外工艺补充不是工件主体，以后将被切掉变成废料，因此在保证拉延件具有良好的拉延条件前提下，应尽量减小这部分工艺补充，以减少材料浪费、提高材料利用率。

采用长方形毛坯进行一次拉延成形时，为了使毛坯变形均匀，需在压料面上设置拉延筋。

9.2 创建三维模型

利用 CATIA、Pro/ENGINEER 等 CAD 软件建立左、右护板件的实体模型，将左、右护板合为一体，中间留 4 mm 剖切余量并将孔填充。将所建立实体模型的文件以“*.igs”格式进行保存。

9.3 数据库操作

具体操作步骤如下所述。

1. 创建 DYNAFORM 数据库

启动 DYNAFORM 软件后，程序自动创建默认的空数据库文件 Untitled.df。选择 File→Save as 菜单项，修改文件名，将所建立的数据库保存在自己指定的目录下。

2. 导入模型

选择 File→Import 菜单项，将上面所建立的“*.igs”模型文件导入到数据库中，如图 9.2 所示。选择 Parts→Edit 菜单项，弹出如图 9.3 所示的 Edit Part 对话框，编辑修改工具零件层的名称、编号和颜色，将左、右护板零件层命名为 PART。

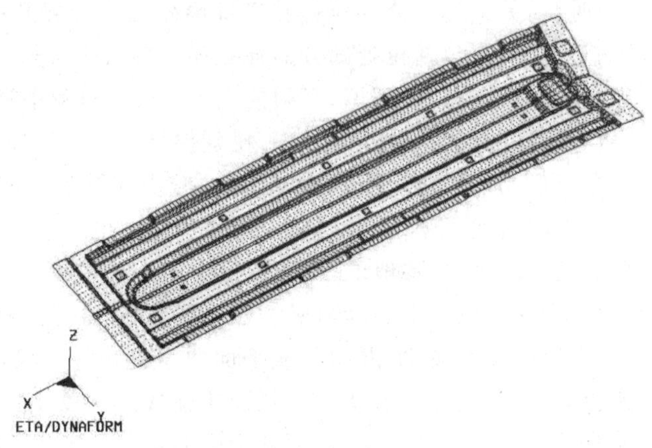

图 9.2 导入左、右护板件模型文件

3. 参数设定

选择 Tools→Analysis Setup 菜单项，弹出如图 9.4 所示的 Analysis Setup 对话框。默认的单位系统是长度单位为 mm(毫米)，质量单位为 TON(吨)，时间单位为

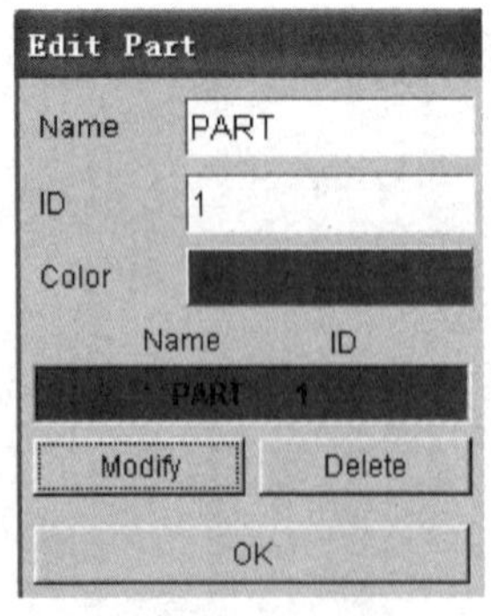

图 9.3 编辑工具零件图

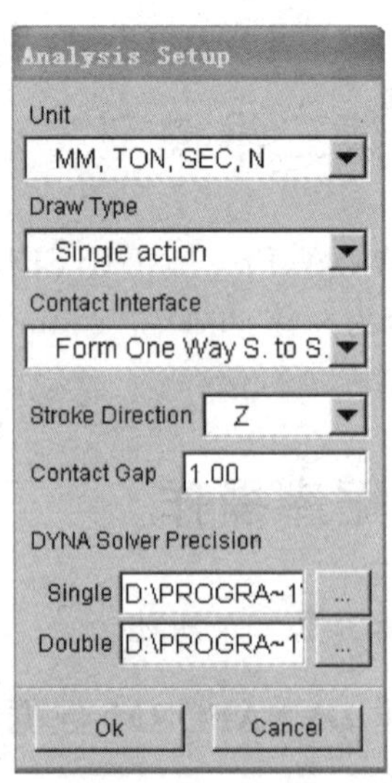

图 9.4 分析参数设置

SEC(秒),力单位为 N(牛顿)。成形类型选单动(Single action),凸模在毛坯的下面。默认的毛坯和所有工具的接触界面类型为单面接触(Form One Way S. to S.)。默认的冲压方向为 Z 向。默认的接触间隙为 1.0 mm,接触间隙是指自动定位后工具和毛坯之间在冲压方向上的最小距离,在定义毛坯厚度后此项设置的值将被自动覆盖。上述设置项的下拉列表框中各选项含意详见第 2 章。

9.4 网格划分

1. 工具零件网格划分

设定当前工具零件层为 PART 层,选择 Preprocess→Element 菜单项,弹出如图 9.5 所示的 Element 工具栏。单击图中椭圆所圈的 Surface Mesh 工具按钮,弹出如图 9.6 所示的 Surface Mesh 对话框。采用连续的工具零件网格划分(Connected Tool Mesh)方式。在 Surface Mesh 对话框中设定 Max. Size(最大单元值)为 10,其他各项的值采用默认值。单击 Select Surfaces 按钮,选择需要划分的曲面,分别如图 9.7 和图 9.8 所示,最后所得到的网格单元如图 9.9 所示。

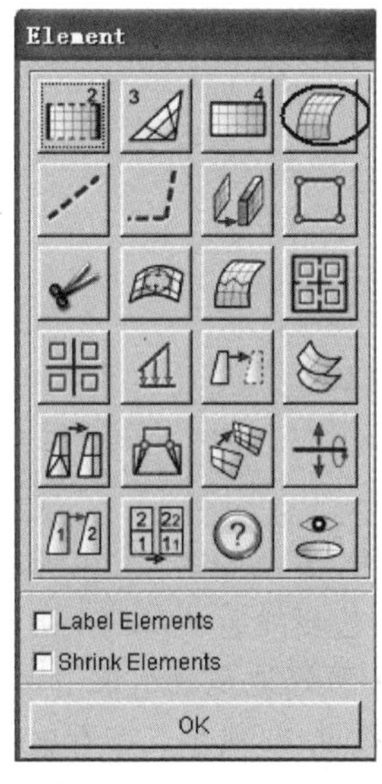

图 9.5 Element 工具栏

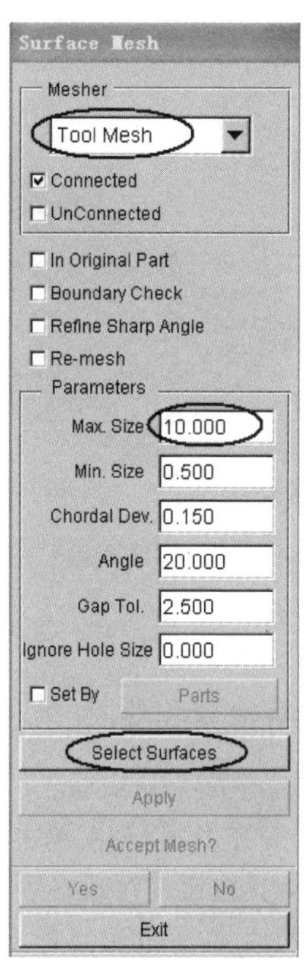

图 9.6 Surface Mesh 对话

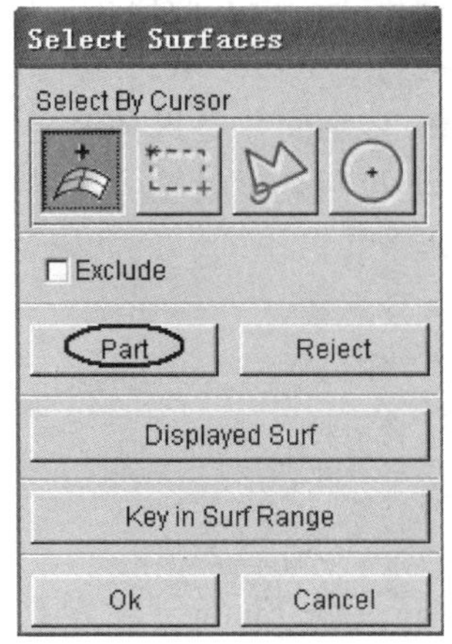

图 9.7 选择划分网格的曲面

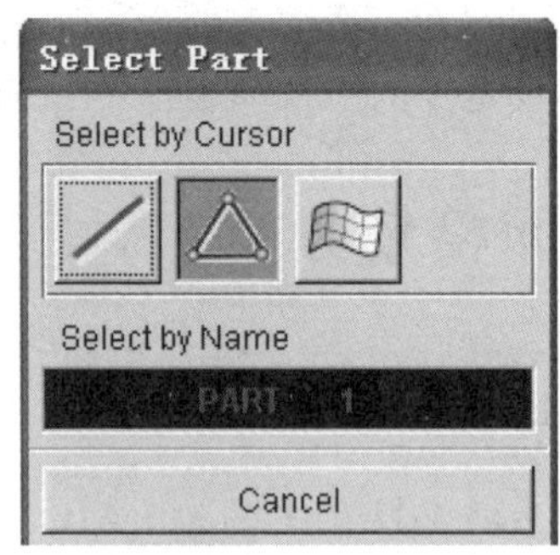

图 9.8 选择 PART 层的曲面划分网格

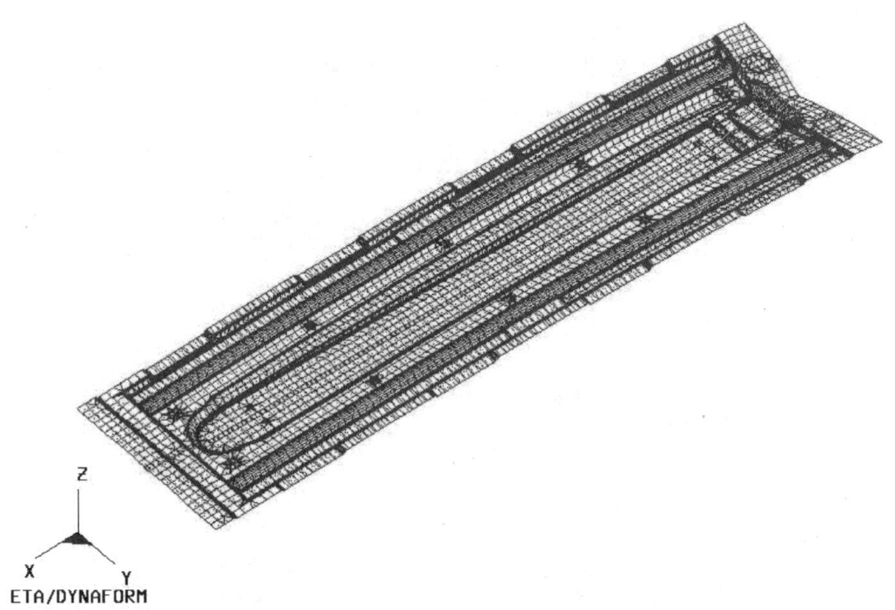

图 9.9 PART 层划分网格单元

2. 网格检查和修补

选择 Preprocess→Model Check/Repair 菜单项，弹出如图 9.10 所示的 Model Check/Repair 工具栏，分别单击 Boundary Display（边界线显示）和 Plate Normal（法向量显示）工具按钮。在观察边界线显示结果时，为更好地观察结果中存在的缺陷，可将曲线、曲面、单元和节点都不显示，所得结果如图 9.11 所示。查看法向量消息对话框，确认所有单元的法向量方向一致。

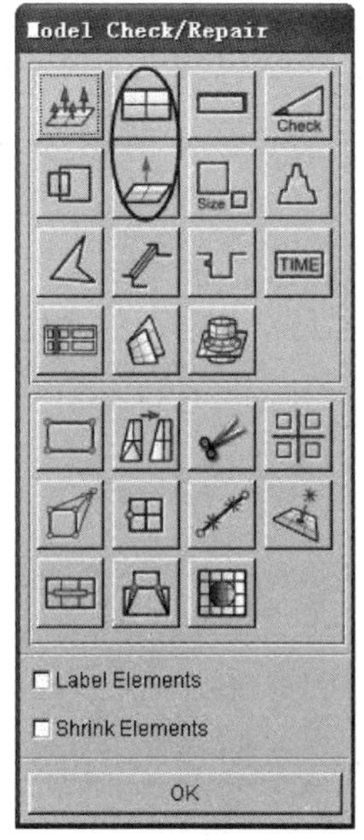

图 9.10 Model Check/Repair 对话框

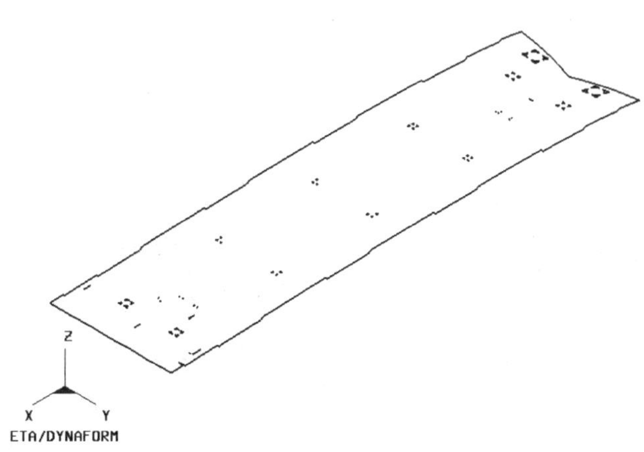

图 9.11 边界检查结果

9.5 模面工程

具体操作如下所述。

1. 冲压方向的调整

选择 DFE→Preparation 菜单项，弹出如图 9.12 所示的 DFE Preparation 对话框。单击 Add 按钮，指定当前的工具零件层为工具零件。单击 Tipping（冲压方向调整）标签，弹出如图 9.13 所示的对话框。选中 Undercut 复选项，单击椭圆所圈的工具按钮，弹出如图 9.14 所示的 Undercut Limit 对话框，单击 OK 按钮，单击 Auto-Tipping（自动调整冲压方向）按钮。在 DANYFORM 中自动调整冲压方向后，可以直观地看出来工件的负角部分，将负角去除，最终确定冲压方向，如图 9.15 所示。

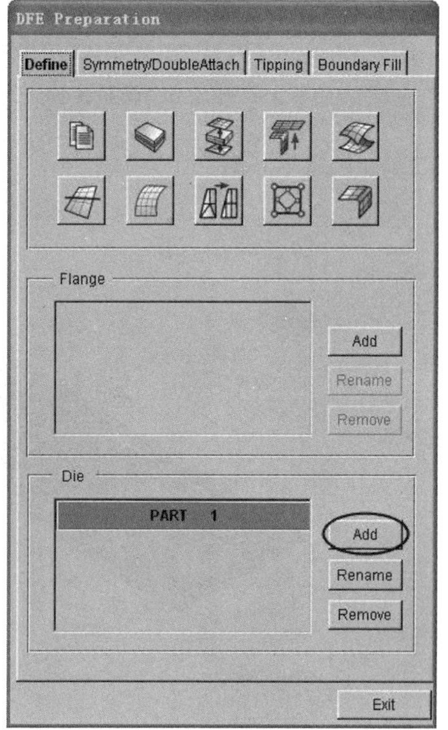

图 9.12 调整冲压方向

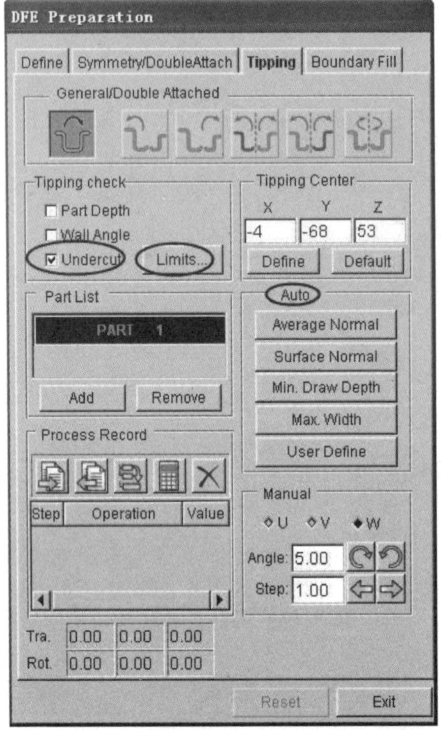

图 9.13　冲压方向调整参数

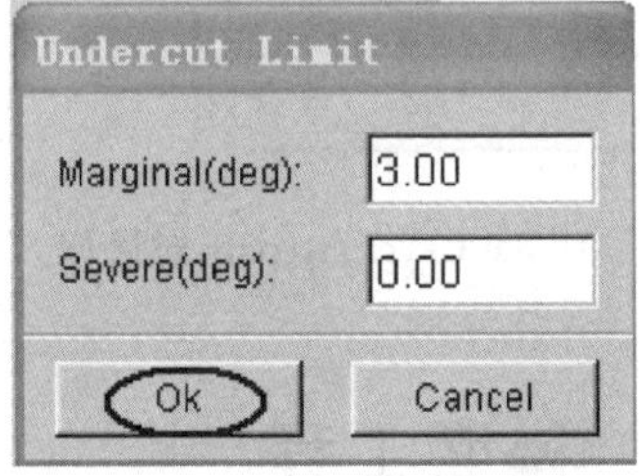

图 9.14　Undercut Limit 对话框

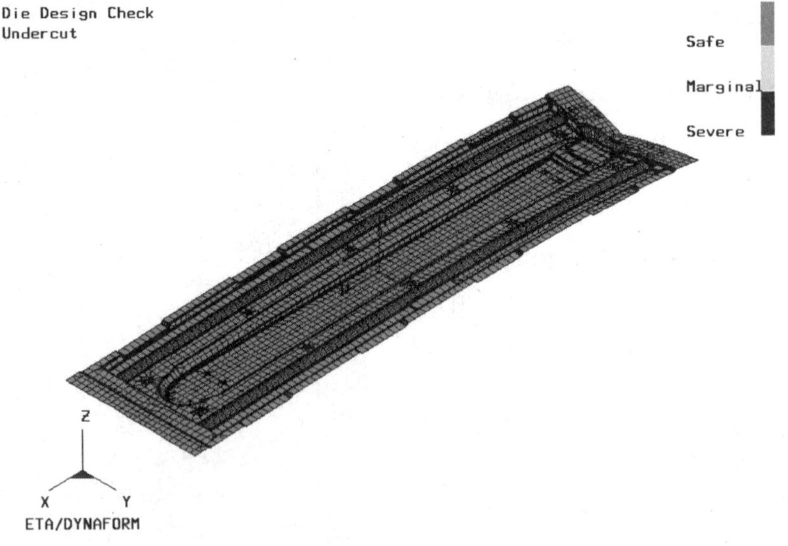

图 9.15　调整后的冲压方向

2. 添加工艺补充

(1) 创建通过工具零件层边界的压料面

选择 DFE→Binder 菜单项，弹出如图 9.16 所示的 Binder 对话框。单击 Binder Type 选项区域中的 Flat Binder(平面压料面)按钮，输入压料面的 Margin(边缘宽度)为 200.00 mm。单击 Define Binder Orientation 按钮定义压料面方向，单击 Close 按钮确定。单击 Apply 按钮，就会出现已创建的压料面，如图 9.17 所示。单击

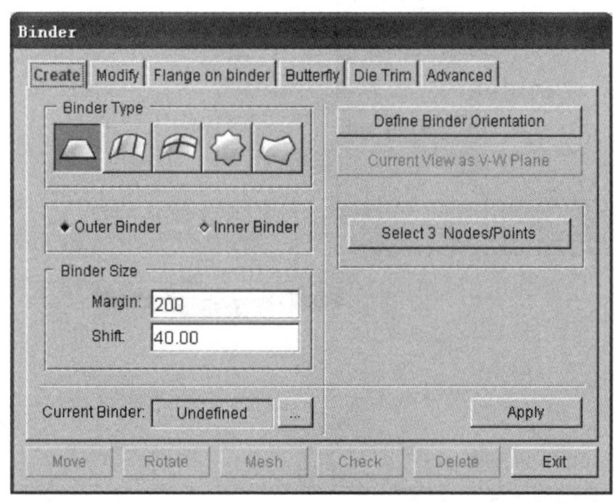

图 9.16　Binder(压料面)对话框

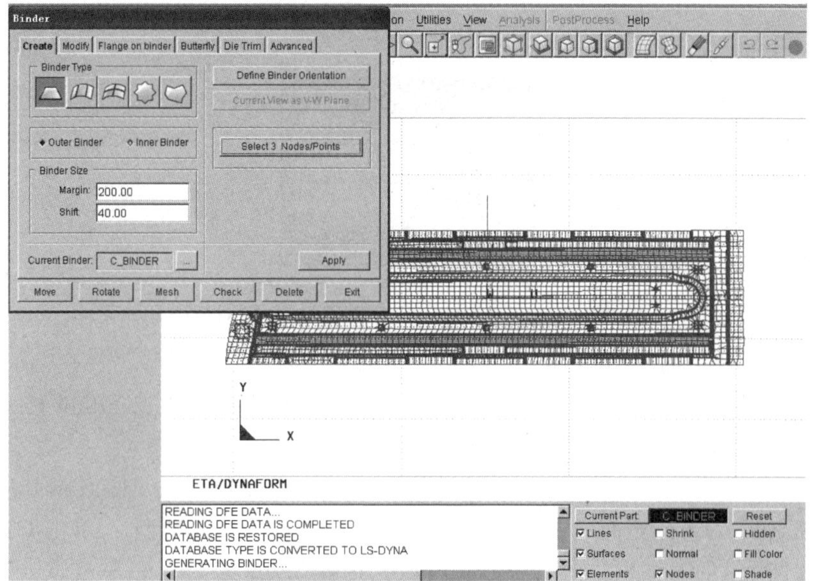

图 9.17　创建的压料面

Move按钮，弹出UVW INCRE MGNTS对话框，选择移动方向W，窗口选Y-Z View视图。单击滚动条并向右拖动，待移到合适位置时，单击Close按钮接受压料面的新位置，如图9.18所示。单击Binder对话框中的Mesh按钮，弹出如图9.19所示的Element Size对话框，输入最大单元尺寸为15.00 mm，最小的单元尺寸为3.00 mm。

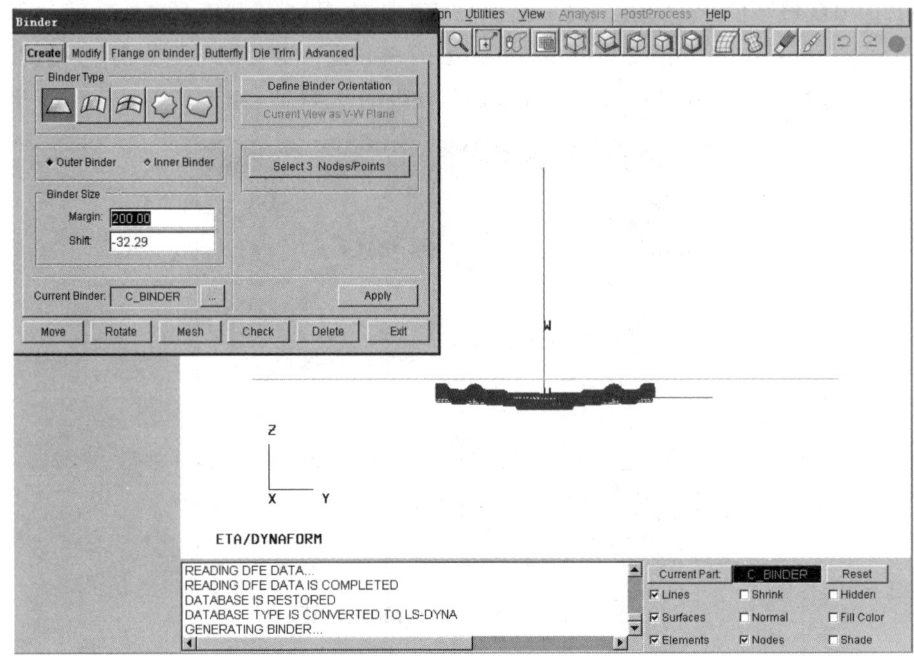

图9.18 压料面的生成

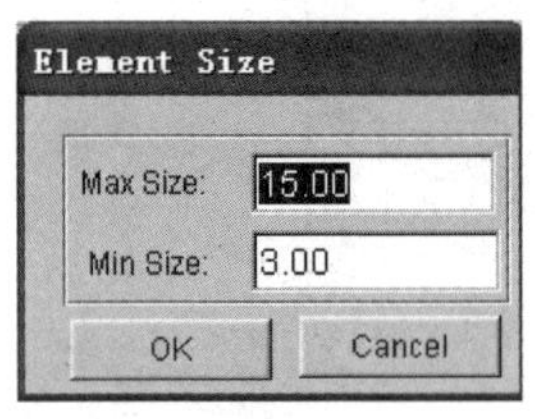

图9.19 Element Size(压料面网格划分)对话框

(2) 工艺补充面

选择DFE→Addendum菜单项，弹出如图9.20所示的Addendum Generation(工艺补充面)对话框，进行工艺补充面的设计。

单击New按钮，新建一种主截面线，弹出如图9.21所示的Master对话框。它提供了6种外工艺补充面的截面线。选择Profile Type中的类型2，单击OK按钮，在图9.21所示的对话框中单击Assign按钮，选择Type为Outer，单击Apply按钮，系统将会自动完成工艺补充面的插补，即过渡面，最终确定的工艺补充面如图9.22所示。

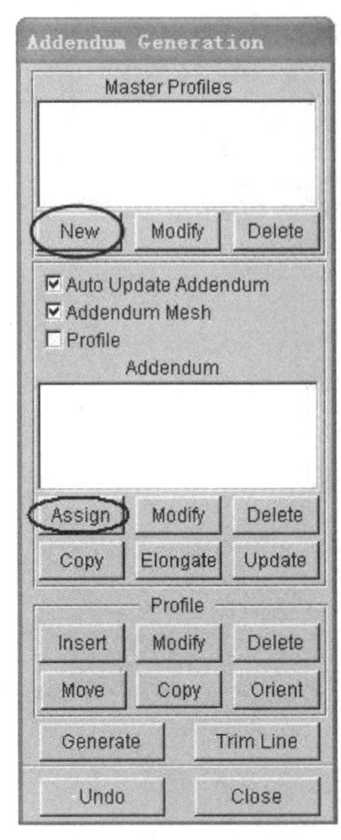

图 9.20　Addendum Generation 对话框

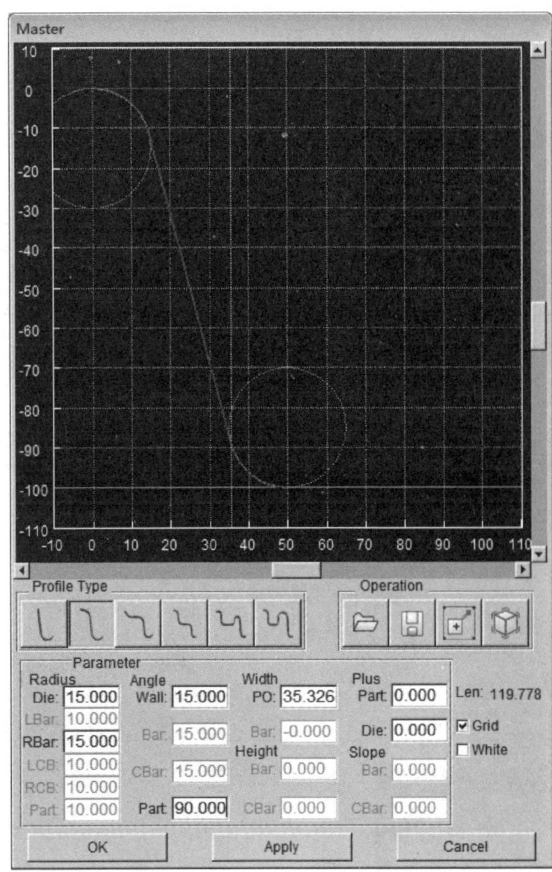

图 9.21　Master 对话框

(3) 压边圈的生成

选择 DEF→Modification 菜单项，弹出 DFE Modification（修改）工具栏。单击 Binder Trim，在弹出的对话框中单击 Boundary 选项区域中的 Outer 按钮，然后用鼠标拾取过渡面与压料面的交线，如图 9.23 所示。选择 Part→Create 选项，创建压边圈层（Binder），容纳从 C_Binder 分离出来的单元，生成压边圈，如图 9.24 所示。

3. 拉延类型设置

(1) 拉延筋的作用及对拉延成形的影响

拉延筋在汽车覆盖件的拉延成形中占有非常重要的地位。这是由于在拉延成形过程中，毛坯的成形需要一定大小且沿周边适当分布的拉力，它来自冲压设备的作用力、法兰部分毛坯的变形抗力和压料面的作用力。在汽车覆盖件拉延成形中，广泛采用拉延筋，它是调节和控制压料面作用力的一种最有效和实用的方法，在拉延过程中

图 9.22　工艺补充面

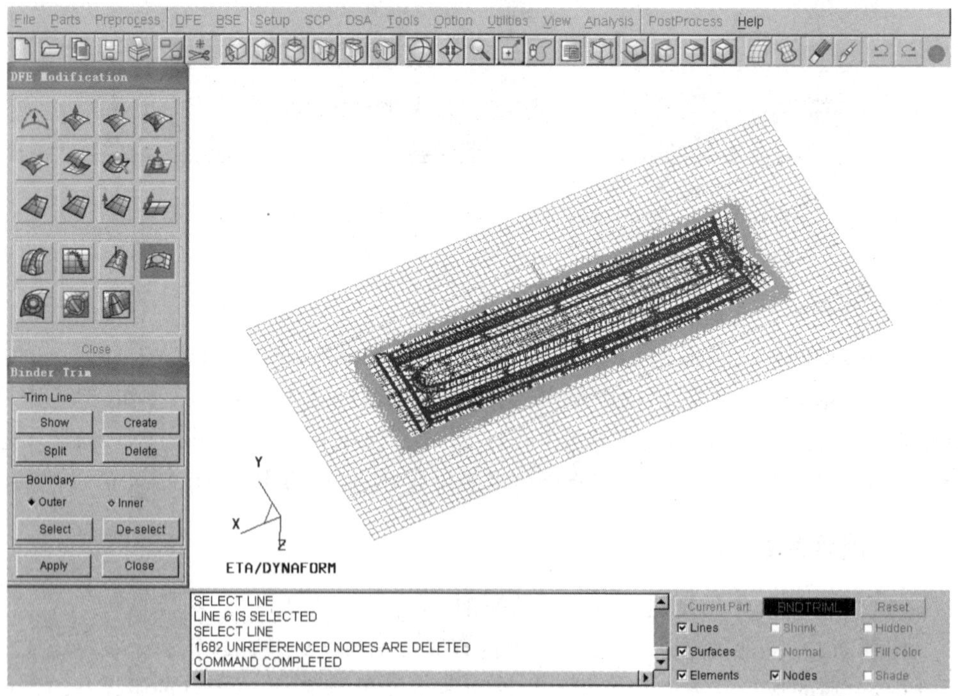

图 9.23　拾取过渡面与压料面的交线

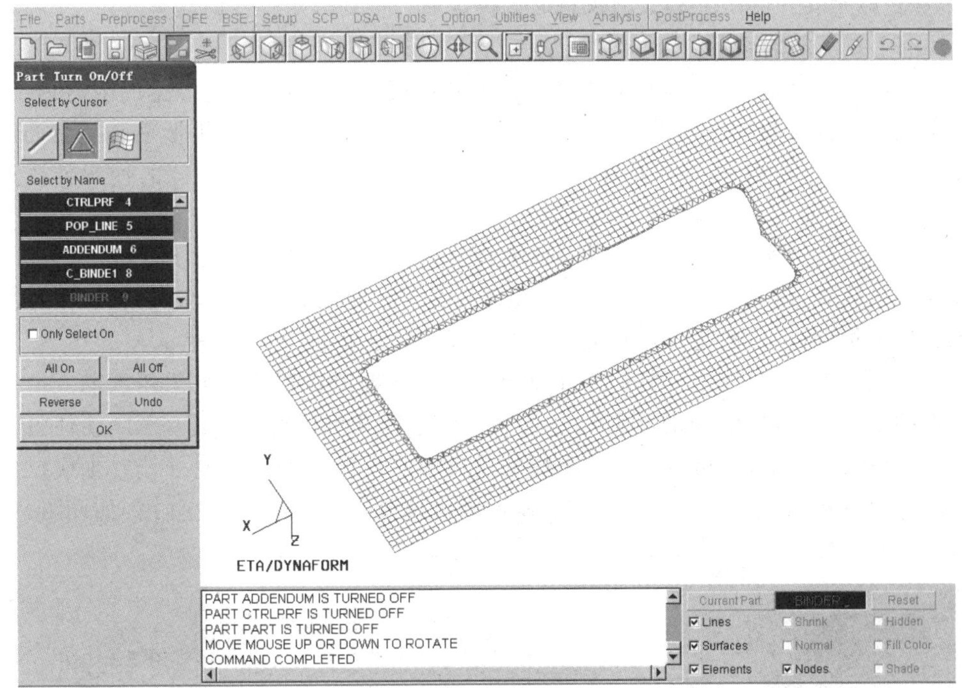

图 9.24　生成的压边圈

起着重要作用。其主要作用如下文所述。

① 增大进料阻力。压料面上的毛坯在通过拉延筋时要经过四次弯曲和反弯曲，这使得毛坯向凹模内流动的阻力大大增加，也使凹模内部的毛坯在较大的拉力作用下产生较大的塑性变形，从而可提高覆盖件的刚度并减少由于变形不足而产生的回弹、松弛、弯曲、波纹及收缩等情况，防止拉深成形时悬空部位的起皱和畸变。

② 调节进料阻力的分布。通过改变压料面上不同部分拉延筋的参数，可以改变不同部位的进料阻力的分布，从而控制压料面上各部位材料向凹模内流动的速度和进料量。调节拉延件各变形区的拉力及其分布，可使各变形区域按需要的变形方式和变形程度变形。

③ 可以在较大范围内调节进料阻力的大小。拉延筋可以配合压边力的调节在较大范围内控制材料的流动情况。

④ 降低对压料面的要求。压料面上设置拉延筋时，相对减小了压料面对进料阻力的影响，可降低对压料面加工光洁度的要求，减少拉延模制造工作量，缩短模具制造周期。同时，拉延筋的存在可减小压边力，使凹模压料面和压边圈压料面都减少了磨损，提高了模具使用寿命。由于拉延筋能够产生相当大的阻力，从而降低了对压边力的要求，容易调节冲压成形所需的进料阻力分布，同时也降低了对模具刚度、设备吨位等的要求。

⑤ 拉延筋外侧已经起皱的板料通过拉延筋可得到一定程度的改善。

(2) 拉深筋的确定

拉延筋有圆筋、矩形筋和三角筋等。一般情况下,圆筋拉延筋产生的阻力最小,一般用于允许有较大进料的冲压成形工艺或冲压件成形部位,而矩形筋和三角筋产生的阻力较大,一般用于不允许进料或只允许少量进料的胀形工艺的冲压件成形部位。

根据工厂的实际经验,由于拉延筋在模具铸造时比较容易做出,而磨去拉延筋时相对比较简单,但是如果设计时没有拉延筋,而实际冲压需要拉延筋时,补做拉延筋就比较麻烦,所以一般是在压料面上布置一周的拉延筋。

根据以上原则,考虑工件的实际成形形状最终确定在压料面上采用圆筋。依据工件的复杂程度,拉延筋的几何尺寸可以有所不同。可以回到三维 CAD 软件中去完成拉延筋的添加,也可以利用已生成的过渡面与压料面的轮廓向外偏置生成拉延筋的中线以备后用。或直接在压边圈上绘出拉延筋的中线以备后用,如图 9.25 所示。

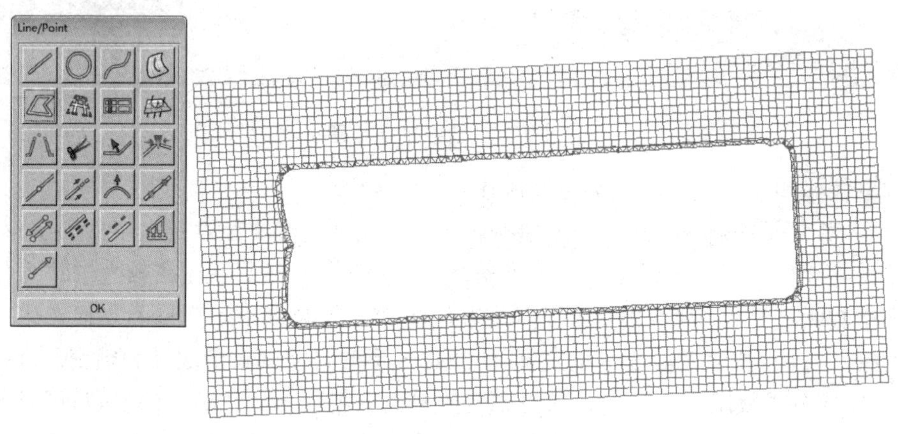

图 9.25 拉延筋的设置

4. 毛坯形状和尺寸的确定

毛坯形状和尺寸的确定是保证覆盖件拉延成形成功的一个重要前提。在计算简单形状工件的毛坯尺寸时,一般根据面积不变原则,即冲压件的表面面积等于毛坯面积。但是对于汽车覆盖件来说,由于它是空间曲面,形状复杂,要准确计算拉延件的表面面积是非常困难的。

考虑到工艺补充面,实际毛坯的尺寸应该是工件的尺寸与工艺补充尺寸之和。在本例中,首先要定义实际毛坯模型,就是工件模型与工艺补充的过渡面模型之和。因此实际毛坯的尺寸就是工件有限元模型和生成的过渡面展开的面积之和。

(1) 毛坯模型创建

选择 Part→Create 菜单项，在弹出的 Create Part 对话框中创建实际毛坯模型层，命名为 Blankm，选择 Parts→Add... To Part 菜单项，选取 Element(s)，然后选择 Select by，从 Name 选项区域中依次选择 Addendum、Part 层，将所有被选中的单元移动到 Blankm 零件层。关闭其他工具零件层，打开 Blankm 层，创建好的实际毛坯模型如图 9.26 所示。

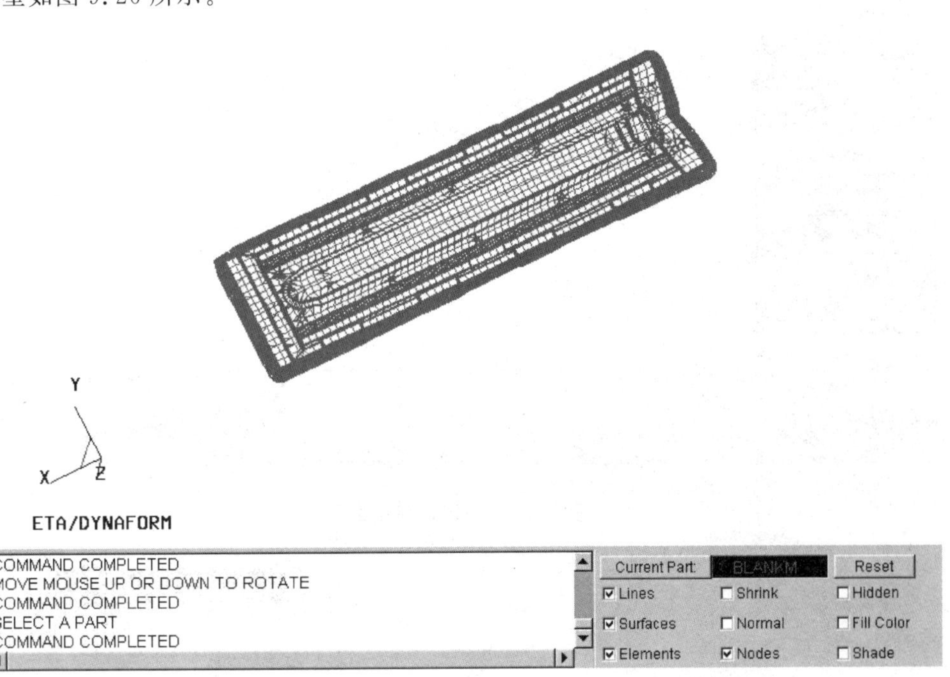

图 9.26 实际毛坯模型

(2) 毛坯尺寸估算

选择 BSE→Preparation 选项，单击 Blank Size estimate 按钮，单击 Blank Parameters 选项区域中的 Null 选项，在 Standard 下拉列表框中选择 China 按钮，单击 Material Library，选取 St16_1.2mm(36)，单击 OK 完成材料的选用。在 Thickness 文本框中输入 1.2，再单击 Apply 按钮，完成毛坯材料的参数定义，估算毛坯尺寸，计算结果如图 9.27 所示的封闭轮廓线条。

(3) 创建 Blank 层

毛坯估算结果近似为长方形，采用矩形包络，考虑修边余量，适当放大，建议回到三维 CAD 软件中完成，并以“*igs”格式进行保存。

选择 File→Import 菜单项，将上面所建立的“*.igs”模型文件导入到数据库中，如图 9.28 所示。选择 Parts→Edit 菜单项，弹出如图 9.29 所示的 Edit Part 对话框，编辑修改工具零件层的名称、编号和颜色，将毛坯层命名为 BLANK。

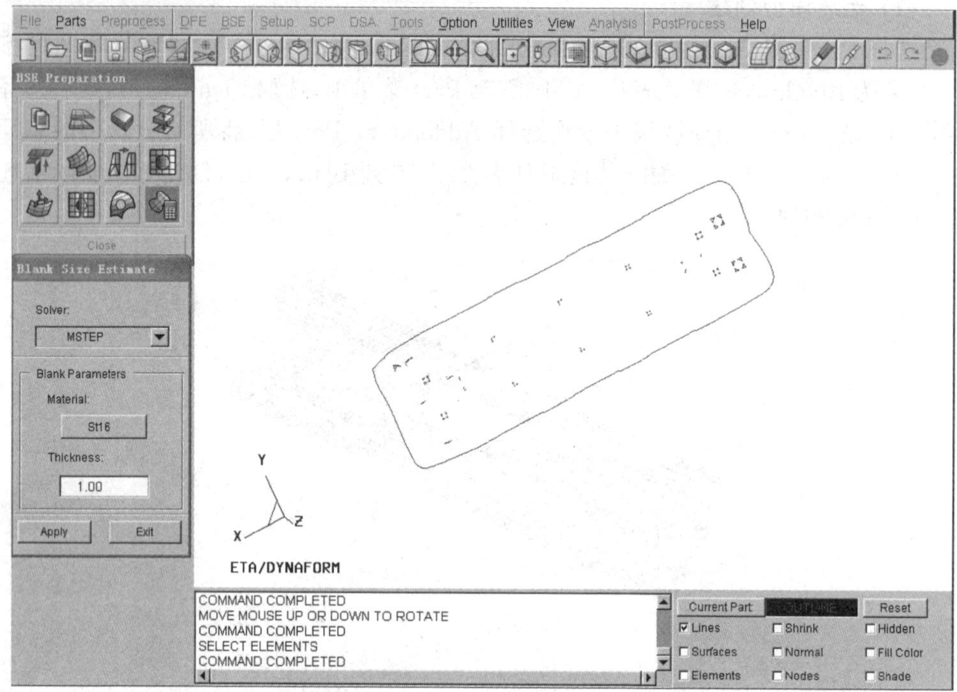

图 9.27 毛坯估算结果

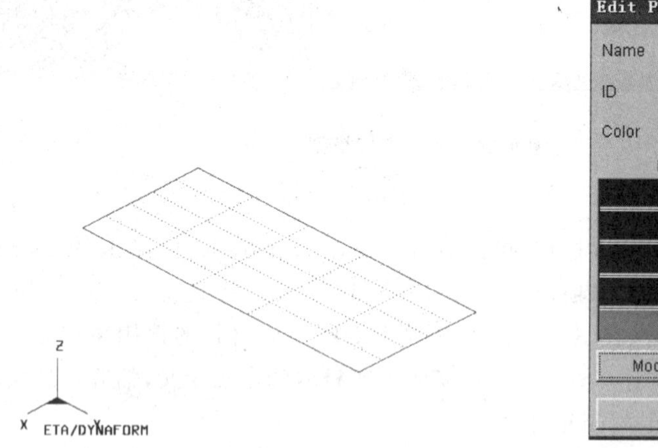

图 9.28 导入毛坯模型文件

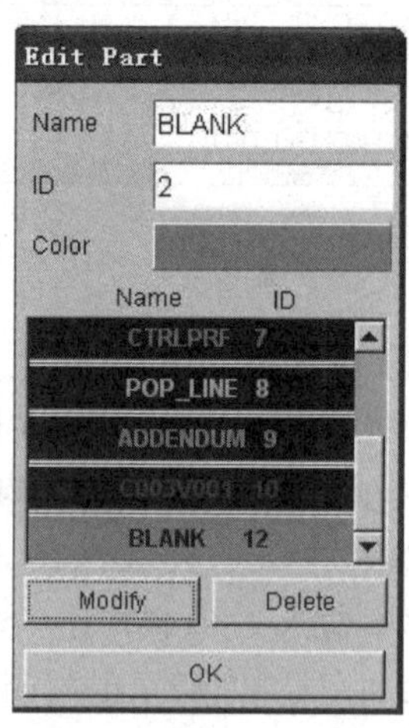

图 9.29 编辑毛坯层图

在确保当前文件层为毛坯零件层的前提下，选择 Tools→Blank Generator 菜单项，弹出如图 9.30 所示的 Select Option(毛坯网络划分)对话框，单击图中椭圆所圈的选项，弹出如图 9.31 所示的 Mesh Size 对话框。设定网格大小的参数值为 6.0，单击 OK 按钮，所得到的毛坯网格如图 9.32 所示。

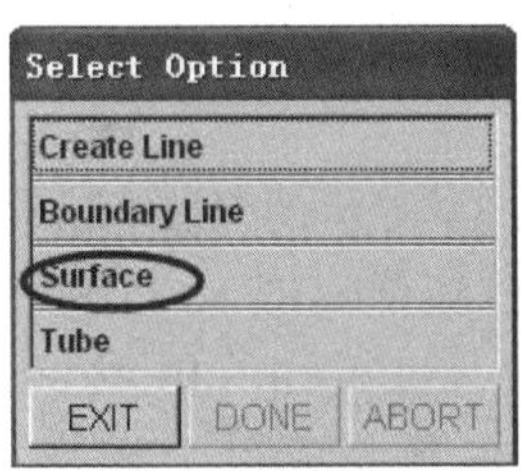

图 9.30　Select Option 对话框

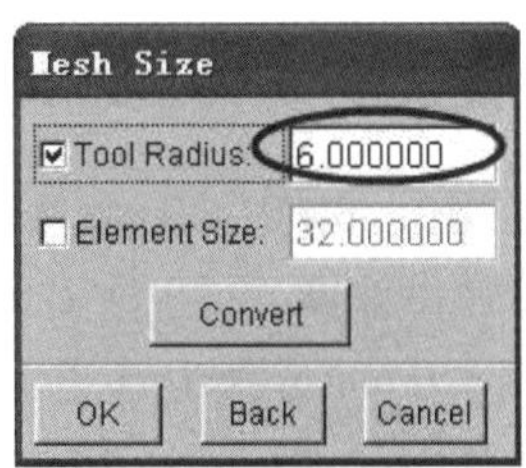

图 9.31　毛坯网格划分参数设定

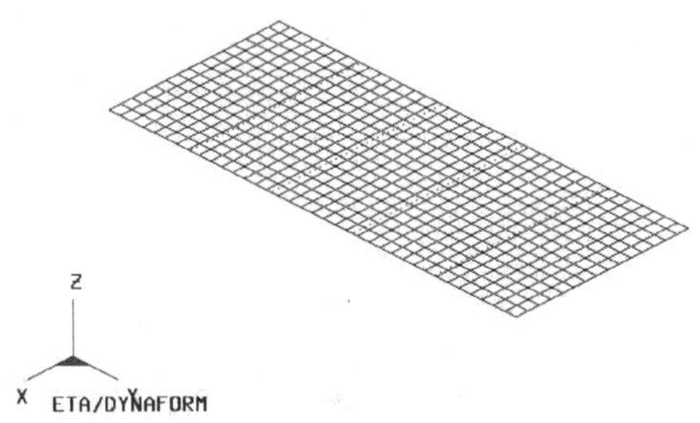

图 9.32　BLANK 层划分网格单元

9.6　模拟设置

选择 Setup→Draw Die 菜单项，单击弹出如图 9.33 所示的对话框。然后，在 Draw type（拉延类型选项）选项区域中，分别选择 Single action（Inverted draw）和 Lower Tool Available 选项，完成拉延类型选择。

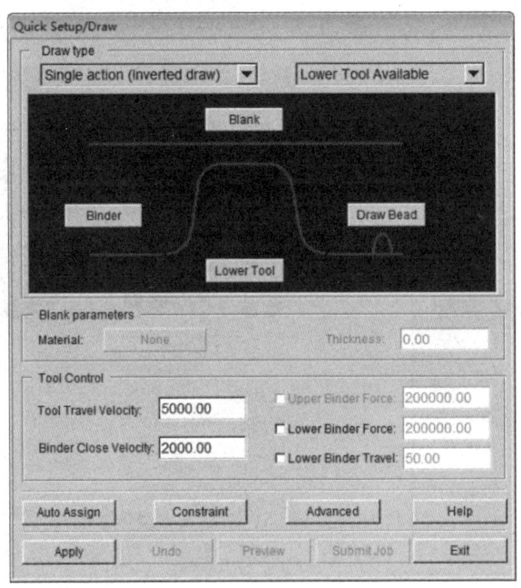

图 9.33　Draw Die 快速设置

1. 定义毛坯(BLANK)

单击图 9.33 中 Blank 按钮就会弹出如图 9.34 所示的对话框,单击 Select Part 按钮,又弹出如图 9.35 所示对话框,单击 Add 按钮弹出图 9.36 所示的对话框,在 Select by Name 选项中选中上节创建的 Blank 层,然后单击 OK 按钮。此时图 9.37 对话框就会显示 Blank,然后单击 Exit 按钮。正确完成以上操作后,图 9.33 中 Blank 部分的颜色由红色变为绿色,如图 9.38 所示,即可完成毛坯的定义。若有不同可重复操作。

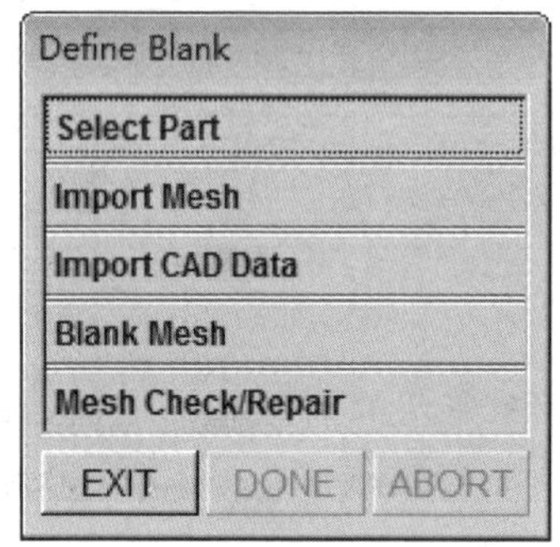

图 9.34　定义毛坯对话框

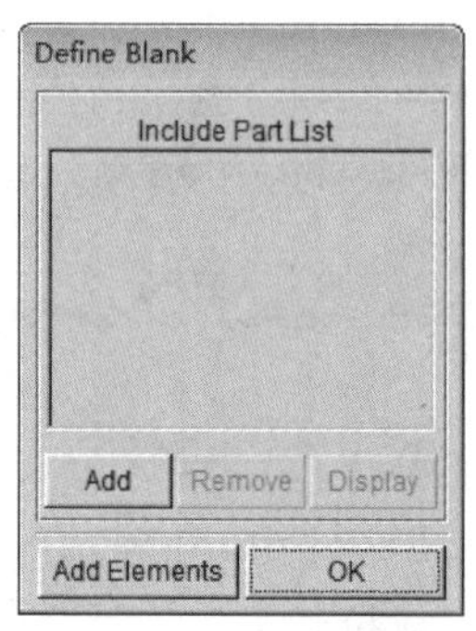

图 9.35　添加毛坯对话框

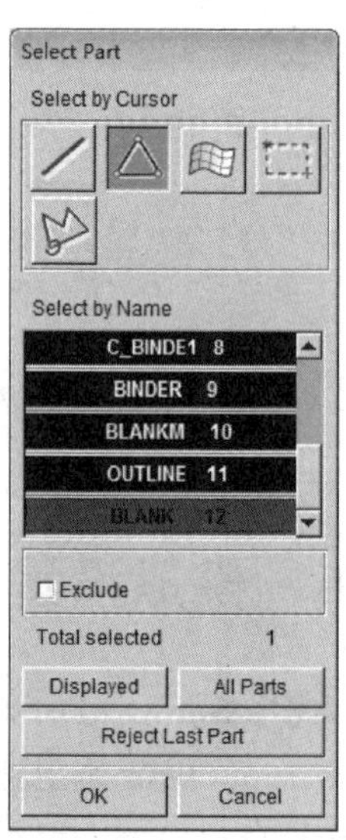

图 9.36　Select Par 对话框

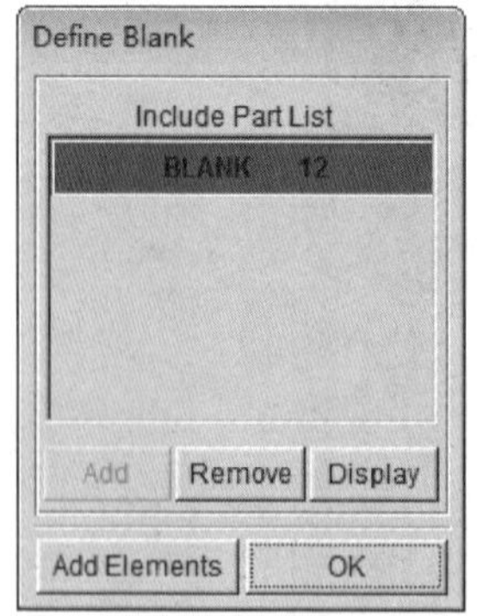

图 9.37　毛坯层确认对话框

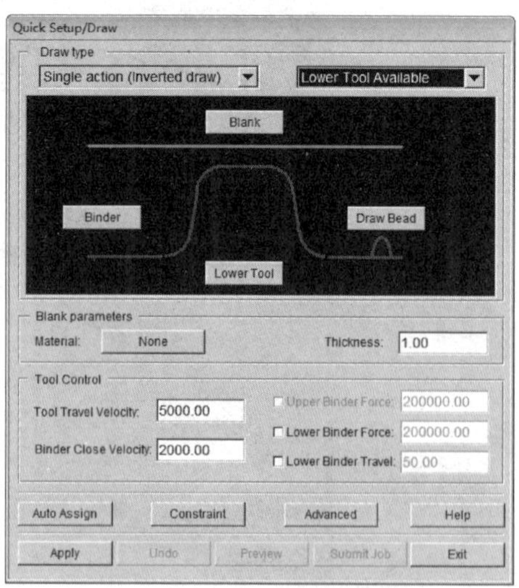

图 9.38　毛坯定义完毕对话框

2. 定义工具零件

单击图 9.33 中 Binder 按钮，弹出 Define Tool 对话框，如图 9.39 所示。单击 Select Part 选项，弹出 Define Binder 对话框，如图 9.40 所示。单击 Add 按钮，弹出 Select Part 对话框，如图 9.41 所示。从工具零件列表中选择 BINDER，单击 OK 按钮，如图 9.42 所示，完成压边圈的定义。

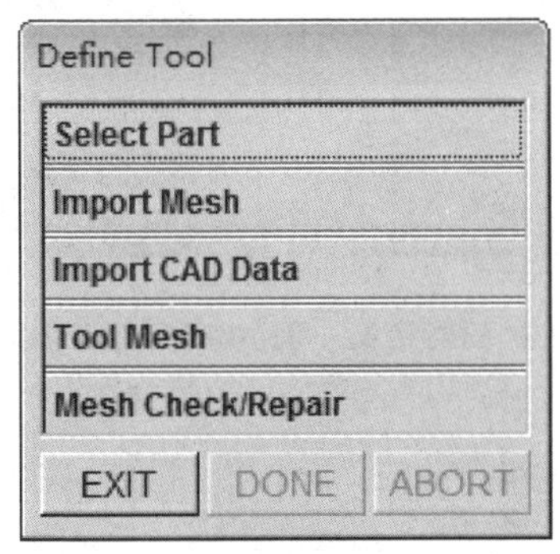

图 9.39　Define Tool 对话框

图 9.40　Define Binder 对话框

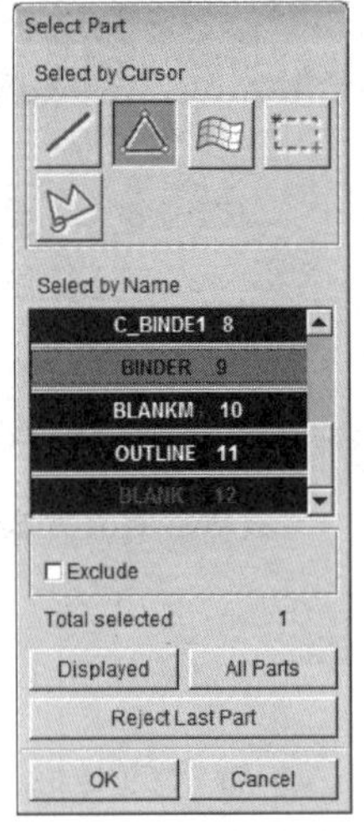

图 9.41　选取压边圈

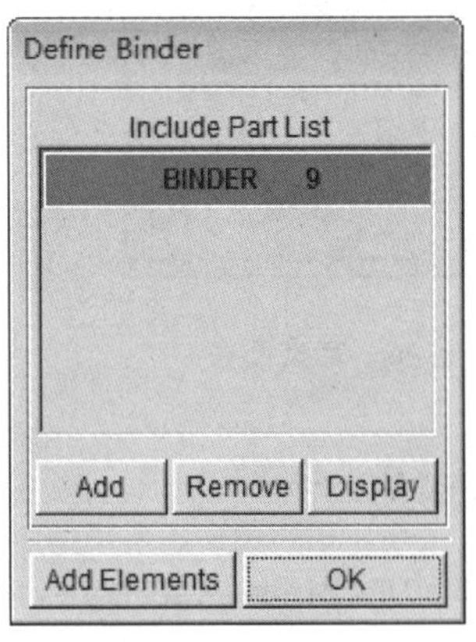

图 9.42　定义压边圈

单击图 9.33 中的 Lower Tool 按钮，弹出如图 9.43 所示的对话框。单击 Select Part 选项，弹出如图 9.44 所示的对话框。单击 Add 按钮，弹出如图 9.45 所示的对话框。从工具零件列表中选择 BLANKM 作为 LOWER，单击 OK 按钮，如图 9.46

所示，完成凸模的定义。工具零件定义完毕后，相应选项的颜色由红色变为绿色，如图 9.47 所示。

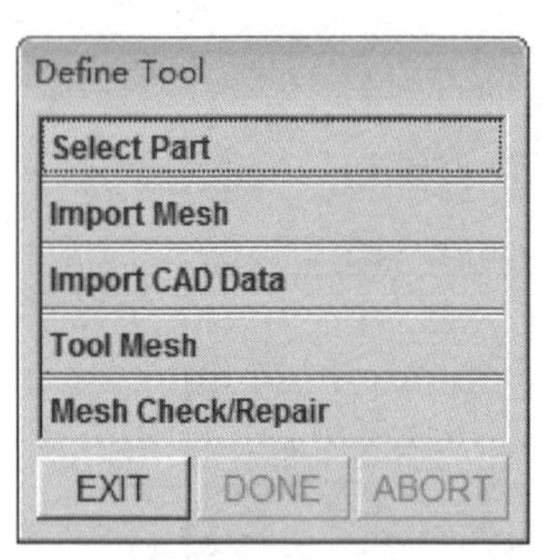

图 9.43　Define Tool 对话框

图 9.44　添加定义工具的对话框

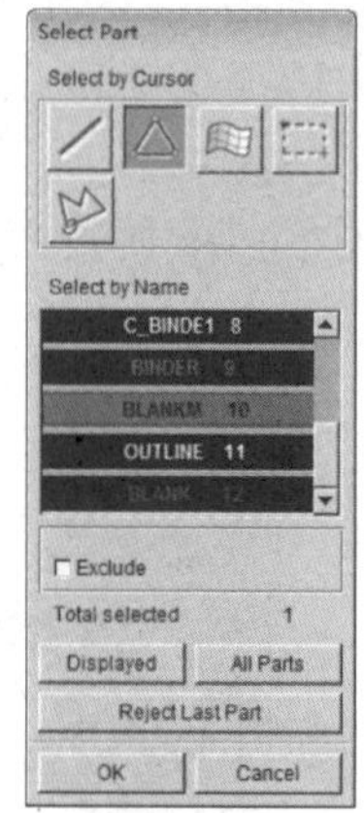

图 9.45　选取 BLANKM 作为 LOWER 工具

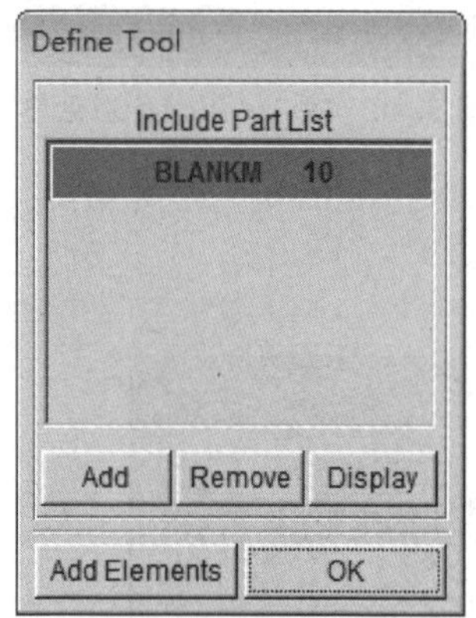

图 9.46　定义凸模

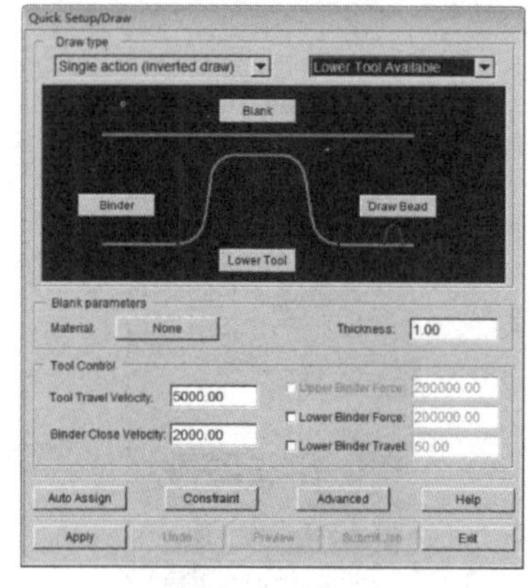

图 9.47　工具零件定义完毕对话框

3. 定义拉深筋

单击图 9.33 中的 Braw Bead 按钮，弹出如图 9.48 所示的对话框。指定当前的工具零件层为 BINDER。单击 Drawbead line 选项区域中的 Select 按钮，弹出如图 9.49 所示的 Select Line 对话框，选择 Pick Line 选项，用鼠标单击选定已设置的拉延筋中线(被选中则显示高亮度)，然后单击 OK 按钮，弹出如图 9.50 所示的对话框。再单击 Apply 按钮，并在 Lockforce 的 Type 中选择 Calculate 选项，设置拉延筋参数如图 9.51 所示，单击 Lock Tool 的 Part 中的 Select 选项，选择 BINDER 后，然后单击 OK 按钮，完成拉延筋的定义，如图 9.52 所示。相应选项的颜色由红色变为绿色。用户可以根据零件的实际情况，单击图 9.50 所示的 Modify 按钮，拉延筋的设置进行修改。

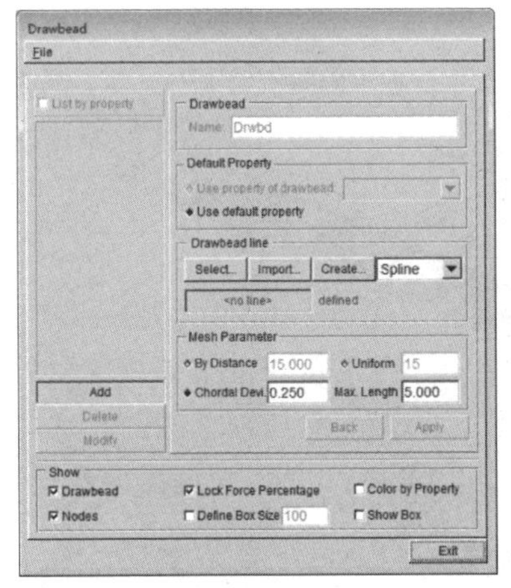

图 9.48 定义拉延筋对话框

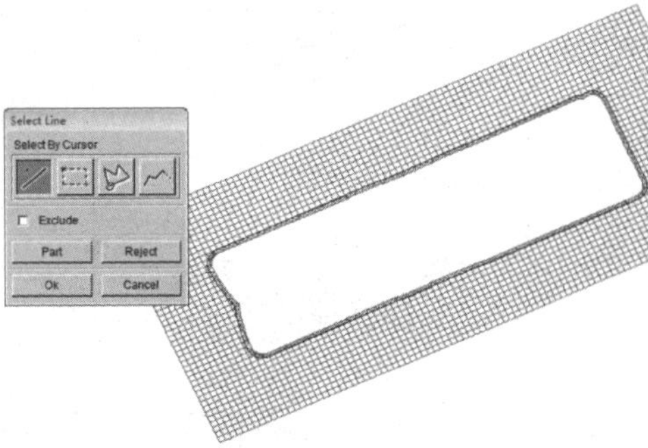

图 9.49 拾取拉延筋的中线

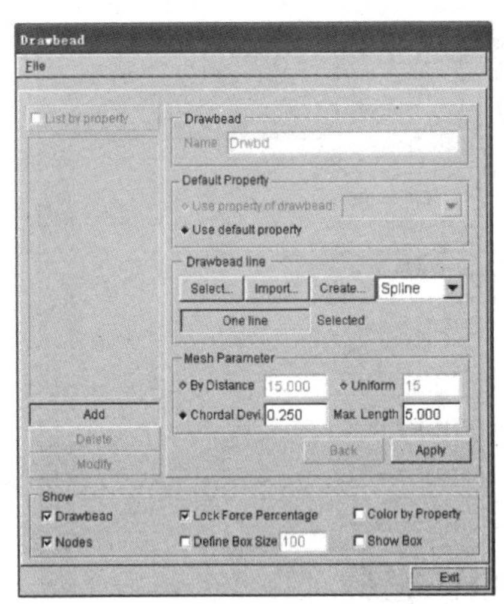

图 9.50 定义拉延筋对话框

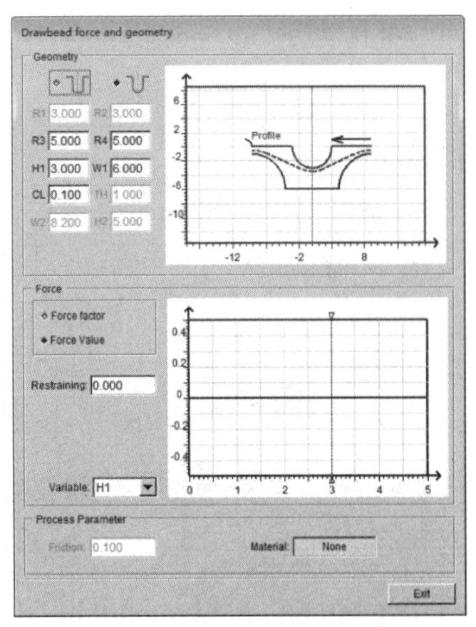

图 9.51 插入拉延筋对话框

4. 毛坯材料参数

用户可以通过单击图 9.33 中的 None 按钮来定义毛坯的材料。单击 None 按钮，弹出如图 9.53 所示的对话框。在 Standard 下拉列表框中选择 China 选项，然后

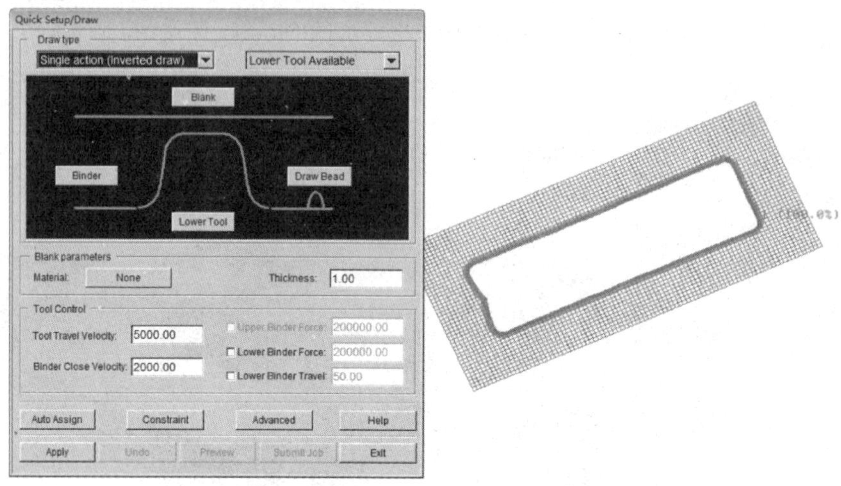

图 9.52　拉延筋设置结果

单击 Material Library 按钮，弹出如图 9.54 所示对话框，在 Title 下拉列表框选择 St16 选项，单击 OK 按钮，弹出材料力学性能对话框(如图 9.55 所示)，单击 OK 按钮结束。材料厚度 Thichness 选项为 1.2 mm。

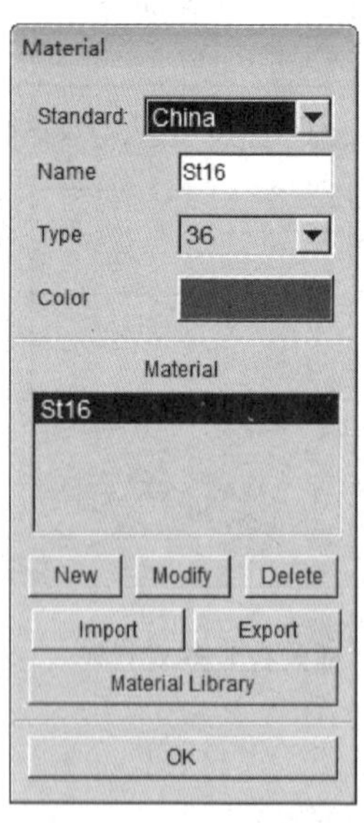

图 9.53　材料对话框

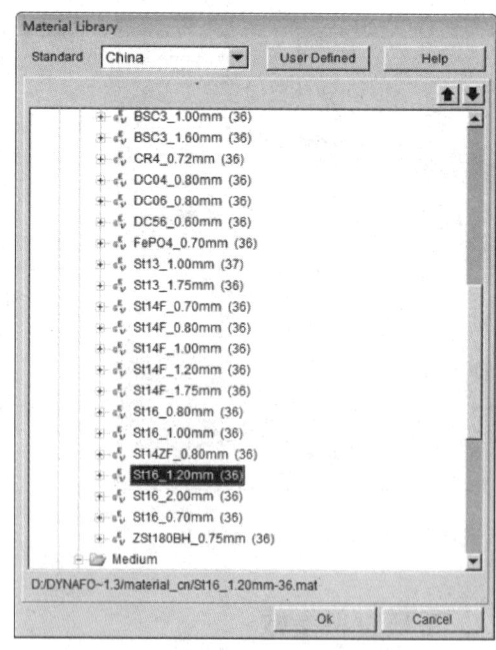

图 9.54　材料选项对话框

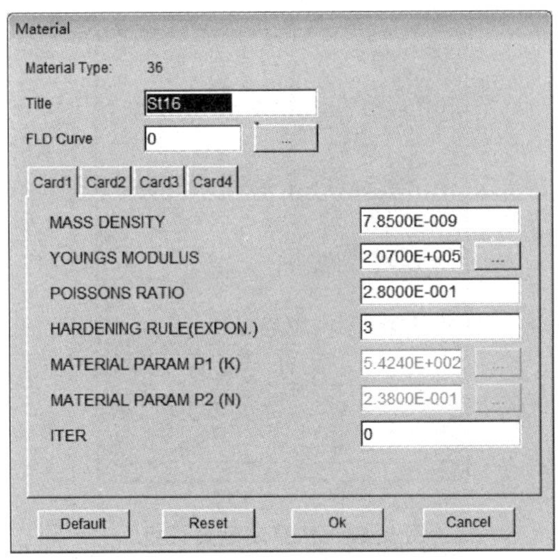

图 9.55　材料力学参数设置对话框

5. 工具零件控制

图 9.33 中的 Tool Control 选项区域用来设置主要的移动速度和压边力。通过选择压边力检查框来激活压边力控制，如图 9.56 所示。

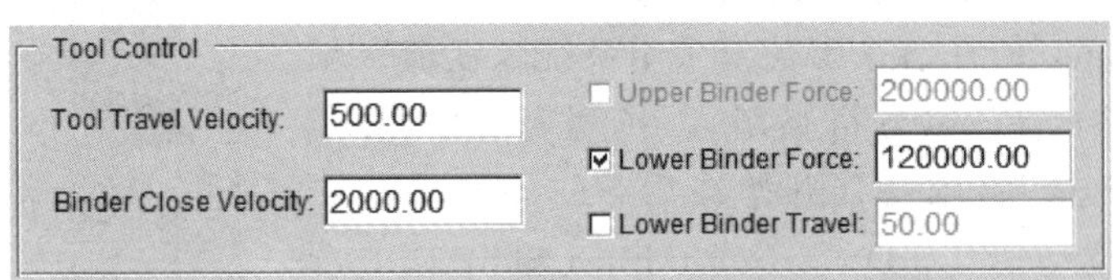

图 9.56　工具零件控制界面

工具速度和力取决于拉延的类型并根据以下的控制方案来进行应用：

- 无压边成形上模由速度控制。
- 倒装式拉延上模由速度控制，压料面由速度或力控制。
- 正装式拉延上模由速度控制，压料面由速度或力控制。
- 四工具拉延上模由速度控制，上压料面由速度或力控制，下压料面由速度或力控制。

本例均选用系统默认设置，速度和力的单位分别是 mm/s 和 N。

完成了以上各参数设置后，单击图 9.33 中 Apply 按钮，就会出现如图 9.57 所示界面。单击 Preveiw 按钮弹出如图 9.58 所示对话，可以观看动画演示。

图 9.57　模拟设置结果

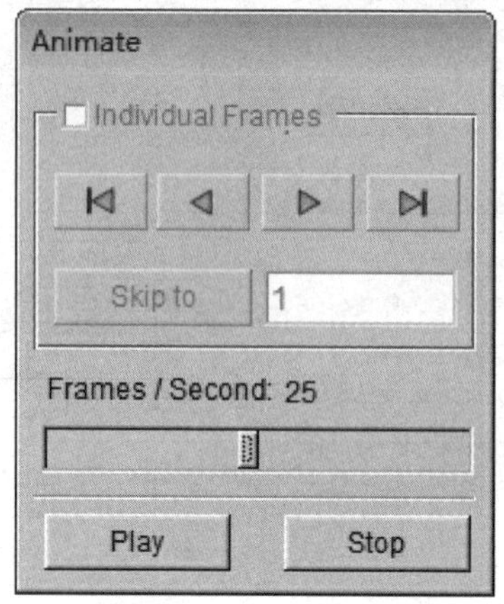

图 9.58 结果演示对话框

9.7 设置分析参数及求解计算

在验证了工具零件的运动是否正确之后，定义最后的一些参数，然后开始分析计算。在图 9.33 中单击 Submit Job 按钮，弹出如图 9.59 的对话框。Control Parameters 中各个参数值采用系统默认值，在选择 Analysis Type(分析类型)下拉列表框中的 Job Submitter 选项，求解器开始在后台进行运算。当选择分析类型为 LS-Dyna Input File(输出 LS-Dyna 的输入控制卡片文件)时，以后可以手工(批量的)从输入卡片文件提交运算。在初始模拟确定模拟方案时不选中 Adaptive Mesh 复选项，以减少初始确定模拟方案的时间。在确定了大致的模拟方案后可选中 Adaptive Mesh 复选项以提高模拟精度，相应的模拟时间也会增加许多。在设置好各项模拟参数后单击 OK 按钮进行后台的模拟计算，如图 9.60 所示。

在求解器处于运算过程中，可以看到求解器给出的计算完成的估计时间，并通过按住 Ctrl+C 快捷键刷新估算时间。按 Ctrl+C 快捷键将暂停求解器的计算，提示 enter sense switch 等待用户输入切换命令，然后按回车键。

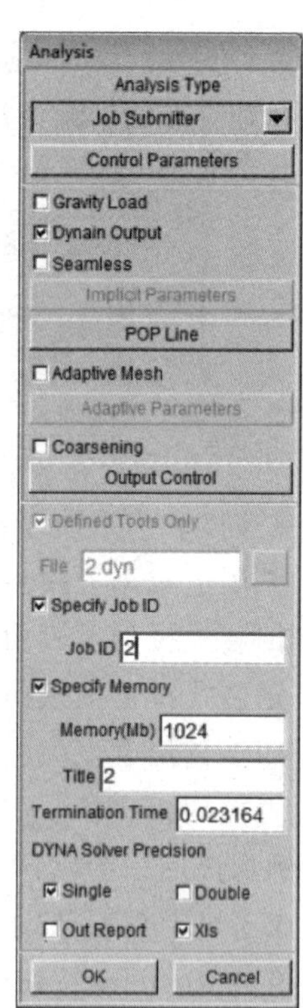

图 9.59 参数设定

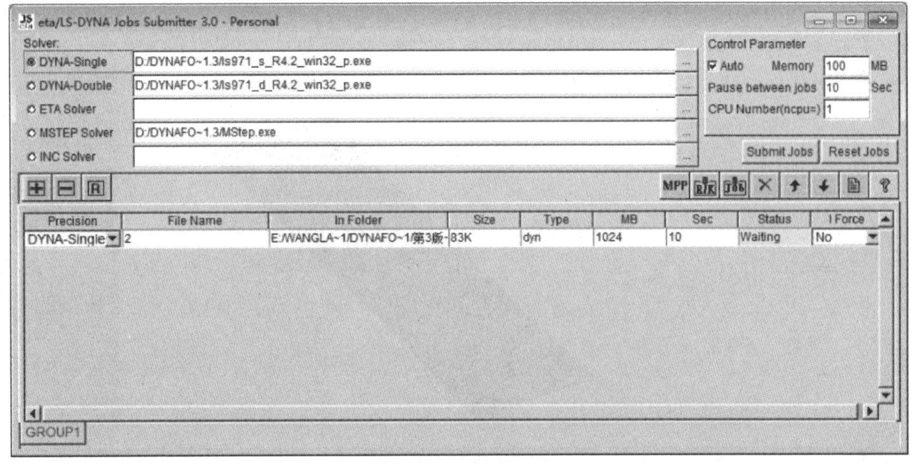

图 9.60　分析计算

9.8　后处理

应用 Post 组件进行后处理，它能够读取和处理 d3plot 文件中所有可用的数据。除了包含没有变形的模型数据，还包含所有由 LS-Dyna 生成的结果文件(如应力、应变、时间历史曲线以及变形过程等)。

单击菜单栏中的 PostProcess 选项进入 DYNAFORM 后处理程序，即通过此接口转入到 Post-Processor 后处理界面。选择 File→Open 菜单项，浏览到保存结果文件的目录，选择正确的文件格式，其中 d3plot 格式文件是成形模拟的结果文件，包括拉延、压边、翻边等工序和回弹过程的模拟结果，d3drlf 格式文件是模拟重力作用的结果文件，dynain 格式文件是板料变形结果文件，用于多工序中。

1. 绘制工件成形的结果

选择 d3plot 文件，单击 Open 按钮读入结果文件，系统默认的绘制状态是绘制变形过程(Deformation)。在屏幕右侧出现对话框上的 Frames 下拉列表框中选择 All Frames 选项，单击 Play 按钮通过动画显示变形过程。移动 Frames/Second 滑块，可以设置希望的动画速度。单击 Stop 按钮可以停止动画显示。最后成形出如图 9.61 所示的零件。

2. 显示单帧的成形结果

在 Frame 下拉列表框中选择 Single Frames 选项，然后在帧列表中拾取单个帧查看单帧显示的结果。也可以移动 Frame Number 下的滑块来选择单帧。如选择第 6 帧观察显示的变形结果，如图 9.62 所示。

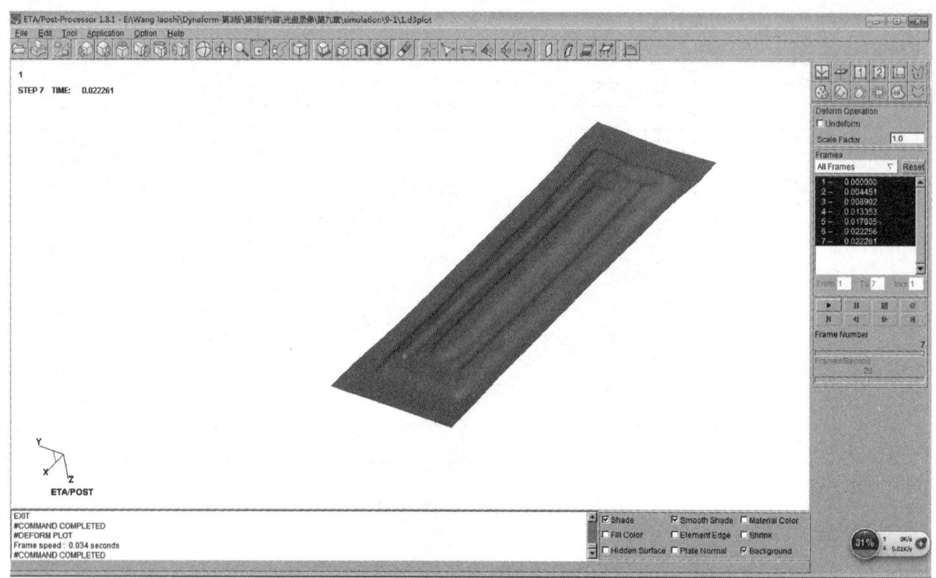

图 9.61　成形工件图

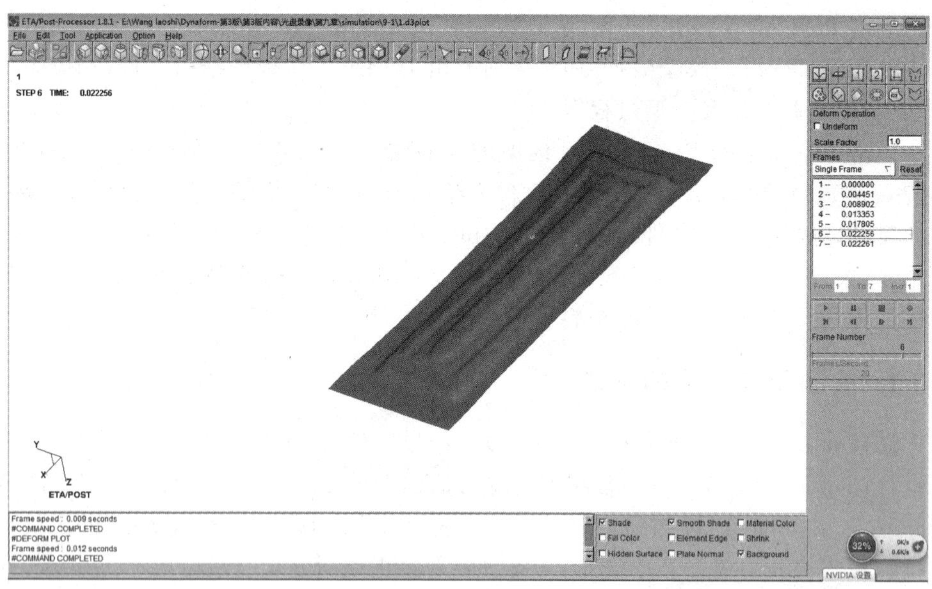

图 9.62　单帧显示成形的结果图

3. 绘制成形极限图

单击如图 9.63 所示的 FLD(成形极限图)工具按钮，在 Current Component 下拉列表框中选择 Middle 选项。单击 FLD Curve Option 工具按钮设置 FLD 参数(n，t，r

等),选择 Edit FLD Window 选项定义 FLD 绘制窗口的位置。单击 Play 按钮通过动画显示 FLD 变化过程,单击 Stop 按钮停止动画显示。绘制的成形极限图如图 9.64 所示。

图 9.63　成形极限图工具栏

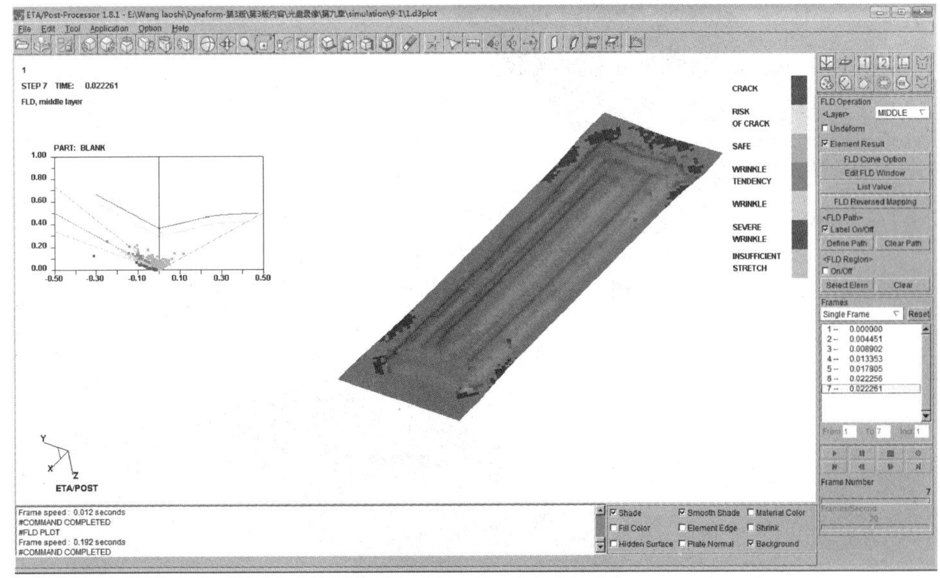

图 9.64　工件成形极限图

4. 厚度变化过程

单击如图 9.65 所示的 Thickness 工具按钮,在 Current Component 下拉列表框中选择 THICKNESS(绝对值)或者 THINNING(相对减薄率)选项。单击“播放”按钮 ▶ 通过动画显示厚度变化过程。移动 Frames/Second 滑块,设置希望的动画速度。单击“停止”按钮 ■ 停止动画显示。工件成形的最终厚度变化如图 9.66 所示,减薄率如图 9.67 所示。

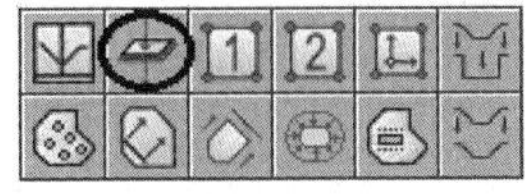

图 9.65　Thickness(厚度变化)工具按钮

图 9.66　工件最终厚度变化图

图 9.67　最终工件的减薄率图

附　录

表 A.1 列出了有凸缘圆筒形件的修边余量 δ。

表 A.2 列出了冲裁金属材料的搭边值。

表 A.1　有凸缘圆筒形件的修边余量 δ　　mm

凸缘直径 d_p	凸缘的相对直径 $\frac{d_p}{d}$				附　图
	1.5 以下	>1.5～2	>2～2.5	>2.5～3	
25	1.6	1.4	1.2	1.0	
50	2.5	2.0	1.8	1.6	
100	3.5	3.0	2.5	2.2	
150	4.3	3.6	3.0	2.5	
200	5.0	4.2	3.5	2.7	
250	5.5	4.6	3.8	2.8	
300	6	5	4	3	

表 A.2　冲裁金属材料的搭边值　　mm

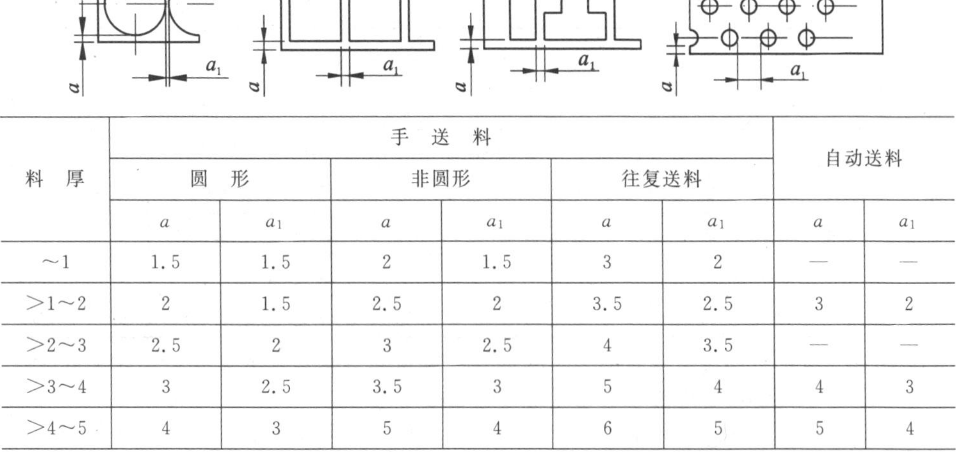

料　厚	手　送　料						自动送料	
	圆　形		非圆形		往复送料			
	a	a_1	a	a_1	a	a_1	a	a_1
～1	1.5	1.5	2	1.5	3	2	—	—
>1～2	2	1.5	2.5	2	3.5	2.5	3	2
>2～3	2.5	2	3	2.5	4	3.5	—	—
>3～4	3	2.5	3.5	3	5	4	4	3
>4～5	4	3	5	4	6	5	5	4

续表 A.2

料厚	手送料						自动送料	
	圆形		非圆形		往复送料			
	a	a_1	a	a_1	a	a_1	a	a_1
>5～6	5	4	6	5	7	6	6	5
>6～8	6	5	7	6	8	7	7	6
>8	7	6	8	7	9	8	8	7

注：冲非金属材料(皮革、纸板、石棉等)，搭边值应乘 1.5～2。

表 A.3 列出了无凸缘圆筒形件的修边余量 δ。

表 A.4 列出了无凸缘圆筒形件用压边圈拉深时的拉深系数。

表 A.3　无凸缘圆筒形件的修边余量 δ　　mm

工件高度 h	工件相对高度 $\frac{h}{d}$				附图
	0.5～0.8	>0.8～1.6	>1.6～2.5	>2.5～4	
10	1.0	1.2	1.5	2	
20	1.2	1.6	2	2.5	
50	2	2.5	3.3	4	
100	3	3.8	5	6	
150	4	5	6.5	8	
200	5	6.3	8	10	
250	6	7.5	9	11	
300	7	8.5	10	12	

表 A.4　无凸缘圆筒形件用压边圈拉深时的拉深系数

拉深因数	毛坯的相对厚度 $\frac{t}{D}\times 100$					
	2～1.5	<1.5～1.0	<1.0～0.6	<0.6～0.3	<0.3～0.15	<0.15～0.08
m_1	0.48～0.50	0.50～0.53	0.53～0.55	0.55～0.58	0.58～0.6	0.60～0.63
m_2	0.73～0.75	0.75～0.76	0.76～0.78	0.78～0.79	0.79～0.80	0.80～0.82
m_3	0.76～0.78	0.78～0.79	0.79～0.80	0.80～0.81	0.81～0.82	0.82～0.84
m_4	0.78～0.80	0.80～0.81	0.81～0.82	0.82～0.83	0.83～0.85	0.85～0.86
m_5	0.80～0.82	0.82～0.84	0.84～0.85	0.85～0.86	0.86～0.87	0.87～0.88

注：1. 表中数值适用于深拉深钢(08、10、15F)及软黄钢(H62、H68)。当拉深塑性差的材料时(Q215、Q235、20、25、酸洗钢、硬铝、硬黄铜等)，应取比表中数值大 1.5%～2%。

2. 在第一次拉深时，凹模圆角半径大时($r_d=8t$～$15t$)取小值，凹模圆角半径小时($r_d=4t$～$8t$)取大值。

3. 工序间进行中间退火时取小值。

表 A.5 无凸缘圆筒形件的最大相对高度 $\frac{H}{d}$

拉深次数 n	毛坯的相对厚度 $\frac{t}{D}$/%					
	2～1.5	<1.5～1	<1～0.6	<0.6～0.3	<0.3～0.15	<0.15～0.08
1	0.94～0.77	0.84～0.65	0.70～0.57	0.62～0.5	0.52～0.45	0.46～0.38
2	1.88～1.54	1.60～1.32	1.36～1.1	1.13～0.94	0.96～0.83	0.9～0.7
3	3.5～2.7	2.8～2.2	2.3～1.8	1.9～1.5	1.6～1.3	1.3～1.1
4	5.6～4.3	4.3～3.5	3.6～2.9	2.9～2.4	2.4～2.0	2.0～1.5
5	8.9～6.6	6.6～5.1	5.2～4.1	4.1～3.3	3.3～2.7	2.7～2.0

注：1. 大的 $\frac{H}{d}$ 比值适用于在第一次工序内大的凹模圆半径 $\left(\text{由}\ \frac{t}{D}=2\%\sim1.5\%\ \text{时的}\ r_d=8t\ \text{到}\ \frac{t}{D}=0.15\%\sim0.08\%\ \text{的}\ r_d=15t\right)$；小的比值适用于小的凹模圆角半径（$r_d=4\sim8t$）。

2. 表中拉深次数适用于 08 及 10 钢的拉深件。

参考文献

[1] 胡世光,陈鹤峥,李东升,王秀凤.板料冷压成形的工程解析[M]. 2版. 北京:北京航空航天大学出版社,2009.

[2] 王秀凤,张永春.冷冲压模具设计与制造[M]. 3版. 北京:北京航空航天大学出版社,2013.

[3] 崔令江.汽车覆盖件冲压成形技术[M].北京:机械工业出版社,2003.

[4] 林忠钦.车身覆盖件冲压成形仿真[M].北京:机械工业出版社,2005.